# 联合国世界水发展报告 2019

# 不让任何人掉队

联合国教科文组织　编著

中国水资源战略研究会
（全球水伙伴中国委员会）　编译

中国水利水电出版社
www.waterpub.com.cn
·北京·

# 内 容 提 要

《联合国世界水发展报告》由联合国教科文组织发起的世界水评估计划牵头，联合国水机制的各成员机构及合作单位共同撰写，是联合国关于水资源的旗舰报告。报告每年出版一次，专注于和水相关的不同战略问题。2019 年的报告围绕"不让任何人掉队"这一主题，展示了如何改进水资源管理，为所有人提供安全、可负担的饮用水和卫生设施，从而为实现《2030 年可持续发展议程》目标作出贡献。人人享有水对于消除贫困、建设和平与繁荣的社会和减少不平等具有十分重要的意义。

## 图书在版编目（CIP）数据

不让任何人掉队 ： 联合国世界水发展报告. 2019 =
The United Nations World Water Development Report
2019: Leaving No One Behind / 联合国教科文组织编著；
中国水资源战略研究会(全球水伙伴中国委员会)编译. --
北京 ： 中国水利水电出版社，2021.7
ISBN 978-7-5170-9101-1

Ⅰ. ①不… Ⅱ. ①联… ②中… Ⅲ. ①水资源开发－
研究报告－世界－2019 Ⅳ. ①TV213

中国版本图书馆CIP数据核字(2020)第212886号

北京市版权局著作权合同登记号：图字 01－2020－2873

审图号：GS（2020）2298 号

| | |
|---|---|
| 书　　名 | 联合国世界水发展报告2019<br>**不让任何人掉队**<br>BU RANG RENHE REN DIAODUI |
| 外文书名 | The United Nations World Water Development Report 2019:<br>Leaving No One Behind |
| 原著编者 | 联合国教科文组织　编著 |
| 译　　者 | 中国水资源战略研究会（全球水伙伴中国委员会）　编译 |
| 出版发行 | 中国水利水电出版社<br>（北京市海淀区玉渊潭南路1号D座　100038）<br>网址：www.waterpub.com.cn<br>E-mail：sales@waterpub.com.cn<br>电话：(010) 68367658（营销中心） |
| 经　　售 | 北京科水图书销售中心（零售）<br>电话：(010) 88383994、63202643、68545874<br>全国各地新华书店和相关出版物销售网点 |
| 排　　版 | 中国水利水电出版社微机排版中心 |
| 印　　刷 | 北京虎彩文化传播有限公司 |
| 规　　格 | 210mm×297mm　16开本　12.5印张　387千字 |
| 版　　次 | 2021年7月第1版　2021年7月第1次印刷 |
| 定　　价 | **98.00元** |

# 序一

　　获得水是一项人权，这对每个人的尊严都至关重要。

　　《2019年联合国世界水发展报告》的主题是"不让任何人掉队"。报告指出，实现人人享有安全饮用水和卫生设施的人权，可以为实现《2030年可持续发展议程》从粮食和能源安全到经济发展和环境可持续等各方面的广泛目标，做出重要贡献。基于最新数据，本报告的调查结果清楚表明，需要在履行《2030年议程》中实现在惠及最脆弱群体的承诺方面取得实质性进展。

　　目前我们仍面临很大风险：全球近1/3人口使用未经安全管理的饮用水服务，只有2/5人口能够使用经安全管理的卫生设施服务。环境退化、气候变化、人口增长和快速城市化等因素的加剧也对用水安全构成了相当大的挑战。此外，在全球化日益发展的今天，与水有关决策的影响跨越国界，与每个人都息息相关。

　　按照目前进展，数十亿人将仍然无法享有获得水和卫生设施的权利，以及这种权利所能带来的诸多益处。然而，本报告得出的结论是，只要有集体意愿，这些目标是完全可以实现的，这就需要我们做出新的努力，在决策过程中充分考虑那些"掉队者"。

　　由联合国教科文组织协调编撰的这份最新报告是联合国水机制大家庭的一项合作成果。意大利政府和意大利翁布里亚地区政府为本书做出了重要贡献，我们不胜感激。

　　我相信，本书将帮助会员国做出明智决定，采取有效行动，建设更有韧性、更和平的国家，不让任何人掉队。

Audrey Azoulay

奥德蕾·阿祖莱

# 序二

　　《2030年可持续发展议程》号召我们改变世界，不让任何人掉队。《2019年联合国世界水发展报告》展示了如何改进水资源管理，为所有人提供安全、可负担的饮用水和卫生设施，从而为实现《2030年议程》目标做出贡献。人人享有水对于消除贫困、建设和平与繁荣的社会和减少不平等具有十分重要的意义。

　　数据说明一切。报告显示，如果自然环境以当前速度持续恶化，全球水资源承受的压力以当前速度不断增加，到2050年，全球45%的国内生产总值和40%的粮食生产将处于危机之中。贫困和边缘化人群将受到极大影响，不平等现象也将持续加剧。

　　本书使用的数据和信息收集于联合国大家庭和其他组织，着眼于粮食和营养、灾害和移民等方面的不平等问题。例如，如果女性获得与男性相同的包括土地和水在内的生产资料，那么女性可以使农场的产量增加20%～30%，从而使全球农业总产量提高2.5%～4%。这将使全世界饥饿人口减少12%～17%。此外，自20世纪70年代以来，因灾害导致流离失所的风险增加了一倍。人们日益意识到，水和其他自然资源的枯竭是导致居民流离失所的一个因素，并促发了国内迁徙和国际迁徙。

　　本书通过实证说明在政策和实践两方面采取改善措施的必要性，以着力解决歧视和不平等问题，这是确保所有人都能享有用水和卫生设施并对其进行可持续管理的关键。

　　为建立知识体系并激励人们采取行动，联合国水机制委员会在联合国水机制成员和合作伙伴的经验和专业知识基础上出版了《联合国世界水发展报告》等出版物。感谢我所有的同事，特别是教科文组织协调编撰了本报告，这将有助于提高可持续性和韧性，并创造一个没有任何人掉队的世界。

吉尔伯特·洪博

# 前言

《2030年可持续发展议程》为国际社会提出了一系列宏大的挑战目标。这些"可持续发展目标"（Sustainable Development Goals，SDGs），包括获得安全的饮用水、卫生设施和实现更好的水管理等目标，以及解决不平等和歧视的目标，并设置了"不让任何人掉队"和"首先尽力帮助落在最后面的人"的总体目标。迄今为止，事实证明，这些目标很难实现，一方面是因为它们很复杂，另一方面是因为政治惯性。该议程的全球背景可以称为"危机是新的常态"，政治不稳定，社会、经济和环境挑战的严峻程度令人生畏。这就需要我们加倍努力，谨慎地选择实施变革的方向。

与水有关的目标和不让任何人掉队的问题在几个方面相互交织。国际人权官方文件和协定都承认供水和卫生问题及平等问题，这两类问题涉及所有人，特别是特定的弱势群体。然而，这些认识还不足以带来必要的改变。在某种程度上，这些问题既有共同根源，也面临类似挑战。那些目前已经掉队的人群，也将成为从水和卫生设施改善行动中获益最多的人群。改善水和卫生设施、加强水资源管理和治理，以及它们带来的多重惠益，可以显著促进被边缘化人群的积极转型。多重惠益包括更好的健康、时间和金钱的节约、尊严、更好地获得食物和能源的途径，更多的教育、就业和谋生机会等。

这些惠益直接或间接地、单独或综合地，有助于改善所有人的生活，尤其是对于那些处于脆弱处境的人群来说，具有变革性影响。与此同时，加强与边缘化群体的接触和沟通，可以显著提高实现水相关目标措施的可行性和可持续性。这种参与的过程也可以带来变革，让那些很少被聆听的群体发出自己的声音，从而为与水有关的重要知识经验创造空间，避免这些知识经验被遗忘。

作为系列年度专题报告的第六份，《2019年联合国世界水发展报告》探讨了改善水资源管理以及获得供水和卫生服务的措施如何有助于解决贫困和社会不平等的问题并减轻其影响。它为帮助确定"谁"掉队提供了意见和指导，并对现有框架和任务，如《2030年议程》、可持续发展目标和以人权为基础的方法如何通过改善水资源管理来帮助掉队的人进行了描述。

本书评估了这些问题，从技术、社会、制度和金融角度提出了可能的对策，并考虑了农村和城市不同背景下面临的诸多不同挑战。由于世界正经历着有记录以来最严重的人口流离失所问题，本书专门用了整整一章的篇幅，探讨如何应对难民和被迫流离失所者在水和卫生设施方面面临的特殊挑战。

我们以事实、已有知识为基础，站在中立立场，分析最新发展状况，聚焦人类发展范畴内由改善水管理所带来的挑战和机遇，努力做出综合、均衡的判断。本报告主要面向国家级的决策者和水资源管理者、学术界和更大范围的发展机构，同时我们希望，本书也能为那些对减轻贫困、人道主义危机、人权和《2030年议程》等感兴趣的读者提供帮助。

最新版本的《世界水发展报告》是各章节牵头机构（联合国粮食及农业组织，联合国人权事务高级专员办事处，联合国开发计划署，联合国教科文组织—政府间水文计划，联合国人居署，联合国难民事务高级专员办事处，联合国大学水、环境与健康研究所，联合国大学物质通量与资源综合管理研究所，世界水评估计划和世界银行等）与联合国欧洲经济委员会、联合国拉丁美洲和加勒比经济委员会、联合国亚洲及太平洋经济社会委员会、联合国西亚经济社会委员会等共同努力的结果。本报告在很大程度上也得益于其他几个联合国水机制成员和合作伙伴以及数十位科学家、专业人员和多个非政府组织的投入和贡献，他们提供了广泛的相关材料。

我们谨代表世界水评估计划秘书处向上述机构、联合国水机制成员和合作伙伴、作者以及其他贡献者表示最真诚的感谢，感谢他们共同撰写了这份独特而权威的报告，希望它能在全球产生多重影响。特别感谢安全饮用水和卫生设施相关人权问题特别报告员利奥·海勒，他在报告编写的早期关键阶段慷慨地分享了自己的知识和智慧。

我们衷心感谢意大利政府为该项目提供了资金，并感谢翁布里亚地区政府慷慨地允许世界水评估计划秘书处设在佩鲁贾的拉科隆贝拉别墅。他们的贡献对《世界水发展报告》的编写起到了重要作用。

我们特别感谢联合国教科文组织总干事奥德蕾·阿祖莱对世界水评估计划和《世界水发展报告》的编写提供的重要支持。还要感谢国际农业发展基金总裁吉尔伯特·洪博，作为联合国水机制主席对这份报告的指导。

最后，我们尤其要向世界水评估计划秘书处的所有同事表示最真诚的感谢，感谢他们的专业精神和献身精神，没有他们，本报告就不可能完成。

斯特凡·尤伦布鲁克

理查德·康纳

# 编写团队

| | |
|---|---|
| 出版负责人 | Stefan Uhlenbrook |
| 主　编 | Richard Connor |
| 流程协调员 | Engin Koncagül |
| 出版助理 | Valentina Abete |
| 美术设计 | Marco Tonsini |
| 文字编辑 | Simon Lobach |

联合国教科文组织世界水评估计划秘书处（2018—2019年）

协　调　人：Stefan Uhlenbrook

副协调人：Michela Miletto

项　目　组：Richard Connor，Angela Renata Cordeiro Ortigara，Engin Koncagül，Lucilla Minelli和Natalia Uribe Pando

出　版：Valentina Abete和Marco Tonsini

联　络：Simona Gallese和Laurens Thuy

管理和支持：Barbara Bracaglia，Lucia Chiodini，Arturo Frascani和Lisa Gastaldin

信息技术和安全：Fabio Bianchi，Michele Brensacchi，Tommaso Brugnami和Francesco Gioffredi

实　习　生：Daria Boldrin，Francesca Maria Burchi，Tais Policanti，Théo Lecarpentier，Sonia Marcantonio，Charlotte Moutafian，Giulia Scatolini，Andres Valerio Oviedo，Bianca Maria Rizzo，Saunak Sinha Ray和Yani Wang

# 致谢

联合国教科文组织世界水评估计划在此特别感谢联合国粮食及农业组织、联合国人权事务高级专员办事处、联合国开发计划署、联合国教科文组织—政府间水文计划、联合国人居署、联合国难民署、联合国大学、世界银行作为章节牵头机构的投入和付出，使本报告得以成稿。衷心感谢各区域经济委员会：联合国欧洲经济委员会、联合国拉丁美洲和加勒比经济委员会、联合国亚洲及太平洋经济社会委员会、联合国西亚经济社会委员会共同牵头有关区域视角的第9章。在这里，我们还要感谢联合国水机制成员单位和合作伙伴，以及所有在本报告编写、审稿过程中提供有益贡献和建设性意见的组织和个人。

世界水评估计划感谢意大利政府慷慨的资金支持，该资金用于世界水评估计划秘书处日常运转以及《世界水发展报告》系列的编写，还要感谢翁布里亚地区政府提供的设施支持。

我们感谢墨西哥全国水和卫生设施协会（ANEAS）及其成员、美洲开发银行（IDB）的努力，本报告的西班牙语版才得以出版。

我们感谢联合国教科文组织阿拉木图和新德里办事处，将《2019年联合国世界水发展报告》的执行摘要翻译成为俄语和印地语。中国水利水电出版社与联合国教科文组织驻华代表处、联合国教科文组织卡塔尔全国委员会与联合国教科文组织多哈办事处及卡塔尔国家水务机构、巴西合作局与联合国教科文组织巴西办事处的宝贵合作，使得执行摘要的中文、阿拉伯文和葡萄牙文译本得以问世。

# 目录

巴基斯坦洪灾安置营的妇女

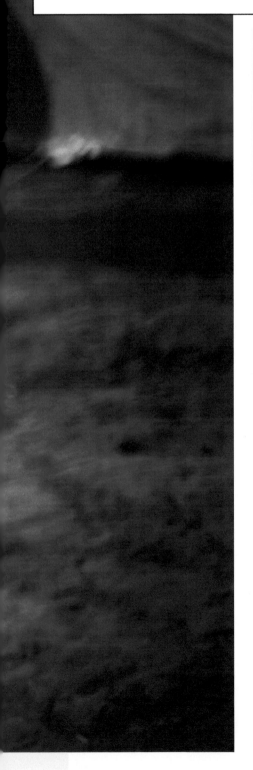

# 执行摘要

提升水资源管理水平、提供充足的供水和卫生服务，对解决社会经济诸多不平等问题至关重要。因此，在享有水的多重效益和机会面前，"不能让任何人掉队"。

## 世界水资源：压力与日俱增

自20世纪80年代开始，由于人口增长、社会经济发展和消费模式变化等因素，全球用水量每年增长1%。到2050年，全球需水量预计还将保持同样的增速，相比目前用水量将增加20%～30%，主要原因归于工业和生活用水增加。将有超过20亿人生活在水资源严重短缺的国家，约40亿人每年至少有一个月的时间遭受严重缺水的困扰。随着需水量不断增长以及气候变化影响愈加显著，水资源面临的压力还将持续升高。

## 获取供水和卫生设施

目前，每10人中有3人无法获得安全饮用水。近半数从未经保护的水源获取饮用水的人口居住在撒哈拉以南的非洲。每10人中有6人无法获得经过安全管理的卫生设施；每9人中有1人仍在露天便溺。然而，这些全球层面的宏观数字掩盖了不同地区、国家、社区甚至家庭之间严重的不平等状况。

全球成本效益研究表明，相比所花费的成本，水、卫生设施和个人卫生（WASH）服务产生了良好的社会和经济回报：改善的卫生设施的全球平均效益成本比为5.5，改善的饮水的全球平均效益成本比为2.0。经改善的水、卫生设施和个人卫生服务对弱势群体产生的效益很有可能改变任何成本—效益分析的平衡，而这种平衡的改变恰恰体现了此类群体在自我感知的社会地位和尊严方面实实在在的改变。

## 水与卫生设施的人权和《2030年可持续发展议程》

获取安全的饮用水和卫生设施被视为基本人权，因为这对保障人类健康不可或缺，是维持全人类尊严的基本条件。

国际人权法责成各国努力使水和卫生设施达到全民共享，排除歧视，并优先保障需要最迫切人群的需求。要实现享有水和卫生设施的人权，就必须提供足量的、实际可得的、公平负担得起的、安全的和文化上可接受的服务。

"不让任何人掉队"是《2030年可持续发展议程》所做承诺的核心，旨在让各国所有人都能从社会经济发展中受益，并全面保障人权。

我们必须认真分清"水权"和"获取水与卫生设施的人权"。水权通常由各国相关法律规定，通过产权或土地权，或经国家和（多个）土地所有者之间谈判达成协议后给予个人或组织。这种权利通常是临时、可收回的。而水与卫生设施的人权是永久的，无需经过国家许可，亦不可撤销。

## 谁掉队了？

歧视，有许多令人望而却步的理由，但贫困通常占很大比例。

全球诸多地区的妇女和女童在享有安全饮用水和卫生设施方面通常会遭受歧视和不公。土著人民、移民和难民、某些门第的人（如某些种姓）等少数族群有时会遭受歧视，此外还有宗教和语言上的少数群体等。身体残障、年龄、健康状况也有可能成为遭受歧视的因素，身体、精神、智力或者感官功能受损的人群在无法获得安全饮用水和卫生设施的人群中所占比例过高。财产、职位、住所、经济和社会地位的差别也可能是导致歧视的原因。

以上并不一定全部涵盖了那些处在劣势地位的群体或个人。我们还必须注意到，某些人群可能会遭受多种形式的歧视（交叉性）。

## 提供水与卫生服务

水的可获得量取决于实际可用水量，以及水如何存储、管理和分配给不同的用户。这包括地表水和地下水的管理及水的回收和再利用等有关方面。

水的可及性，是指水是如何运送和获取的。管道输水是人口密集地区成本最低的运输方式。在水管网未覆盖的地区，人们通常依赖水井或社区供水系统（如自助水站、水商贩、卡车运输等方式）。针对后者，人们通常要付高出几倍的价格购买质量较差的水源，这加剧了富裕人群和贫困人群之间的不平等。

水处理是指水的净化、消毒和保护水源不再受到污染的过程。最常见的水处理方法取决于是否能不间断地获取能源（通常指电力）——大多数发展中国家鲜能做到这一点。虽然也有技术含量较低和基于自然的解决方案，但多数时候并不能保证可以得到安全饮用的水质。

卫生设施总的来讲包括在保证卫生条件的同时，用以收集、运输、处理和处置废水的现场或非现场设施。收集系统一般是指厕所系统。一般意义上的灰色基础设施类型的运输设施是指地下污水管网系统，尽管有些情况下废物用卡车运输，（条件允许时）使用集中污水处理厂或本地系统（如化粪池）进行处理。残余物通常被分离为液体和固体废物分别处理，并以环境保护的方式处置到环境中；如残余物对环境有害，则收集进入有害废物设施，在焚化炉中焚毁。

涉水自然灾害，如洪水和干旱，可能会损害供水和卫生基础设施，导致数亿人无法获得水与卫生服务。

## 社会方面

在保障安全饮用水和卫生设施人权，落实可持续发展目标6时，必须考虑到造成排斥和歧视的社会和文化因素。

歧视可能以多种方式、因多种原因发生。当相关法律、政策或做法故意使人们无法获得某项服务或者平等对待时，则发生直接歧视。当法律、法规、政策或做法表面看似中立，但实际会产生使人无法获得基本服务的后果时，则发生间接歧视。

在家庭和工作场所提供基本的安全饮用水和卫生设施服务可增进劳动力健康，提高生产率。为学校提供上述设施和服务可降低缺勤率（尤其是青春期女学生），从而保证教学成果。

据观察，少数民族和土著人民群体获得水与卫生服务的水平相对较低。通过认可土著人民对土地和水资源的管理，重视传统知识，可增进包容度，保障水与卫生基本人权。

## 良好的治理

建立包容的体制架构，促进利益相关方之间的对话和合作，对保障平等获得可持续供水和卫生设施至关重要。

仅仅依靠政府，无法时刻肩负为所有人"提供"供水和卫生服务的全部责任，特别是在低收入环境中。当政府的职责更倾向于政策制定和监管时，提供相关服务则由非国有部门或独立部门承担。有效的问责机制可帮助有能力的相关机构履行其监督和督促服务商提供服务的职责。

促进各体制层级之间的连贯性对确保政策落地、实现目标不可或缺。在现有的多层级治理体系背景下，非政府组织（NGOs）在表达公民社会意见、促进公众参与的作用在政策制定过程中越来越突出。大型企业对政策制定和政策落实成果的影响力也不容忽视。

相比跟踪或监督服务提供状况的相关机制中，"有利于贫困群体"的措施在政策声明中更为常见。"有利于贫困群体"的政策旨在降低水服务的不均等，但相关资金措施若不适用，则可能削弱政策落实的效

---

**建立包容的体制架构，促进利益相关方之间的对话和合作，对保障平等获得可持续供水和卫生设施至关重要。**

果。过于宏大的政策、脱离现实的目标会导致相关部门现有资源无法匹配所承担的责任。腐败、过度监管以及/或照搬条文规定，再加上官僚惰性，会增加交易成本，打击投资热情，破坏或阻碍水管理改革。

基于人权的方法（HRBA）倡导应建立人权框架的基本标准、原则和准则。这包括非歧视性的、积极、自由、有意义的公众参与，以及处于劣势和不利环境人群的声音能被倾听、利益能被兼顾。良治是指相关体系具有问责、透明、合理、公众参与、公正、效率的特征，因此能够涵盖基于人权方法的原则。水资源良治要求建立相关措施和机制，促进政策有效实施，对不良施政、违法行为和滥用职权加以惩戒。对决策制定者加以问责要求掌权者（或其代表）要有能力、有意愿、准备充分，对作为和不作为加以监督。而这是建立在透明、诚信和信息获取的基础之上的。

## 经济方面

脆弱和弱势群体通常未受水管网覆盖，过多承担了不能充分获得安全饮用水和卫生设施服务所带来的后果，而且相比受益于水管网服务的人群，他们通常需要花费更多金钱才能获取供水服务。

水与卫生人权要求各国和公用事业机构对服务费用进行监管，确保人人能够负担得起基本服务的费用。确保人人负担得起水费，就要求相关政策适应不同的目标群体。

饮用水和卫生设施支出通常包括不常发生的大笔资金投入，包括设施和管网成本、经常性的运行和维护费用。提高水费可负担性的一个方法是降低服务成本。技术革新和传播，通过良治和增加透明度做法加强管理，以及实施成本效益高的干预措施，可提高生产效率，降低服务成本。

即使提高了效率，补贴对实现人人获得水与卫生服务可能仍然十分重要。由于补贴多数与资本支出联系在一起，且往往针对相对富裕的社区，因此，非贫困人群通常是旨在帮助贫困人口补贴措施的受益者。卫生服务可能比供水服务更自然地成为补贴对象，因为支付这种服务的意愿通常较低，而且其产生的广泛社会福利更为显著。旨在加大社区参与力度的补贴使弱势群体有能力将资源向自身更为重视的事项倾斜。

理想状况下，水费是提供服务的资金来源。确定合理的水费需要在几个关键目标之间取得平衡：成本回收、经济效率、公平和可负担性。正是因为这四个目标相互冲突，制定合理的水费结构才如此具有挑战性，因为其间的此消彼长是不可避免的。水、卫生设施和个人卫生服务不同于其他诸多服务，无论其成本多高、人们的支付能力如何，它都是一项基本人权，人们都应享有服务。如果为了达到可负担性和公平的目标，补贴需要由水价来体现，那么发放凭证或现金可能比实行累进收费制度（IBT）更为可取。

大型水、卫生设施和个人卫生服务供应商可利用商业融资，并通过交叉补贴间接支持弱势群体。在这种情况下，定价机制可能允许在不同人口群体之间实行交叉补贴，采用统一的按体积计量的、可退费的水费。理想状况下，未能获得退费的客户所支付的水费应足以以商业条件偿还本金和利

确保人人负担得起水费，就要求相关政策适应不同的目标群体。

息。在某些情况下，国内税收、赠款和私人融资等其他资金来源可用以补充水费收入。采用混合融资方式意味着可能需要融合发展融资、私人融资和政府补贴等方式，以确保所有目标群体都能受益。

## 城市环境

贫民窟和非贫民窟家庭在获取水与卫生设施方面存在巨大不平等性。

当居民未支付税款，或其房屋租赁是本国非正规经济一部分的时候，城市周边地区通常未被纳入相关服务计划。其结果是，很多国家最贫困、最劣势的人群未被认可或纳入该国正规经济中，更严重的是，该群体很难获取基本服务，因为他们没有实际住址，因此也就"隐藏"或"遗失"在了总体的统计数据当中。

传统的城市卫生设施和废水管理方法比较倾向于采用允许规模经济的大规模、集中收集和处理方法。城市周边地区的人口密度可能太低，无法覆盖家庭管网的成本；采用传统设计方式设计系统的话，人口密度也远远不够。为城市周边地区的低收入区域（而非每个单独家庭）以及较大的村庄提供家族组（而非每个单独家庭）服务可在降低投资成本的同时仍能保证为最贫困的人群提供较好的服务。

大多数城市地区，卫生设施水平远远落后于水基础设施。贫民窟最贫困人口受影响最为严重。此外，显著提高水基础设施水平也需要同样规模的卫生设施投入。尽管有时供水系统具备更小、易于管理的管网，废水和淤泥管理所面临的挑战也更为复杂。其中一个主要原因是人们不愿为卫生服务付费。

我们曾不断尝试利用资源回收（水、营养物质、金属、生物燃料）来抵消部分服务成本。尽管我们像回收所有"废物"一样努力做到资源回收，但运输资源所产生的成本往往抵消了所获得的效益。分散式废水处理系统（DEWATS）提供了大大降低投资和运营成本的替代方法，并可为特定环境（包括某些城市周边地区）提供更有效的解决办法。

## 农村贫困

世界上超过80%的农场都是面积小于2公顷的家庭农场。小规模家庭农场是国家粮食供应的中坚力量，在许多国家占到了农业生产的一半多。然而，也正是在农村地区，贫困、饥饿和粮食不安全问题最为普遍。

水基础设施在农村地区数量十分稀少，因而无法确保数百万农村人口都能获得水与卫生服务。此外，国家和国家以下各级的机构能力，包括国内资源调动和预算分配，都不足以满足已安装的供水基础设施的维修需要。

富裕人群通常能花更少的钱享受更高水平的服务，但贫困人群则要花更多的钱才能得到质量相似甚至更差的服务。

小农户家庭农民的水管理需要考虑旱作和灌溉农业两方面。全球约80%的耕地是旱作耕地，全球60%的粮食是在旱作耕地上生产的。在旱作农业系统中进行补充灌溉，不仅可以确保作物存活，还可使每公顷旱作耕地粮食产量（如小麦、高粱和玉米）增加一倍甚至三倍。

要确保农村地区用水安全、平等，并为今后的水投资提供机会，就需要进一步认识到小规模灌溉者与水相关的需求，因为他们对国家粮食安全做出了贡献。向大规模用户分配水，无论是用于灌溉还是其他目的，绝不能以牺牲小规模农户的合理需求为代价，不管他们是否有能力展示正式批准的用水权利。

## 难民和被迫流离失所人群

目前，全球人口流离失所现象已经达到有记录以来的最高水平。武装冲突、迫害和气候变化，加上贫困、不平等、城市人口增长、土地使用管理不善和治理薄弱，增加了流离失所的风险及其影响。

难民和境内流离失所者背井离乡，在获得基本供水和卫生设施服务方面往往面临障碍。近四分之一的流离失所人口生活在难民营中，绝大多数居住在城市、城镇和村庄。这些难民、寻求庇护者、境内流离失所者和无国籍者往往得不到地方或中央政府的正式承认，因此被排除在发展议程之外。

大规模流离失所给中转地和目的地的水资源和相关服务，包括环境卫生和个人卫生，造成压力，从而在现有难民和新抵达者之间造成潜在的不平等。接收国政府往往拒绝承认人口流离失所状况可能旷日持久，并坚持认为难民/流离失所者应当生活在"临时"或"群体"设施服务低于周围接收国社区水平的难民营中。相反的情况也可能发生，难民得到的水、卫生设施和个人卫生服务比附近社区的服务质量高。

各国有责任确保所有难民/境内流离失所者，无论其合法居住地在何处、国籍为何国或其他可能的障碍因素，都有权获得足量的卫生设施服务和水。与所有其他人一样，难民/境内流离失所者有权获得相关信息，也应有机会参与影响其权利的决策制定进程。

鼓励各国避免为难民/境内流离失所者制定"营地集中"政策，因为这些政策可能导致边缘化（与法律地位和"工作权"或"行动自由"直接相关），可能加剧与接收国社区的资源竞争，并使难民/境内流离失所者难以进入劳动力市场。相反，应鼓励各国推行将难民/境内流离失所者纳入现有城市和农村社区的政策。

## 地区视角

### 阿拉伯地区

由于人口增长和气候变化，阿拉伯地区的人均水资源短缺将继续加剧。在冲突地区，水基础设施遭到破坏、损毁并成为摧毁目标，确保人们

> 难民和境内流离失所者背井离乡，在获得基本供水和卫生设施服务方面往往面临障碍。

在缺水条件下获得供水服务面临的挑战更加严峻。

大部分难民往往在几十年的时间处于长期滞留状态。人道主义援助以及旨在为难民营和非正规居住区提供更长期供水和卫生设施的工作日益交织在一起。这有时会造成与接收国社区的冲突和紧张关系，特别是在双方都无法平等获得供水服务的情况下。近年来，人们对这一问题给予了更多关注，各国政府、捐助者和人道主义机构认识到，不让任何人掉队意味着对难民和境内流离失所者以及接收国社区均应提供服务。

### 亚太地区

2016年，亚太地区48个国家中有29个国家因缺水和地下水超采而成为水不安全地区。气候变化的影响加剧了水短缺。自然灾害日益频繁和严峻，抗灾能力逐渐不敌灾害所产生的风险。由于水和卫生基础设施受损以及水质问题，上述风险严重影响了向受灾地区提供水、卫生设施和个人卫生服务。向因灾流离失所者接收地区提供足够的水和卫生服务也因此面临巨大挑战。

灾害给贫困国家的人民造成的损失更大，因为这些国家的人们往往缺乏恢复能力和减轻灾害影响的能力。人们还发现，灾害对国内生产总值（GDP）、入学率、人均健康支出等都有影响，还可能导致接近贫困线的人（每天生活费为1.9～3.10美元）陷入极端贫困。

### 欧洲和北美洲

许多国家，特别是在农村地区，获得安全管理的卫生服务仍然是一项挑战。尽管对于东欧、高加索和中亚地区大部分人口来说获取卫生设施的情况不甚乐观，但西欧、中欧及北美的许多人口却仍苦于缺乏足量或无法平等地获得水与卫生设施服务。不平等往往与社会文化差异、社会经济因素和地理因素有关。

因此，消除服务获取不平等现象必须做到以下三点：缩小地域差距、消除边缘化群体和弱势群体面临的某些特定障碍，以及使人们负担得起水与卫生服务。

### 拉丁美洲和加勒比地区

该地区数百万人口仍无法获得充足的饮用水源，而受缺乏安全、体面的排泄物处理设施之苦的人数则更多。很多无法获得服务的人都居住在城市周边地区，主要集中在该地区城市周边的贫困地带中。事实证明，为此类边缘地区提供一定质量的服务十分困难。

在许多国家，权力的分散导致供水和卫生部门体制高度割裂，服务提供方众多，因而无法实现规模经济，也不具备经济可行性；并且因为是由不具备必要资源和激励机制的市镇负责，因此无法有效应对水与卫生服务的复杂性。权力分散还缩小了服务领域的规模，导致同质化严重，限制了交叉补贴的可能性，助长了"撇奶皮"现象，使低收入群体在提供服务方面处于边缘地位。

缺少储水、运输水的水管理基础设施（经济缺水）、经改善的饮用水和卫生设施不足，是导致撒哈拉以南非洲持续贫困的直接原因。

农村人口约占撒哈拉以南非洲总人口的60%，其中许多人仍然生活在贫困之中。2015年，该区域3/5的农村居民获得了最基本的供水，只有1/5的人口获得了最基本卫生设施。约10%的人口仍然饮用未经处理的地表水，许多农村地区的贫困人口，特别是妇女和女童，每天花费大量时间取水。

据估计，到2050年，人口增长的一半以上将发生在非洲（全球22亿人口中的超过13亿）。然而，向不断增长的人口提供水、卫生设施和个人卫生服务并不是非洲面临的唯一挑战，因为对能源、食品、就业、医疗保健和教育的需求也将增加。人口增长在城市尤甚，若缺乏合理规划，则可能导致贫民窟剧增。即使各国在2000—2015年稳步改善了城市贫民窟的生活条件，新建住房的增速也已远远落后于城市人口的增长率。

## 策略和应对方案

从技术角度看，针对弱势群体缺乏饮用水和卫生服务的问题，不同地区的应对措施可能大相径庭。虽然许多高人口密度城市社区通过资源共享和规模经济为建造大规模集中水、卫生设施和个人卫生基础设施提供了机会，但事实证明成本较低的分散供水和卫生设施是包括难民营在内的较小城市居住区的成功解决方案。对居住在低人口密度的农村居民来说，我们要达到的一个主要目标是将更多的设施建造在人们居所的附近。因此，选择提供水、卫生设施和个人卫生服务技术的基本原则不一定是"最佳"，而是"最适合"。

资金不足和缺乏有效融资机制，对实现弱势和边缘化群体的水、卫生设施和个人卫生目标造成了障碍。可以通过提高系统效率来弥补一定比例的投资缺口，更有效地利用现有资金，大大降低总体成本。然而，为弱势群体提供有针对性的补贴以及设计公平的水费结构仍将是筹资和成本回收的一个重要来源。国际捐助者的捐助对发展中国家仍十分重要，但不能成为主要的资金来源。官方发展援助（ODA）尤其有助于调动其他来源的资金，如商业资金和混合融资，包括从私营部门调动投资。但是，各国政府仍有责任大幅增加用于扩大水、卫生设施和个人卫生服务的公共资金。

然而，仅增加资金和投资并不一定能确保所有处境最不利的人都能得到水、卫生设施和个人卫生服务。因此，补贴的设计必须适当、透明、有针对性，水费构成的设计和实施必须以实现公平、可负担性，并以每个目标群体都能获取适当的服务水平为目标。

科学研究、发展和创新对于支持知情决策至关重要。虽然在设计公平的水费结构方面已取得了一些进展，可使贫困和处境不利的人受益而非遭受损失，但仍需进一步研究和分析水、卫生设施和个人卫生服务在经济方面面临的问题，以支持包容性。贫困农村社区的信息和能力建设需求往往与上述城

**因此，选择提供水、卫生设施和个人卫生服务技术的基本原则不一定是"最佳"，而是"最适合"。**

市贫困人口的信息和能力建设需求相似，同时还包括与水资源分配和水权保障有关的知识。监测进展是知识和能力发展的另一个重要方面。分类数据（性别、年龄、收入群体、种族、地理等）和社会包容分析是确定哪些群体最有可能"掉队"的重要工具，并有助于分析原因。我们还需要在科学和工程领域开展进一步研究，以开发负担得起、安全和高效的水、卫生设施和个人卫生基础设施和相关设备（如移动过滤器、厕所）。

基于社区的行动对于解决水与卫生设施方面"有人掉队"的关键症结至关重要。良好的治理应力争摆脱等级权力结构，接受问责制、透明度、合法性、公众参与、公正和效率等理念——这些原则与基于人权的方法的原则是一致的。可以建立水资源分配机制，以实现不同的社会经济政策目标——如保障粮食和/或能源安全，或促进工业增长——但必须优先确保有足够的水（和适当质量的水）以满足每个人的基本需求（家庭和生计）。

水与移民之间的关系尽管还未完全纳入国际移民政策，但受关注程度越来越高。难民和境内流离失所人群所面临的水、卫生设施和个人卫生困境要求我们在政策层面给予特别的关注和回应。为难民营提供相关服务时，需要将各层级服务与周边社区/国家标准相衔接，才能解决社会歧视问题，促进服务均等。

在非歧视和平等的基础上实现享有饮用水和卫生设施人权的所有行动方都肩负特定的义务和责任。人权将个人定义为水与卫生设施服务的权利享有者，将国家定义为必须最大限度地利用其现有资源，保证人人都能获得水、卫生设施和个人卫生服务的义务承担者。非国家行为者也负有人权责任，并可能对侵犯人权负责。非政府组织和国际组织可以在提供服务方面发挥重要作用，它们需要在这些努力中确保切实落实平等和问责制。我们呼吁国际组织，如联合国、国际贸易和金融机构以及发展合作伙伴确保将其援助提供给最没有能力实现水与卫生设施权利的国家或区域。

## 结语

不同群体的人，掉队的原因各不相同。受歧视、排斥、被边缘化、权力不对等，以及物质上的不平等是保障人人获得安全饮用水和卫生设施这一人权、实现《2030年可持续发展议程》与水相关目标的主要障碍之一。政策设计不合理、落实不到位、资金不足和使用不当及政策缺位加剧了获取安全饮用水和卫生设施的不均等。

改善水资源管理，确保人人获得安全、可负担的饮用水和卫生服务是消除贫困、构建和平繁荣的社会、确保实现可持续发展路上"不让任何人掉队"的重要条件。只要同心协力，这些目标一定可以实现。

除非在政策和实践层面旗帜鲜明、积极有效地应对被排除在外、不平等的现状，否则与水相关的解决方案仍将以失败告终，无法触及最需要和最能受益的人群。

# 序言

干旱期间，小男孩注视着一艘搁浅的小木船

世界水评估计划 | Richard Connor，Stefan Uhlenbrook，Tais Policanti，Engin Koncagül和 Angela Renata Cordeiro Ortigara

序言对全球水相关问题的现状和主要趋势进行了概括，包括世界水资源现状，全球供水、卫生设施和个人卫生服务覆盖面的最新图表，以及与报告主题"不让任何人掉队"相关的广泛的社会经济发展指标评价体系。

# 引言

不公平现象在世界贫困、弱势、被边缘化人群中无处不在。本报告着重强调改善水资源管理、提供供水和卫生设施服务对解决各种社会和经济不平等问题具有的重大意义，以此来让更多的人享受到水带来的多方面益处和机会，从而实现"不让任何人掉队"。

同前几年的《联合国世界水发展报告》一样，本书序言从水资源现状和发展趋势两方面简述了全球与水相关的问题和挑战，并就水资源管理、供水以及卫生设施服务进行了论述。序言还概述了与报告主题"不让任何人掉队"有关的主要社会经济指标的核心数据统计和发展趋势。

以下概述的总体趋势表明，尽管自世纪之交以来水资源管理在一些地区取得了进展，但要实现可持续发展目标（SDGs）并真正做到"不让任何人掉队"仍有很长的路要走。《可持续发展目标6综合报告》明确指出，按照目前进展状态，世界将无法在2030年前实现可持续发展目标6（UN，2018a）。

有一些地区的水发展现状大家有目共睹，并得到了证实。例如，撒哈拉以南非洲和南亚地区显然是急需水发展的重点区域，在这些地区，人口增长速度快，城市化进展快，贫困程度偏高，教育、电力、完善的供水和卫生设施等基本服务仍然严重不足。

显而易见，在几乎所有的经济指标中，包括极度贫困、土地保有量和劳动力等，女性的境遇都比男性要差得多；也有少数例外情况，如女性预期寿命比男性长。同样，在社会和健康相关指标中，如教育、食品安全、伤残保险甚至网络访问途径，妇女也明显处于劣势地位。

图1　由于饮用水及卫生设施服务不足[1]、水相关灾害、地震及流行性疾病和冲突造成的年均影响

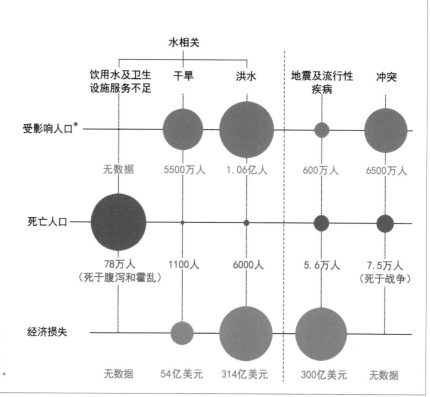

水相关

| 饮用水及卫生设施服务不足 | 干旱 | 洪水 | 地震及流行性疾病 | 冲突 |

受影响人口*

无数据　5500万人　1.06亿人　600万人　6500万人

*受影响人口指在紧急期需要立即得到援助的人，包括被迫流离失所或疏散的人。

死亡人口

78万人（死于腹泻和霍乱）　1100人　6000人　5.6万人　7.5万人（死于战争）

资料来源：根据"知识共享署名3.0版（未本地化版）许可协议"（CC BY 3.0），改编自荷兰环境评估署（PBL）（2018，第14页）。

经济损失

无数据　54亿美元　314亿美元　300亿美元　无数据

然而，全球、地区甚至国家的发展趋势不一定能反映当地的现实和差异。例如，处于贫困生活中的挑战在城市和农村的差别会相当大，同样，其潜在的应对及其解决办法的差别也会相当大。在人口日益增长的城市中心区域，改善供水和卫生设施服务，最困难和最紧迫的挑战在于改善非正式居住区（贫民窟）；而在农村地区，则可能需要有不同的思路和方法。此外，虽然农村地区的劳动力市场机会可能仍然由粮食和农业部门（对水高度依赖的部门）主导，但由于目前的技术变革和经济数字化发展（或称"工业4.0"），城市和城市周边地区的就业机会可能迅速发展。

快速城市化、对洪水和干旱的脆弱性增加，以及群众居无定所的风险增加（特别是在非正式定居的情况下），这三个现象都与水有关，但它们似乎有着不同的发展趋势。然而，洪水、干旱和武装冲突影响或导致死亡的人口数量，远远不及因饮用水和卫生服务不足而影响或导致死亡的人数多（图1）。

这些趋势和其他一些趋势表明，大量错综复杂的挑战不断涌现，需要各国政府、私营机构、民间团体和国际社会以人权为基础，采取综合措施予以应对。

---

[1] 在2015年，估计全球有21亿人无法获得安全管理的饮用水服务，45亿人无法获得安全管理的卫生设施服务（WHO/UNICEF，2017a）。然而，目前还没有数据可以估计出这些人中有多少人受到了"影响"，以及由此造成的总的经济损失。

# 第1部分
## 世界水资源现状

## i. 水的需求和利用

自20世纪80年代以来，世界范围内的用水量约以每年1%的速度增长（AQUASTAT，日期不详）。这一稳步增长，主要是由发展中国家和新兴经济体的需求激增带动的，尽管这些国家中多数人的人均用水量仍然远远低于发达国家的人均用水量，但是也在迎头赶上。这种增长是由人口增长、社会经济发展和消费模式变化等因素共同推动的（WWAP，2016）。到目前为止，农业（包括灌溉、畜牧和水产养殖）是远超其他行业的最大用水行业，占全球年用水量的69%。工业（包括发电）用水占19%，家庭用水占12%（AQUASTAT，日期不详）。

预计全球对水的需求将持续以相近的速度增长，到2050年，用水量将比目前高出20%~30%（Burek等，2016）。尽管具体预测可能有所不同，但目前的分析表明，大部分的水需求增长将归因于工业和生活用水的增长（OECD，2012；Burek等，2016；IEA，2016）。因此，与其他部门相比，农业在总用水量中所占的比例可能会下降，但在未来几十年，从取水量和耗水量两方面来看，农业仍将是最大的用水行业[1]（图2）。

## ii. 水的可利用性

图3反映了全球遭受不同程度水短缺的国家概况。

超过20亿人生活在高水资源压力的国家。虽然全球平均水资源压力仅为11%，但31个国家的水资源压力在25%（被定义为水资源压力的最小阈值）~70%，22个国家的水资源压力在70%以上，也即处于严重的水资源压力（UN，2018a）。水资源压力增加表明大量使用水资源，对资

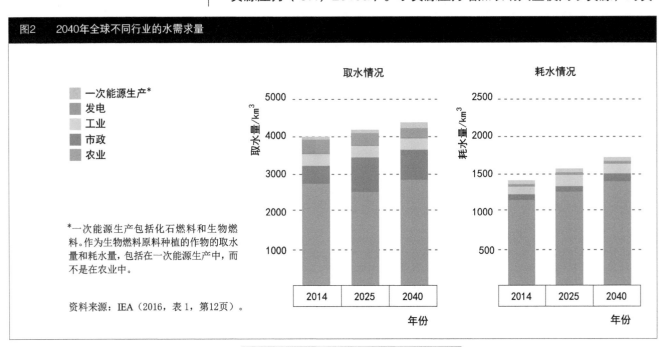

**图2　2040年全球不同行业的水需求量**

取水情况　　　　　　　耗水情况

图例：
- 一次能源生产*
- 发电
- 工业
- 市政
- 农业

*一次能源生产包括化石燃料和生物燃料。作为生物燃料原料种植的作物的取水量和耗水量，包括在一次能源生产中，而不是在农业中。

资料来源：IEA（2016，表1，第12页）。

---

[1] 取水量：从水源获取的水量；根据定义，取水量总是大于或等于耗水量。
耗水量：未返回水源（如发生蒸发或运输至另一地点环节）且在当地不再可用于其他用途的取水量。

源可持续性的影响更大，用户之间发生冲突的可能性也在增加。

水资源压力的其他几个重要方面也需要强调。首先，由于水的可利用性可能有很强的季节性，全年的平均数据并没有显示水资源短缺期间的情况。例如，据估计，约有占世界人口近2/3的40亿人，在一年中至少有一个月经历严重的水资源短缺（Mekonnen和Hoekstra，2016）。其次，在国家一级汇集的这种数据，可能无法体现（有时是严重无法体现）某一地区或区域内不同河流流域的水可利用性差异。例如，在图3中，在澳大利亚、南美洲和撒哈拉以南非洲等国家和地区，其全国范围的低水资源压力不应被曲解，因为在流域或地方层面水资源压力可能非常严重。第三，物理意义上的水资源压力没有考虑到经济层面的水短缺，在这种情况下，限制获取水的并不是现有的水资源存量，而是由于缺乏为其服务的收集、输送和处理水的基础设施。例如，在图3中，许多非洲国家显示为低水资源压力，而实际上并没有考虑水资源开发程度较低的状况。在这些国家，多数装有灌溉系统的面积不足其耕种面积的6%（AQUASTAT，日期不详）。因此，尽管在地方层面可能面临十分严重的水资源压力，但在国家层面，相比可利用淡水资源总量，取水率很低。

随着人口增加及其对水的需求增加，以及气候变化影响加剧，物理意义上的水资源压力水平可能会增加（UN，2018a）。气候变化和日益增加的气候可变性也很可能在区域和流域尺度以及在不同季节发生变化。然而，在大多数情况下，干旱地区会变得更加干旱，湿润地区会变得更加潮湿（图4），这样的气候变化很可能会加剧已经最受影响地区的水资源压力。

据估计，如果自然环境持续退化、不可持续的全球水资源压力继续发展，到2050年，全球45%的国内生产总值、52%的人口和40%的粮食生产将面临风险。贫困和边缘化人群将受到更严重的影响，进一步加剧本已十分严重的不平等（UN，2018a）。

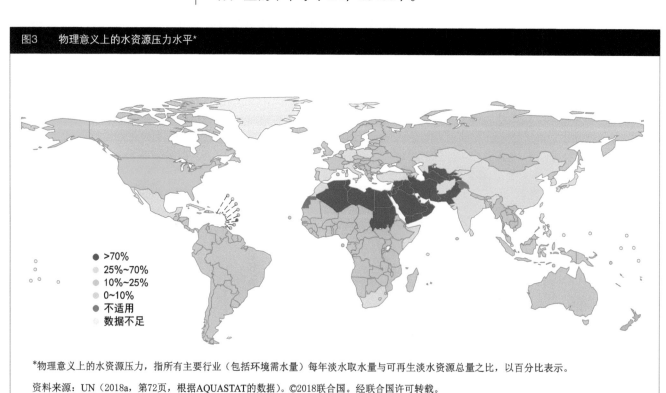

图3　物理意义上的水资源压力水平*

- ● >70%
- ◐ 25%~70%
- ◔ 10%~25%
- ○ 0~10%
- ● 不适用
- ○ 数据不足

*物理意义上的水资源压力，指所有主要行业（包括环境需水量）每年淡水取水量与可再生淡水资源总量之比，以百分比表示。

资料来源：UN（2018a，第72页，根据AQUASTAT的数据）。©2018联合国。经联合国许可转载。

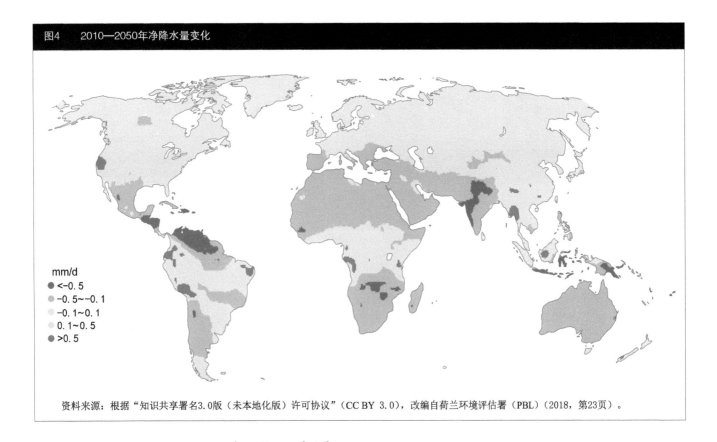

图4　　2010—2050年净降水量变化

mm/d
● <-0.5
● -0.5~-0.1
○ -0.1~0.1
○ 0.1~0.5
● >0.5

资料来源：根据"知识共享署名3.0版（未本地化版）许可协议"（CC BY 3.0），改编自荷兰环境评估署（PBL）（2018，第23页）。

## iii.　水质

在发达国家和发展中国家水质问题依然存在，并有一些共同点，包括洁净水质水体减少、水形态变化相关影响、新兴污染物增加以及入侵物种蔓延等（UN，2018a）。水质差直接影响到将这些水源作为主要供应来源的人群，因为这将进一步限制他们获得水的能力，并增加与水有关的健康风险，更不用说对他们总体生活质量的影响。

一些与水有关的疾病，包括霍乱和血吸虫病等，仍然在许多发展中国家广泛存在。在这些国家，只有相当小比例（在某些情况下低于5%）的生活废水和城市废水在排放到环境之前得到处理（WWAP，2017）。

富营养化仍然是最普遍的水污染形式之一，大部分营养物质排放来自农业。"对于南亚和东亚的热点地区、非洲部分地区、中美洲和拉丁美洲的大多数地区来说，排放到地表水的营养物质预计将增加。然而，发展中国家快速扩张的城市预计将成为营养物质排放的主要来源。"（PBL Netherlands Environmental Assessment Agency，2018，第42页）尤其是越来越多的家庭缺乏足够的污水处理系统。

## iv.　极端事件

大约90%的自然灾害与水有关。1995—2015年有记录的自然灾害中，洪水占43%，造成23亿人受灾，15.7万人死亡，6620亿美元经济损失。同期，干旱占自然灾害的5%，造成11亿人受灾，2.2万人死亡，1000亿美元经济损失。1995—2004年的10年间，年均洪水事件数量从1995年的127次增加到2004年的171次（CRED/UNISDR，2015）。图5

> 水质差直接影响到将这些水源作为主要水供应来源的人群，因为这将进一步限制他们获得水的能力，并增加与水有关的健康风险。

图5　干旱和洪水发生的地理分布

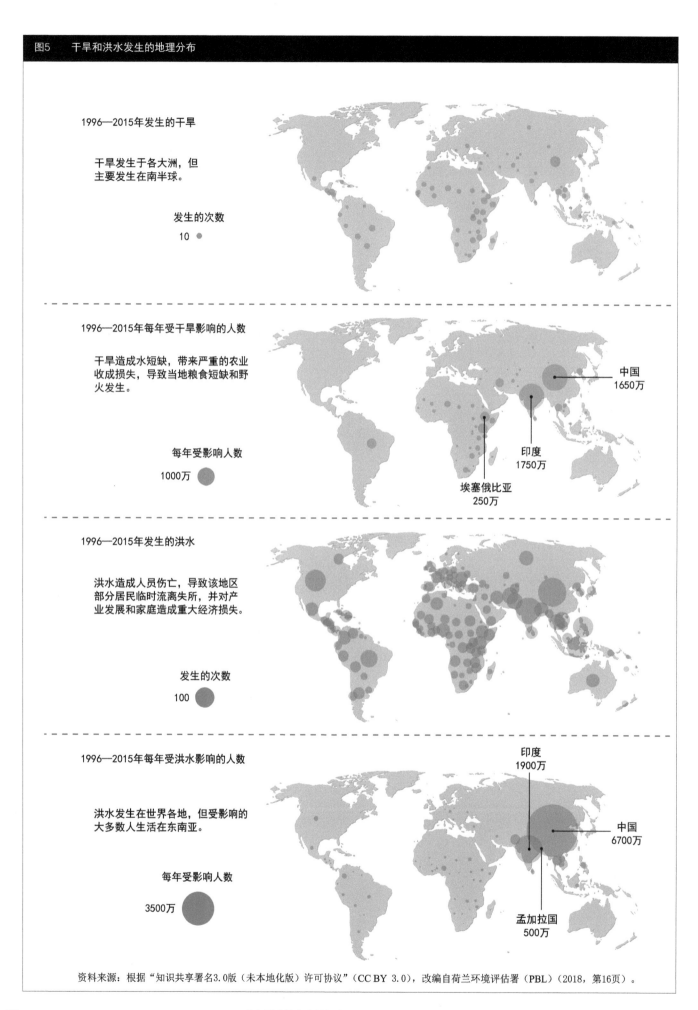

1996—2015年发生的干旱

干旱发生于各大洲，但主要发生在南半球。

发生的次数

10 ●

1996—2015年每年受干旱影响的人数

干旱造成水短缺，带来严重的农业收成损失，导致当地粮食短缺和野火发生。

每年受影响人数

1000万 ●

中国
1650万

印度
1750万

埃塞俄比亚
250万

1996—2015年发生的洪水

洪水造成人员伤亡，导致该地区部分居民临时流离失所，并对产业发展和家庭造成重大经济损失。

发生的次数

100 ●

1996—2015年每年受洪水影响的人数

洪水发生在世界各地，但受影响的大多数人生活在东南亚。

每年受影响人数

3500万 ●

印度
1900万

中国
6700万

孟加拉国
500万

资料来源：根据"知识共享署名3.0版（未本地化版）许可协议"（CC BY 3.0），改编自荷兰环境评估署（PBL）（2018，第16页）。

提供了1996—2015年国家层面洪水和干旱事件发生的概况，以及受影响的人数。

与水有关灾害造成的受灾人口和预期损失还在持续上升。上升的部分原因是近年来对灾害及其影响的报告和记录情况得到了改善。幸运的是，虽然妇女和儿童仍然特别容易受到伤害，受影响的人数仍在增加，但伤亡人数并没有随之增加。事实上，在过去的几十年里，与天气有关的灾害造成的人员死亡数量已经下降了。这表明，完善早期预警系统和提高灾害管理能力等灾害风险管理领域的措施，正在取得积极成效（UNISDR/UNECE，2018）。

预计气候变化将增加极端天气事件的频率和规模。据经济合作与发展组织（OECD）《环境展望》（OECD，2012）估计，到2050年，面临洪水风险的人口数量和资产价值将显著高于现在："……面临洪水风险的人数预计将从现在的12亿人上升到2050年的16亿人（接近20%的世界人口）；受洪水风险威胁的资产经济价值预计将达到约45万亿美元，比2010年增加超340%（OECD，2012，第209页）。"

城镇化将增加对防洪减灾的需求，引发对各个部门和地区洪水风险分担问题的更多关注，这其中包括了农业用地问题（OECD，2016）。

预计气候变化将增加极端天气事件发生的频率和规模。

## v. 跨边界水资源以及与水相关的冲突

水资源战争，即各国为争夺有限的水资源而发生军事冲突，已通过各种媒体和其他公共论坛得到了相当程度的关注。鉴于地方水资源压力不断增加（见序言1ii部分），以及153个国家共享286条国际河流和592个跨界含水层（UN，2018a），水相关冲突一直在增加，可以预期将来可能还会持续增加。然而，目前的证据并不能完全支持这一预期。冲突往往很难归于单一的原因，然而，水往往是几个关键因素之一。

水冲突的产生往往有几个因素，包括领土争端、资源争夺或政治战略优势争夺等。它们也可以根据冲突中水的用途、影响或效果进行分类。太平洋研究所按时间顺序排列的《水冲突年表》（Pacific Institute，日期不详）列出了以下三类。

- 导火索：水是暴力冲突的导火索或根本原因。如在水资源或水系统控制方面存在争端，或者由水资源的经济利用，或实际获取导致的争端，或者由水资源的稀缺性导致的争端，会引发暴力冲突。
- 武器：水作为冲突的一个武器。在暴力冲突中，水资源或水系统本身被当作一种工具或武器。
- 受害者：水资源或水系统成为冲突受害者。水资源或水系统往往会遭受有意或无意的损坏，或者成为暴力袭击的目标。

针对暴力（受伤或死亡）或暴力威胁（包括口头威胁、军事演习和武力展示等）事件，按时间顺序进行了排列分析。2000—2009年，水在报告的94起冲突中所起的作用，49起是导火索，20起是武器，34起是受害者[1]。2010—2018年（截至2018年5月3日），水在报告的263起冲突

---

[1] 不同类别的冲突加起来比总数还要多，因为有些冲突被列在多个类别中。

中所起的作用，123起是导火索，29起是武器，133起是受害者。虽然这可能表明与水相关的冲突总体上有增加的趋势，但必须谨慎解释这些数据，因为增加的大部分数据可以归因于对这类事件有更多的了解和报告。2010—2018年，世界多个地区爆发武装冲突，可能也影响了这一明显趋势。

## 第2部分
## 供水、卫生设施和个人卫生

### i. 饮用水

在2015年，全球约30%的人（21亿人，占全球人口的29%）未使用经安全管理的饮用水服务[1]，而8.44亿人甚至仍然缺乏基本的饮用水服务[2]（图6）。所有使用经安全管理的饮用水服务的人群中，只约1/3（19亿人）居住在农村地区（WHO/UNICEF，2017a）。

"千年发展目标"（MDGs）在实施阶段已经取得了显著进展。2000—2015年，全球使用基本饮用水及以上服务的人口从81%增加到89%。然而，在2015年，覆盖率低于95%的国家中，只有1/5的国家有望在2030年前实现普遍的基本供水服务（UN，2018a）。

经安全管理的供水服务的覆盖范围在不同地区间差别很大（从撒哈拉以南非洲地区的24%到欧洲和北美洲的94%）。在国家内部，农村和城市之间、财富前1/5的地区和财富后1/5的地区之间也可能存在很大的差异，安哥拉的罗安达和威热省之间的鲜明对比就是一个例证（图7）（WHO/UNICEF，2017a）。

图6　2015年全球和地区饮用水覆盖率（%）

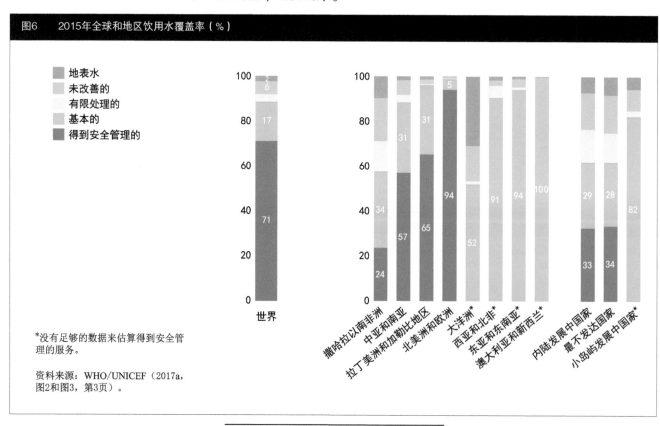

图例：
- 地表水
- 未改善的
- 有限处理的
- 基本的
- 得到安全管理的

*没有足够的数据来估算得到安全管理的服务。

资料来源：WHO/UNICEF（2017a，图2和图3，第3页）。

---

[1] 来自经改善水源的饮用水，水源位于房屋内，需要时随时可得到，不受粪便和主要化学物质污染（经"改善"的水源包括：来自自来水、钻孔井或管井、受保护的挖井，受保护的泉水、雨水以及包装或运输的水）。
[2] 来自经改善水源的饮用水，且每次（包括排队）获取的往返时间不超过30分钟。

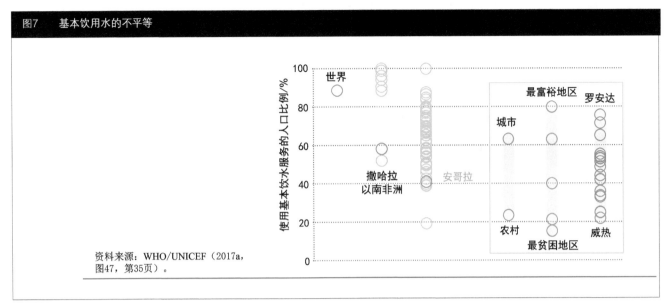

图7　基本饮用水的不平等

资料来源：WHO/UNICEF（2017a，图47，第35页）。

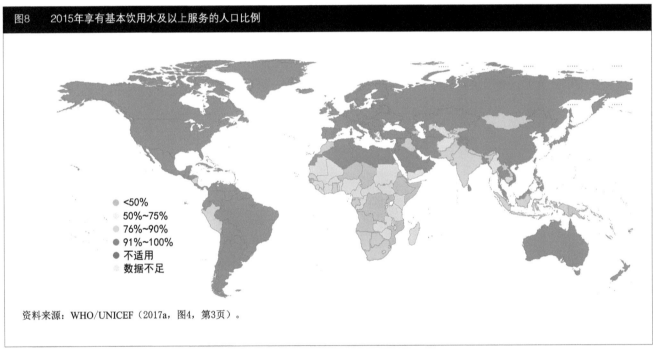

图8　2015年享有基本饮用水及以上服务的人口比例

- <50%
- 50%~75%
- 76%~90%
- 91%~100%
- 不适用
- 数据不足

资料来源：WHO/UNICEF（2017a，图4，第3页）。

截至2015年，有181个国家已经实现基本饮用水服务覆盖率超过75%（图8）。但有1.59亿人仍然从地表水源直接获取未经处理且经常受到污染的饮用水，其中58%的人生活在撒哈拉以南非洲地区（WHO/UNICEF，2017a）。

## ii.　卫生设施

在2015年，全球只有29亿人（占全球人口的39%）使用经安全管理的卫生设施服务[1]（图9），这其中约2/5的人口（12亿）生活在农村地区。另外有21亿人获得了"基本"的卫生设施服务[2]。剩余的23亿人（全

---

[1] 使用不与其他家庭共用改良设施，在现场安全处置排泄物或非现场运输和处理排泄物（改良设施包括冲入、倒入下水道管道系统、化粪池或坑式厕所；通风改善的坑式厕所、堆肥式厕所或带平板的坑式厕所）。

[2] 使用不与其他家庭共用的改良设施。

图9　2015年全球和区域卫生设施覆盖率（%）

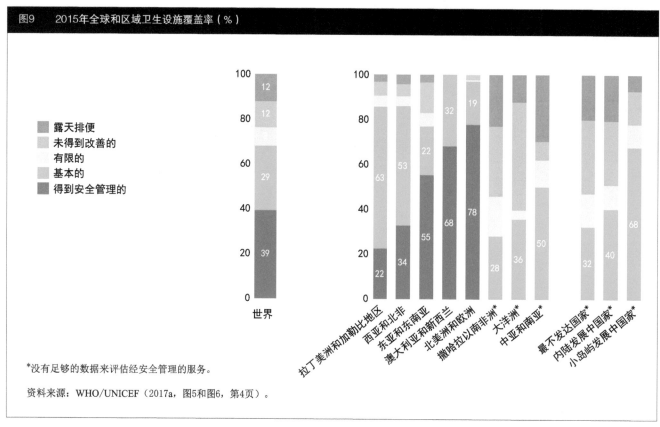

露天排便
未得到改善的
有限的
基本的
得到安全管理的

*没有足够的数据来评估经安全管理的服务。

资料来源：WHO/UNICEF（2017a，图5和图6，第4页）。

世界每3人中就有1人）甚至缺乏基本的卫生设施服务，其中8.92亿人仍在露天排便（WHO/UNICEF，2017a）。

在"千年发展目标"的实施阶段，卫生设施覆盖率方面也取得了进展，但仍然落后于饮用水供应方面的进展。至2015年，有154个国家的基本卫生设施及以上服务覆盖率超过了75%。2000—2015年，享有基本卫生设施及以上服务的全球人口从59%增至68%。然而，在2015年覆盖率低于95%的国家中，只有1/10的国家有望在2030年前实现普遍的基本卫生设施服务（UN，2018a）。

与饮用水类似，各国内部在获得基本卫生设施方面也存在很大的差异，例如巴拿马共和国的巴拿马和古纳亚拉两省之间的鲜明对比（图10）（WHO/UNICEF，2017a）。

图10　基本卫生设施方面的不平等

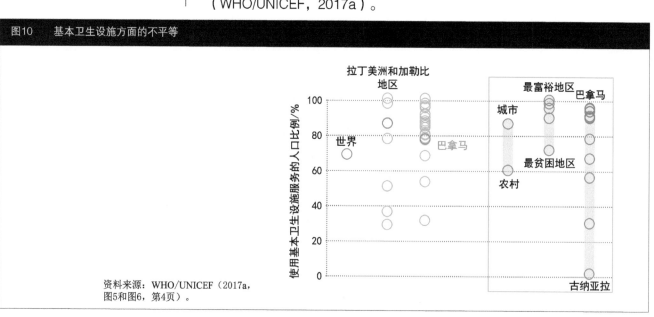

资料来源：WHO/UNICEF（2017a，图5和图6，第4页）。

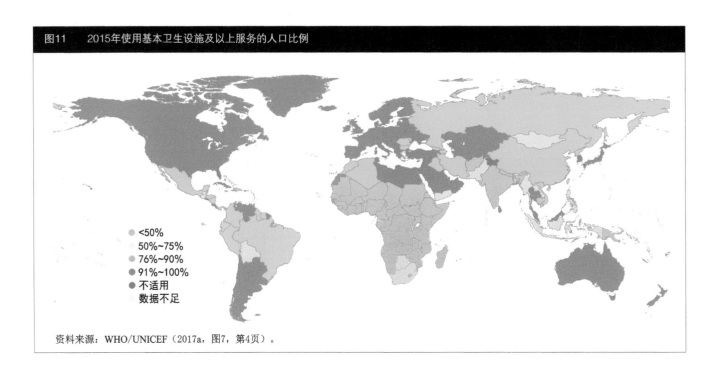

<50%
50%~75%
76%~90%
91%~100%
不适用
数据不足

资料来源：WHO/UNICEF（2017a，图7，第4页）。

　　截至2015年，已有154个国家实现了75%以上的基本卫生设施及以上服务覆盖率（图11）。总体而言，基本卫生设施的覆盖率普遍低于基本供水服务的覆盖率，而且预计到2030年，没有任何可持续发展目标地区（澳大利亚和新西兰除外，这两个国家的覆盖率已接近全部）有望实现普遍的基本卫生设施服务（WHO/UNICEF，2017a）。

资料来源：WHO/UNICEF（2017a，图8，第5页）。

## iii.　个人卫生

　　使用肥皂和水的基本洗手设施的覆盖率（区域平均），从撒哈拉以南非洲的15%到西亚和北非的76%不等（图12）。然而，根据2015年可获得的数据（仅代表全球人口的30%）无法作出全球范围的估计，也无法为可持续发展目标的其他地区作出估计。在供水和卫生设施方面，各国内部可能存在严重的不平等，突尼斯就是一个例子（图13）（WHO/UNICEF，2017a）。

图13　基本个人卫生方面的不平等

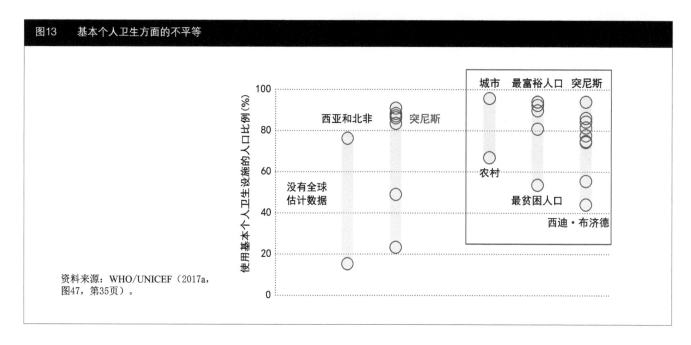

资料来源：WHO/UNICEF（2017a，图47，第35页）。

图14　世界人口：估计值（1950—2015年）以及95%预测区间的中等变量预测值（2015—2100年）

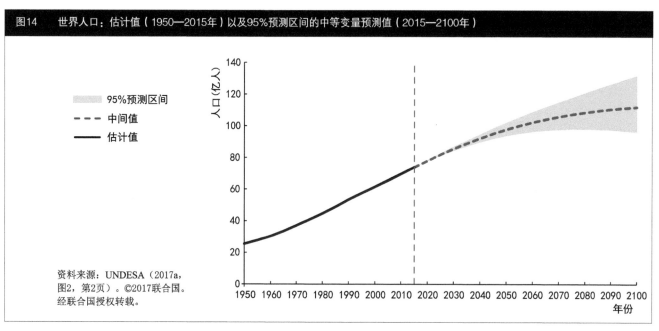

资料来源：UNDESA（2017a，图2，第2页）。©2017联合国。经联合国授权转载。

# 第3部分
# 社会经济发展指标

## i.　人口统计

*全球人口增长*

无论是直接需求（例如饮用水、卫生设施、个人卫生和家庭用水等），还是间接需求（例如不断增长的对水密集型商品和服务的需求，包括食品和能源等），人口增长是水需求增加的重要驱动力。

截至2017年6月，全球人口达到76亿人。预计到2030年将达到约86亿人，到2050年将进一步增加到98亿人（图14）（UNDESA，2017a）。

非洲和亚洲占据了当前人口增长的榜首，预计非洲将是2050年之后人口增长的主要动力（图15）（UNDESA，2017a）。

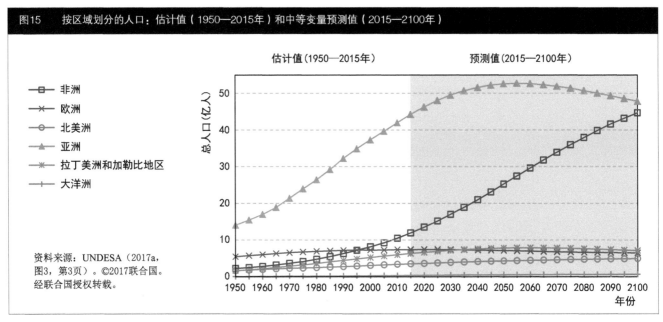

图15　按区域划分的人口：估计值（1950—2015年）和中等变量预测值（2015—2100年）

估计值（1950—2015年）　　　预测值（2015—2100年）

- 非洲
- 欧洲
- 北美洲
- 亚洲
- 拉丁美洲和加勒比地区
- 大洋洲

资料来源：UNDESA（2017a，图3，第3页）。©2017联合国。经联合国授权转载。

图16　2018—2030年按规模分类的城市群增长率预测

年增长率
- <1%
- 1%~3%
- 3%~5%
- >5%

2018年城市人口
- 50万~75万
- 75万~100万
- 100万~500万
- 500万~1000万
- 1000万及以上

资料来源：UNDESA（2018）"知识共享许可协议"（CC BY 3.0 IGO）授权使用。

**非洲和亚洲占据了当前人口增长的榜首，预计非洲将是2050年之后人口增长的主要动力。**

*城市化与非正式定居*

几乎所有的净人口增长都发生在城市，世界正在日益城市化，这给城市水管理带来了新的、严峻的挑战（见第6章）。目前超过一半（54%）的全球人口居住在城市。预计到2050年，城市相比农村的人口权重将增加到2/3（66.4%）（UNICEF，2017）。因此，城市的可持续发展挑战将日益严峻，特别是在人口增长和城市化速度最快的中低收入国家（图16）。然而，在发展政策方面，占极端贫困人口绝大多数的农村人口（见第7章）一定不能"掉队"。

尽管全球居住在贫民窟的城市人口比例从2000年的28%下降到2014年的23%，但按绝对数量计算，在这期间，居住在贫民窟的城市居民数

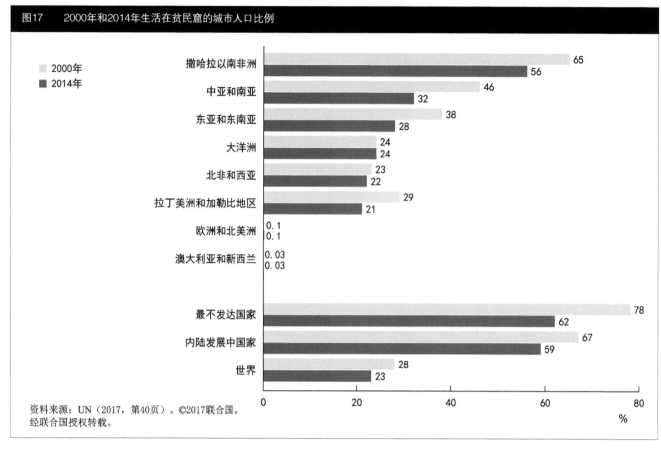

图17　2000年和2014年生活在贫民窟的城市人口比例

■ 2000年
■ 2014年

| 地区 | 2000年 | 2014年 |
|---|---|---|
| 撒哈拉以南非洲 | 65 | 56 |
| 中亚和南亚 | 46 | 32 |
| 东亚和东南亚 | 38 | 28 |
| 大洋洲 | 24 | 24 |
| 北非和西亚 | 23 | 22 |
| 拉丁美洲和加勒比地区 | 29 | 21 |
| 欧洲和北美洲 | 0.1 | 0.1 |
| 澳大利亚和新西兰 | 0.03 | 0.03 |
| 最不发达国家 | 78 | 62 |
| 内陆发展中国家 | 67 | 59 |
| 世界 | 28 | 23 |

资料来源：UN（2017，第40页）。©2017联合国。
经联合国授权转载。

量从7.92亿人上升到了8.8亿人。在最不发达国家，将近2/3（62%）的城市居民生活在贫民窟中（图17）。在撒哈拉以南非洲地区，贫民窟仍然最为常见（UN，2017）。

*年龄分布*

2000—2015年，全球预期寿命增加了5年（WHO，2016a），这已经成为人口增长的重要驱动力。男女的总体预期寿命预计将从2010—2015年的71岁上升到2045—2050年的77岁。与此同时，女性的平均寿命比男性长4年。到2050年，除非洲以外，在世界其他地区，60岁及以上人口将占1/4或更多（UNDESA，2017a）。

目前，世界上的年轻人也比以往任何时候都多，约有18亿人在10～25岁（UNFPA，2014）。世界上23亿青年（15～34岁）中有近80%生活在低收入和中等收入国家；在经济快速增长的国家中，他们占人口的很大一部分（Kwame，2018），尽管他们不一定都能直接从这种增长中受益。

**在2013年，将近80%的极度贫困人口生活在农村地区。**

## ii. 贫困与收入差距

*贫困*

生活在贫困中的人们每天都在努力实现他们最基本的需求，包括获得水和卫生设施、医疗保健、教育和可靠的能源供给等。他们也极其容易受到气候变化的影响（Castaneda Aguilar等，2016）。

图18　1987—2013年世界范围内生活在极端贫困中的人口*

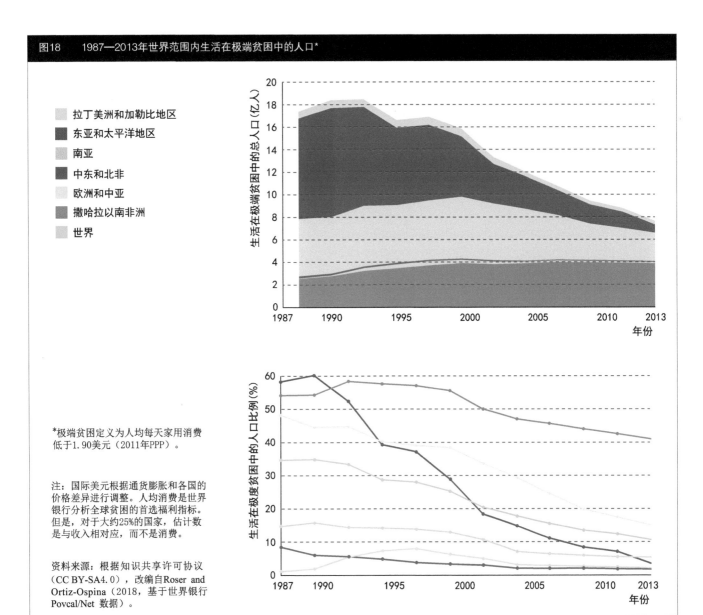

图例：
- 拉丁美洲和加勒比地区
- 东亚和太平洋地区
- 南亚
- 中东和北非
- 欧洲和中亚
- 撒哈拉以南非洲
- 世界

*极端贫困定义为人均每天家用消费低于1.90美元（2011年PPP）。

注：国际美元根据通货膨胀和各国的价格差异进行调整。人均消费是世界银行分析全球贫困的首选福利指标。但是，对于大约25%的国家，估计数是与收入相对应，而不是消费。

资料来源：根据知识共享许可协议（CC BY-SA4.0），改编自Roser and Ortiz-Ospina（2018，基于世界银行Povcal/Net 数据）。

根据最新估计，在2013年，7.67亿人（占全球人口的10%以上）生活在每天1.90美元（2011年PPP[1]）的国际极端贫困线以下，21亿人（约占全球人口的30%）生活在每天3.10美元（2011年PPP）以下。将近80%的极端贫困人口生活在农村地区。绝大多数生活在国际极端贫困线以下的人口生活在南亚和撒哈拉以南非洲（World Bank，2016a）。

极端贫困人口的绝对数量，从1990年的18.5亿人下降到2013年的7.6亿人。撒哈拉以南非洲是1990—2013年唯一极端贫困人口绝对数量有所增加的地区，尽管在这一时期，该地区极端贫困人口的总体比例从54%下降到41%（图18）（World Bank，日期不详）。

儿童占全世界极端贫困人口的44%，儿童的贫困率最高（图19）。随着女孩和男孩年龄的增长，20～35岁的性别差距扩大，在这一年龄段中，生活在贫困家庭的男性、女性比例为100：122（Munoz Boudet等，2018）。

20～40岁成年人贫困率的性别差异，与婚姻状况和父母地位密切

[1]　2011年PPP是指2011年购买力平价。极端贫困的国际贫困线是2011年购买力平价每天1.90美元，而"中位数"贫困线是每天3.10美元。

*IPL：国际贫困线

注：总样本范围为89个国家。

资料来源：Munoz Boudet等（2018，图3，第12页）。©世界银行。openknowledge.worldbank.org/handle/10986/29426。根据知识共享许可协议（CC BY 3.0 IGO）使用。

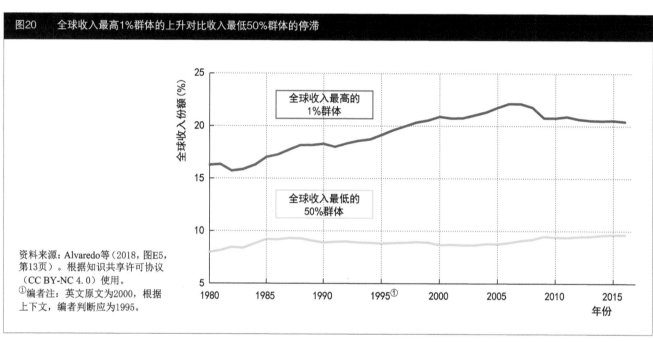

**图20**　全球收入最高1%群体的上升对比收入最低50%群体的停滞

资料来源：Alvaredo等（2018，图E5，第13页）。根据知识共享许可协议（CC BY-NC 4.0）使用。
① 编者注：英文原文为2000，根据上下文，编者判断应为1995。

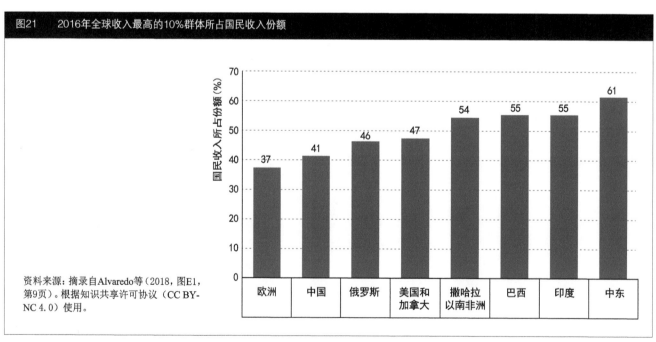

**图21**　2016年全球收入最高的10%群体所占国民收入份额

资料来源：摘录自Alvaredo等（2018，图E1，第9页）。根据知识共享许可协议（CC BY-NC 4.0）使用。

生活在极端贫困中的
儿童中，有80%生活
在农村地区而非城市
地区。

相关。在一些国家，参加工作的妇女贫困的原因之一，是独自抚养孩子（UNDESA，2015）。

生活在极端贫困中的儿童中，有80%生活在农村地区而非城市地区。生活在农村地区的儿童中超过25%生活在极端贫困中，而城市地区只有超过9%的儿童如此（UNICEF/World Bank，2016）。贫穷绝不仅存在于发展中国家。据估计，约占1/8，共计3000万的生活在世界最富裕国家的儿童正在贫困中成长（UNICEF，2014）。

*收入差距*

虽然自1980年以来，在全球收入份额中，收入最低的50%群体的收入份额一直徘徊在9%左右，但最高的1%群体的收入份额从1980年的16%上升到2015年的约20%（图20）。

不同地区的收入差距差异很大，通常在欧洲最低，在阿拉伯地区最高（图21）（Alvarado等，2018）。

根据《2018年世界不平等报告》："经济不平等在很大程度上是由资本所有权不平等造成的，资本可以由私人拥有，也可以由公共拥有。我们指出，自1980年以来，几乎在所有国家，无论是富裕国家还是新兴国家，都发生了公共财富向私人财富的大规模转移。虽然国家财富大幅增加，但富裕国家的公共财富目前为负数或接近于0。可以说，这限制了政府解决不平等问题的能力；当然，这对个体之间的财富不平等有着重要的影响。"（Alvaredo等，2018，第14页）

## iii.　健康和营养

*疾病的负担*

根据全球特定原因"伤残调整生命年"（DALYs）[1]估计，每10万人口中伤残调整生命年的数量从2000年的4.5万人下降到2015年的3.63万人，这表明在这15年期间，总体疾病负担有所减轻。几乎所有营养不良和传染性疾病的伤残调整生命年都有下降，以腹泻病为例，每10万人口中的腹泻病从2530例下降到1160例，下降了50%以上。在所有收入群体中，腹泻病伤残调整生命年的下降速度相似。然而，水传播疾病仍然是全球脆弱和弱势群体的重大疾病负担，特别是在低收入经济体中，2015年有4%的人口（估计为2550万人）患有腹泻病，其中60%为5岁以下儿童（WHO，2016b）。

*残障*

残障人士在进入供水点和卫生设施时可能会遇到困难，而这些设

---

[1] 伤残调整生命年（DALYs），是指从发病到死亡所损失的全部健康寿命年，包括因早死所致的寿命损失年和伤残所致的健康寿命损失年两部分。

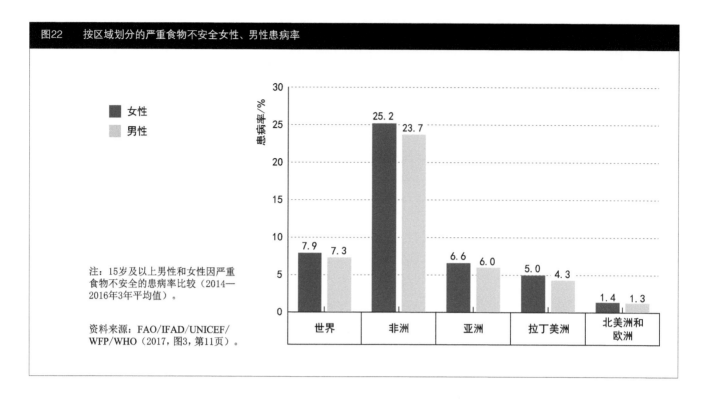

图22 按区域划分的严重食物不安全女性、男性患病率

女性
男性

注：15岁及以上男性和女性因严重食物不安全的患病率比较（2014—2016年3年平均值）。

资料来源：FAO/IFAD/UNICEF/WFP/WHO（2017，图3，第11页）。

（图中数据）
世界：女性 7.9，男性 7.3
非洲：女性 25.2，男性 23.7
亚洲：女性 6.6，男性 6.0
拉丁美洲：女性 5.0，男性 4.3
北美洲和欧洲：女性 1.4，男性 1.3

施的设计常常没有考虑满足他们的特殊需要。大约10亿人（占世界人口的15%）有某种形式的残障。在这些人群中，有1.1亿~1.9亿的成年人承受着显著的功能障碍。据估计，约有9300万儿童（占15岁以下儿童的5%）生活在中度或重度残障之中（WHO，2015）。全球女性的残障率（19%）高于男性（12%）。在低收入和中等收入国家，估计女性占残障人数量的3/4（UN Women，2017）。

与非残障的人相比，残障人更有可能遭受不利的社会经济影响。这些影响包括较低的教育水平、较差的健康状况、较低的就业水平和较高的贫困率等（WHO，2011）。

随着人口老龄化，身患残障的人数将继续增加，这与全球慢性健康问题增加趋势相一致（WHO，2015）。

世界卫生组织指出："残障对妇女、老年人和贫困人群造成不成比例的影响。来自贫困家庭、土著人民和少数民族群体的儿童也面临着明显较高的残疾风险……并在获取服务方面面临着特殊的挑战。"（WHO，2015，第2~3页）。

*营养和粮食不安全*

全球长期营养不良的人口数量，从2015年的7.77亿人增加到2016年的8.15亿人（尽管这一数字仍低于2000年的9亿人）。粮食安全的恶化在冲突发生时相当明显，尤其是当同时出现干旱或洪水灾害时。特别是在撒哈拉以南非洲、东南亚和西亚的部分地区，局势已经恶化。在世界各地区，女性比男性存在粮食不安全问题的比例略偏高（图22）（FAO/IFAD/UNICEF/WFP/WHO，2017）。与此同时，自1975年以来，全球肥胖人数几乎增加了两倍。2016年，超过19亿成年人（18岁以上）体重超重，其中超过1/3（超过6.5亿人）肥胖（WHO，2018）。

**粮食安全的恶化在冲突发生时相当明显，尤其是当同时出现干旱或洪水灾害时。**

图23　　2016年不同国家拥有基本饮用水服务的学校比例

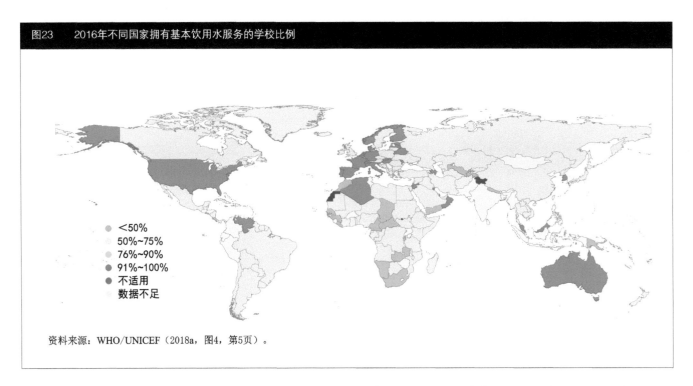

<50%
50%~75%
76%~90%
91%~100%
不适用
数据不足

资料来源：WHO/UNICEF（2018a，图4，第5页）。

在全球范围，尽管发育不良的患病率从2005年的29.5%下降到2016年的22.9%，但仍有1.55亿5岁以下儿童发育不良。2016年，有4100万名5岁以下儿童超重（FAO/IFAD/UNICEF/WFP/WHO，2017）。缺乏安全的水、卫生设施和个人卫生服务，可能因病原体传播、感染进而抑制营养摄入而导致营养不良（World Bank，2017a）。儿童发育迟缓与这些因素有关（UN，2018a）。

## iv.　教育和识字

*教育*

学校的水和卫生设施是促进儿童良好个人卫生行为和健康成长的基础。缺少厕所、安全饮用水和个人卫生用水，或者其他不适当和不充分的卫生设施，会造成旷课和高辍学率，特别是女孩的辍学率。

2016年，在调查的92个国家中，估计有58个国家的学校饮用水覆盖率超过75%（图23）。撒哈拉以南非洲近一半的学校、小岛屿发展中国家1/3以上的学校没有饮用水服务（WHO/UNICEF，2018a）。

此外，在2016年，101个国家中有67个国家，将经改善的单性别卫生设施作为提供的基本卫生设施服务之一，覆盖率超过75%（图24）。据估计，23%的学校没有卫生设施服务（即没有经改进的设施或根本没有设施），全世界有6.2亿多儿童在他们的学校缺乏基本的卫生设施服务（WHO/UNICEF，2018a）。

幼儿教育机会的分配往往极不平等。在低收入和中等收入国家，在1/5的最贫困家庭中，只有50%的3～4岁儿童参加了有组织的学习课

**学校的水和卫生设施是促进儿童良好个人卫生行为和健康成长的基础。**

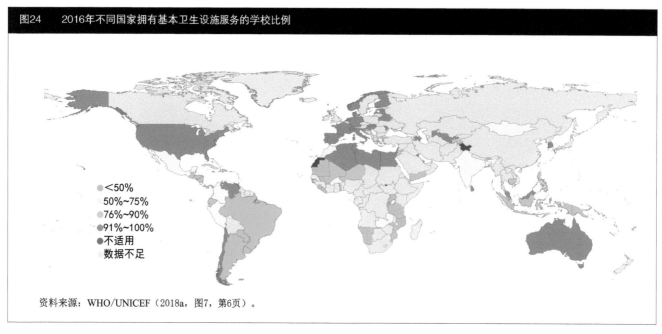

图24　2016年不同国家拥有基本卫生设施服务的学校比例

● <50%
　50%~75%
● 76%~90%
● 91%~100%
● 不适用
　数据不足

资料来源：WHO/UNICEF（2018a，图7，第6页）。

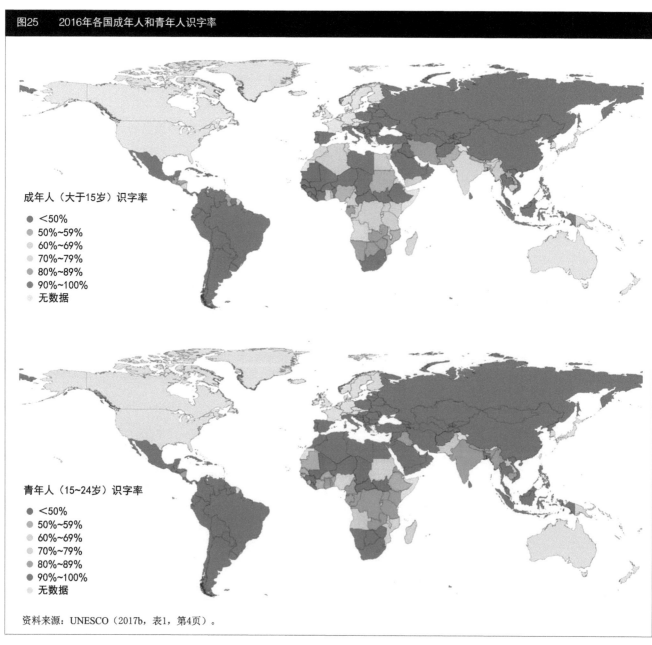

图25　2016年各国成年人和青年人识字率

成年人（大于15岁）识字率
● <50%
● 50%~59%
● 60%~69%
● 70%~79%
● 80%~89%
● 90%~100%
● 无数据

青年人（15~24岁）识字率
● <50%
● 50%~59%
● 60%~69%
● 70%~79%
● 80%~89%
● 90%~100%
● 无数据

资料来源：UNESCO（2017b，表1，第4页）。

程，而在1/5的最富裕家庭中，每个儿童都参加了。在塞尔维亚和尼日利亚，最富裕儿童的入学率超过80%，最贫穷儿童的入学率不超过10%（UNESCO，2017a）。

*识字*

识字可以成为消除贫困、改善个人卫生和家庭健康的主要催化剂。几年前，近1/4的年轻人缺乏基本的读写能力，而到2016年这一比例已经不足10%。然而，7.5亿成年人（其中2/3是妇女）仍然是文盲。1.02亿文盲人口年龄在15～24岁。2016年，全球成人识字率为86%，青年识字率为91%。据估计，在2000—2015年，成年人和年轻人的识字率仅分别增长了4%。撒哈拉以南非洲和南亚的识字率最低（图25）（UNESCO，2017b）。

## V. 劳动力与就业

*劳动力就业率*

据估计，4/5的工作都离不开水。严重依赖水的部门包括农业、林业、内陆渔业和水产养殖、采矿和资源开采、发电以及制造业和转型产业等（WWAP，2016）。

自1990年以来，全球劳动力就业率一直呈下降趋势，预计这一趋势将至少持续到2030年，其主要原因是亚洲和太平洋地区的劳动力就业率稳步下降。预计非洲是未来几十年劳动力就业率增长的唯一地区（ILO，2017a）。

妇女不愿在工作场所缺乏适当的卫生设施（例如分开设立的男女厕所）的企业和机构就职。这进一步恶化了本就较低的女性就业率状况（UNESCWA，2013）。

在发展中国家，女性平均占农业劳动力的43%。有证据表明，如果女性和男性一样有机会获得包括土地和水在内的生产资源，那么她们可以使农场的产量增加20%～30%，使这些国家的农业总产量增加2.5%～4%。这将使世界上饥饿人口的数量减少大约12%～17%（FAO/IFAD/WFP，2012）。

农业是最能给青年劳动力提供工作机会的产业，尤其是在中低收入国家的农村地区（Yeboah，2018）。但这些工作特别容易受到干旱和洪水等极端事件的影响。

*数字化与工业4.0*

与农业和工业相比，服务行业对水的依赖性往往较小（WWAP，2016）。数字化经济（或工业4.0）可能会对创造/破坏就业岗位产生重大影响。然而，信息和通信技术（ICT）和新数字技术（包括人工智能、大数据应用等）的广泛应用，将在多大程度上影响、消除现有就业机会、创造新的活动和就业机会，仍然存在较大争议。全球化、经济发展以及消费者和生产者的偏好变化，也将改变劳动力的需求和供应（EESC，2017）。

当前的技术变革创造了巨大的生产力增长。然而，一些证据表明，当前的技术变革可能会进一步细分劳动力市场，并扩大收入不平等（ILO，2015）。

## vi.　种族和文化

对比其他方面，在水资源方面，种族、民族、宗教和其他少数群体往往更容易"掉队"。

*少数群体*

在获得安全饮用水和卫生设施方面，移民和少数族群经常受到歧视。这可能与国际移民引发的紧张局势上升、宗教紧张局势日益突出，以及在许多国家和地区对老年人的持续歧视等因素有关。有大量的非归属性少数族群也面临着持续的歧视。例如，在撒哈拉以南非洲，艾滋病毒感染者容易受到虐待和排斥（FOA，2015）。

*土著人民*

土著人民人口约3.7亿人，约占全球人口的5%。他们在贫困人口[1]（占全部贫困人口的15%以及占9亿极度贫困农村人口的1/3）、文盲和失业者中所占比例过高。

即使在发达国家，土著人民在大多数福利指标方面，包括获得供水和卫生设施服务等方面，仍然落后于非土著人民。

许多土著人民女性和男性没有正式工作，而是从事领取临时性和季节性工资的工作，如到农场、种植园、非正式企业的建筑工地干零工，街头贩卖或当家庭服务人员等。在城市地区，土著人民的失业率往往高于非土著人民（ILO，2017b）。

**移民在获得安全可靠的供水和卫生设施服务方面可能面临特殊的困难和挑战。**

## vii.　移民[2]

在迁徙行程中和目的居住地，在获得安全可靠的供水和卫生设施服务方面，移民可能面临着特殊的困难和挑战。移民是受社会、经济和环境等方面因素影响，在个人、家庭、外部等不同层面的复杂的相互作用下而发生的。

---

[1] 尽管联合国的一些机构最近发布了几份报告，包括本报告中引用了国际劳工组织的（2017b），它们中的数据经常被引用，但这些估计数据基于早在2003年发布的报告（如World Bank，2003）。
[2] 在这里以及报告的其他内容，"移民"被定义为选择从一个地方搬到另一个地方的人，其主要目的是改善生活（例如找工作、寻求更好的教育、与家人团聚等），而不是因为直接的威胁或迫害。区分被迫流离失所的人和因其他原因离开的人是至关重要的。第8章提供了有关难民、寻求庇护者和境内流离失所者的详细指标和信息。

*国际移民*

截至2017年12月，估计有2.58亿人生活在其出生国以外的国家，自2000年以来增长了49%。超过60%的国际移民生活在亚洲（8000万人）或欧洲（7800万人）。北美洲接收了全球第三多的国际移民（5800万人），然后是非洲（2500万人）、拉丁美洲和加勒比地区（1000万人）和大洋洲（800万人）（UNDESA，2017b）。

在2017年，48.4%的国际移民是女性。除非洲和亚洲外，所有地区的女性移民人数均超过男性（UNDESA，2017b）。

根据联合国经济和社会事务部（UNDESA）人口司的报告，"在可预见的未来，各国之间庞大而持久的经济和人口不对称，仍然可能是国际移民的主要驱动因素。预计2015—2050年，净接收国际移民数量最多的国家（每年超过10万人）将是美国、德国、加拿大、英国、澳大利亚和俄罗斯等。预计每年有超过10万移民的净输出国家将是印度、孟加拉国、中国、巴基斯坦和印度尼西亚。"（UNDESA，2017a，第10页）。

但是，有证据表明，发展中国家之间的移民数量大于发展中国家向发达国家的移民数量。在2015年，发展中国家之间人口流动数量占国际移民总数的38%，而从南到北的人口流动占比为35%（FAO，2018a）。同样，在撒哈拉以南非洲地区，人们往往趋向于迁往相邻国家或在区域内迁徙（Mercandalli和Losch，2017）。

*内部移民*

绝大多数移民不跨境，而是留在自己的国家。尽管关于此类移民的数据很少，对2009年内部移民总数的保守估计为7.4亿人（UNDP，2009）。目前的数据可能会显著增加。内部移民的主要流向为从农村到农村和从农村到城市（Mercandalli和Losch，2017）。

## viii. 获取资源（土地、能源和信息通信技术等）

*土地使用权*

水资源的获取往往与土地使用权有关，特别是在农村地区。世界上不到20%的土地所有者是女性。在撒哈拉以南非洲地区，妇女平均仅占所有农业土地所有者的15%（图26），而在北非和西亚，她们所占的比例少于5%（FAO/IFAD/WFP，2012年）。

土地所有权保障与减轻贫困密切相关。根据国际农业发展基金（IFAD）的描述，"在农村社会中，最贫困的人常常只有很少或没有保障的土地所有权。因此，他们面临失去赖以生存的土地的风险，所以他们往往依靠强大的邻居、国内或国外的私人公司，甚至是他们的家族成员。……妇女特别容易受到伤害，因为她们的土地权利可能是来自男性

图26　女性农场所有者分布

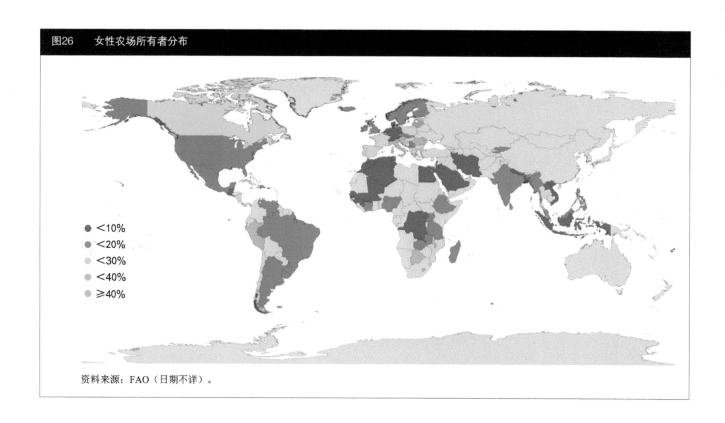

图26　女性农场所有者分布

- ● <10%
- ● <20%
- ● <30%
- ● ≥40%

资料来源：FAO（日期不详）。

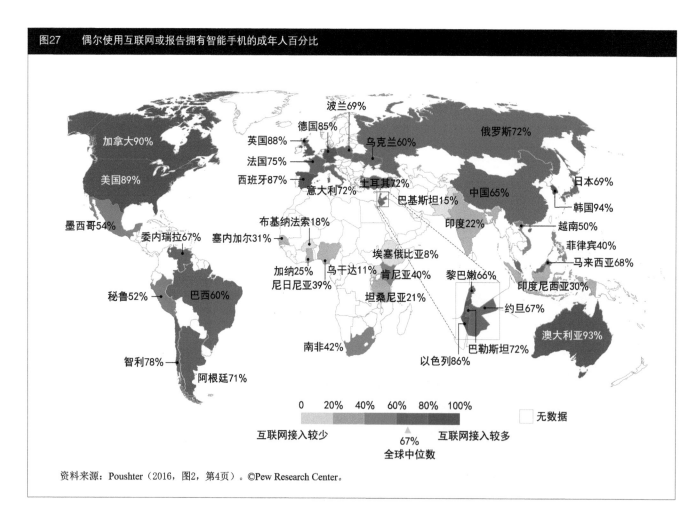

图27　偶尔使用互联网或报告拥有智能手机的成年人百分比

资料来源：Poushter（2016，图2，第4页）。©Pew Research Center。

的血缘关系或婚姻关系。……在世界许多地方，缺乏稳固的土地使用权会加剧贫困，并导致社会不稳定或发生冲突。"（IFAD，2015，第1页）。

### 能源

水和能源密切相关。在水的泵送和分配（包括灌溉）、供水、废水处理和海水淡化都需要能源的同时，能源部门也需要用水来冷却火力发电机组、开展水力发电以及种植生物燃料作物（WWAP，2014）。

全球无法获得电力供应的人数从2000年的17亿人下降到2016年的11亿人。然而，尽管过去几年取得了较大进展，但撒哈拉以南非洲地区的供电率仍低于45%（IEA，2017）。 自2010年以来，在全球电力供应服务人群中，绝大多数（80%）都是城市居民（UNSD，日期不详）。

### 数字化

截至2018年1月，全球有超过40亿人接入互联网（We are Social and Hootsuite，2018）。然而，尽管在线人数迅速增加，但最富裕国家与世界其他国家之间仍然存在着显著差异（图27）。

发达国家约80%的人口有机会上网，而在发展中国家为40%，在最不发达国家为15%。在2016年，全球女性的互联网用户普及率比男性低12%。在最不发达国家，性别差距更加明显（31%）。发展中国家大部分地区的固定宽带业务不仅价格昂贵，而且尚未普及（UNESCO，2017a）。

# 1

# 水和卫生设施人权以及《2030年可持续发展议程》

联合国人权事务高级专员办事处 | Rio Hada

世界水评估计划：Lucilla Minelli，Richard Connor，Engin Koncagül和Stefan Uhlenbrook

参与编写者：Léo Heller（安全饮用水和卫生设施人权特别报告员）；Marianne Kjellén（联合国开发计划署）；Ileana Sinziana Puscas，Daria Mokhnacheva（国际移民组织）；Maria Teresa Gutierrez，Carlos Carrion-Crespo（国际劳工组织）；Solène Le Doze（联合国亚洲及太平洋经济社会委员会）；Ryan Schweizer（联合国难民事务高级专员办事处）；Andrei Jouravlev（联合国教科文组织）；Jenny Grönwall（联合国开发计划署斯德哥尔摩国际水资源研究所水治理设施）

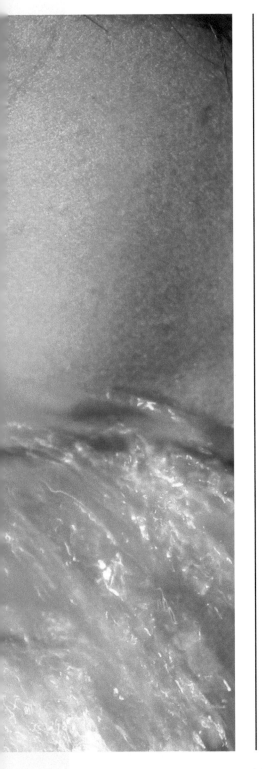

本章描述了与安全饮用水和卫生设施相关人权的主要概念，特别针对弱势群体和处于困境的人群进行了重点阐述。

"在踏上这一共同征途时，我们保证，绝不让任何人掉队。我们认识到，人必须有自己的尊严，我们希望实现为所有国家、所有人民和所有社会阶层制定的目标和计划。我们将首先尽力帮助落在最后面的人。"

——《变革我们的世界：2030年可持续发展议程》
（UNGA，2015a，第4段）

# 1.1
# 引言

水是生活必需品。安全饮用水和卫生设施被公认为基本人权，因为对所有人来说，它们是维持健康生活、尊严生活的基本条件。提供水和卫生设施服务、健全而可持续的水资源管理以及整体生态系统管理，这些以人为本的政策措施，是实现可持续发展、享受水和卫生设施人权的必要条件，也是享受生活、健康和食物等更广泛人权的必要条件。

2000年以来，受益于"千年发展目标"框架下的全球共同努力，数十亿人获得了基本的水和卫生服务。然而，截至2015年，全球范围仍有21亿人缺乏安全、便利的家庭供水，45亿人缺乏安全可靠的卫生设施。在不同国家、不同地区间，以及在最富裕、最贫困人群间，仍存在着巨大的不平等性（WHO/UNICEF，2017a）。

在撒哈拉以南非洲地区，几乎一半的人口仍饮用来自未保护水源地的水（WHO/UNICEF，2017a），在这些地区，主要由成年及未成年女性完成获取水的任务，很多时候，一次取水的路程就要耗时超过半个小时（UNICEF，2016）。没有安全的、易获得的水和卫生设施，这些人口可能面临诸多挑战，包括糟糕的健康和生活状况、营养不良、缺乏教育和就业机会，等等。水和卫生服务供给不足等与水有关的压力，往往与社会动荡、冲突甚至暴力有关，最终导致不断增长的人口迁徙、移民。

**国际人权法要求，各国努力实现所有人普遍获得水和卫生设施，不受任何歧视，同时优先考虑那些需求最迫切的人群。**

"不让任何人掉队"是《2030年可持续发展议程》承诺的核心内容，该议程旨在让所有国家的人民从社会经济发展中获益，并在不歧视性别、年龄、种族、语言、宗教、政治（或其他）见解、国籍或社会出身、财产、残障、居住状态（包括公民身份、居住地、移民、难民、无国籍等）或任何其他社会、经济或政治状态因素的条件下，充分实现人权。实现《2030年议程》及其"不让任何人掉队"的承诺，需要以国际人权为基础，贯彻以人为本的原则，让所有利益相关方共同参与，在社会、经济和环境可持续发展方面采取综合措施。

被设计为全面、不可分割的17个"可持续发展目标"及其169个子指标响应了这一愿景（UNGA，2015a）。更为重要的是，可持续发展目标不是孤立的目标，而是实现所有其他目标的先决条件。干净的水和卫生设施方面的可持续发展目标6是核心可持续发展目标之一，因为其重要功能涉及人类的健康和尊严、环境的完整性和多样性以及地球的可延续性（UN，2018a）。实现可持续发展目标6的子指标，特别是那些专门解决水和卫生设施服务问题的子指标，需要在国家和地方两个层面上，提高规划、能力建设、管理和投资等方面的水平。

水和卫生设施的人权与整个水资源和环境的管理是密不可分的。人权各组成部分相互联系和相互依存的关系，以及"不让任何人掉队"的呼吁，要求在制定水资源管理和环境政策时，贯彻更全面、更综合以及以人为本的指导原则，通过实施"整合型水资源管理（IWRM）"思路来解决这项挑战。当人们能够了解和行使他们的权利，并有权参与与他们有关的决策时，他们可以帮助确保这些决定尊重他们对水安全和可持续环境的需要。

基于人权的方法提供了一个批判性视角来审视一些特定群体。他们因受歧视或者在资源获取以及决策参与方面的不平等，已经落后或正在掉队。这种方法还可以帮助确定法律义务和标准，指导可能的行动和响应，以确保实现水和卫生设施人权。

# 1.2
# 水和卫生设施人权

获得安全饮用水和卫生设施是国际公认的人权，源于《经济、社会和文化权利国际公约》第11（1）条规定的适当生活标准权（ICESCR，1967）。2010年7月28日，联合国大会通过了一项历史性决议，承认"拥有安全洁净饮用水和卫生设施的权利是一项对充分享受生命和所有人权至关重要的人权"（UNGA，2010，第1段）。此外，自2015年以来，会员大会和人权理事会都承认安全饮用水权和卫生设施权是密切相关但又截然不同的人权（UNGA，2015b；HRC，2016a）[1]。

国际人权法要求，各国努力实现所有人普遍获得水和卫生设施，不受任何歧视，同时优先考虑那些需求最迫切的人群。

以下各节介绍了经济、社会和文化权利委员会第15号一般性意见（CESCR，2002a）所阐述的水和卫生设施人权的关键内容、特别报告员在水和卫生设施人权方面开展的工作，以及会员大会和人权理事会（OHCHR，日期不详）通过的决议。

---

[1] 鉴于联合国在2015年的这种认知，本报告引用的是关于水和卫生设施的数项人权，除非直接引用2015年之前联合国专业文件中所载的表述。

### 1.2.1　水和卫生设施的可利用性

水的可利用性意味着，供水对于个人和家庭用途而言是充足而持续的，包括饮用、个人卫生设施、洗衣、做饭以及个人和家庭卫生等（CESCR，2002a，第12段）。根据世界卫生组织（WHO，2017a），每人每天需要大约50升水，以确保满足大多数基本需求，同时将公共健康风险控制在较低水平。然而，这些数量是指示性的，因为它们可能取决于具体情况，并且由于健康、气候和工作条件等原因，一些个人和群体可能还需要更多的水（CESCR，2002a）。

关于卫生设施的可利用性，每个家庭住所内或紧邻处必须有数量足够的卫生设施，在所有的医疗机构或教育机构、工作场所和其他公共场所也应如此，以确保满足每个人的所有需求。此外，应该不间断地、足额地提供卫生设施，以避免过度拥挤和不合理的等待时间（HRC，2009，第70段）。

### 1.2.2　水和卫生设施的物理可获得性

供水和基础卫生设施的选址和建设，必须周到全面地考量其是否便于获取，要考虑到妇女、儿童、老年人、残障人士和慢性病患者等面临特殊障碍的人群（De Albuquerque，2014）。有些方面特别重要，如设施的设计、获取水或将其送达卫生设施的时间和距离、物理方面的安全性等。

世界卫生组织和联合国儿童基金会（2017a，第8页）将可持续发展目标6的子指标确定为"提供经安全管理的水"，其定义为"来自经改善水源的饮用水，水源位于房屋所在地，当需要时随时可获取，并免除粪便和主要化学物质污染"。虽然没有关于水的物理可获得性的国际法律标准，但联合监测计划（JMP）制定的基本饮用水服务标准规定，从位于房屋所在地的经改善水源取水，每次往返（包括排队时间）最多30分钟（WHO/UNICEF，2017a）。在卫生设施的可持续发展目标（无论是距离还是时间）方面没有建立类似的标准，但基础卫生设施服务已经要求，经改善的设施不能与其他家庭共享，即位于房屋所在地。

### 1.2.3　可负担性

每个人都必须能够负担水和卫生设施服务，而购买这类服务不会影响一个人获得其他基本商品和服务（如食品、健康和教育），这些基本商品和服务对实现其他人权至关重要。"虽然人权法不要求免费提供服务，但各国有义务提供免费服务或建立适当的补贴机制，以确保贫困人群始终负担得起服务"（De Albuquerque，2014，第35页）。此外，由于缺乏支付资金而导致供水服务中断，可能构成对人权的侵犯（HRC，2014）。

**由于缺乏支付资金而导致供水服务中断可能构成对人权的侵犯。**

由于供水和卫生服务的可负担性和其他方面问题具有高度的相关性（见5.3部分），各国应在国家和（或）地方层面确定此类标准，同时确定与水和卫生设施人权相关的数量、质量以及其他关键要素方面的标准（见HRC，2015）。一些国家[1]已经制定了国家标准，相关国际组织[2] 已就这方面提出了建议。

### 1.2.4　质量和安全

人权框架特别规定，所有个人或家庭使用所需的水必须是安全的，不含有对人体健康构成威胁的微生物、化学物质和放射性危害。此外，所有个人或家庭使用的水，其颜色、气味和味道应该是可接受的（CESCR，2002a，第12b段）。卫生设施必须保证能卫生、安全地使用，这意味着这些基础设施必须有效地防止人类、动物和昆虫与人类排泄物接触；确保能够获得安全的用水，用于洗手和维护月经卫生；设计时充分考虑残障人士和儿童的需求；保证定期清洁和维护。

### 1.2.5　可接受性

所有的供水设施和服务，必须保证在文化上可接受且适当，并且针对性别、生命周期和隐私要求等有周到的考虑（CESCR，2002a，第12c段）。针对卫生设施的使用，在设计、布置和使用条件方面，必须考虑文化价值观及其差异。在大多数文化中，可接受性要求在公共场所为男性、女性提供单独的设施，在学校也要为女孩、男孩提供单独的设施（HRC，2009，第80段）。为妇女与女孩设立的厕所应考虑到月经卫生的需要，特别是在确保隐私和安全前提下（HRC，2018a，第78段；UNGA，2016，第44段）。设施需要考虑文化上可接受的个人卫生习惯，如手、肛门和生殖器的清洁。

与其他人权一样，获取安全饮用水和卫生设施的人权，深深植根于不可分割的不歧视和平等原则（专栏1.1）。更好地理解这些概念，有助于了解目前在获取水和卫生设施服务方面已经或有可能"掉队"的特定群体；与此同时，还有助于突出角色和责任，确保每个人能被公平地对待，能平等地获得资源和机会。"为了实现水和卫生设施服务获得方面的平等，各国必须努力消除现有的不平等现象。这需要掌握在获取方面的差异，这种差异通常不仅存在于收入不同的群体之间、农村和城市人口之间和群体内部，而且也存在于收入相同人群，农村人口、城市人口内部。更进一步来说，还存在性别差异以及对弱势个体或群体的排斥。"（De Albuquerque，2014，第30页）

## 1.3
## 在获得水和卫生设施方面"掉队"的团体和个人

---

[1] 例如，英国的监管机构规定，如果家庭在水方面的花费超过家庭总支出的3%，那么这将成为家庭困难的指标（UNDP，2006，第51页）。
[2] 例如，供水和卫生设施合作理事会建议供水和卫生设施服务的费用不应超过家庭收入的5%（UN-Water DPAC/WSSCC，时间不详）。

**专栏1.1 不可分割的不歧视和平等原则**

虽然水和卫生设施人权与其他经济、社会和文化权利一样，将随着时间推移而逐步实现，但某些义务需要立即推动。需要立即推动义务的一个重要部分就是消除歧视。国际人权法中的歧视被定义为"任何区别、排除或限制，其目的或后果是削弱或取消在与他人平等的基础上承认、享受或行使政治、经济、社会、文化、公民或任何其他领域的人权和基本自由。"（CEDAW，1979，第1条）。此外，《世界人权宣言》第2条规定了平等和不歧视的基本原则，以及享有人权和基本自由的权利，禁止"区别种族、肤色、性别、语言、宗教、政治或其他见解、国籍或社会出身、财产、出生或其他身份……"（UNGA，1948）。

不歧视和平等原则认为人们面临不同的障碍、有不同的需求，无论是因为固有习惯，还是由于歧视性做法的后果，都需要有不同的支持或处置方式。正如人权事务委员会进一步澄清的那样，平等享有权利并不意味着在任何情况下都享有同等待遇（HRI，1994）。

国际人权法律框架包含了与特殊形式歧视作斗争的国际条文；但更重要的是，要注意歧视的理由可能会随着时间的推移而变化，而且需要禁止的理由清单是不可能详尽、无遗漏的。

## 1.3.1 歧视的理由

有许多需要禁止的歧视理由，这些理由包括政治（或其他）意见、婚姻、家庭状况等（CESCR，2002a，第20段），可能对获得水和卫生设施服务产生影响。2015年，联合国水机制和人权事务高级专员办事处（OHCHR）编写了一份分析报告，提出消除在获取水和卫生设施方面的歧视和不平等现象（UN-Water，2015年），特别强调了一些可能的歧视理由，它们会导致某些群体和个人在获得水、卫生设施和个人卫生设施方面处于特别不利的地位。以下内容并不一定构成对此类特定群体或个人的详尽概述，要特别注意某些人可能遭受多种形式的歧视（交叉性歧视）。

*性和性别*

在世界许多地方，妇女和女孩在享受水和卫生设施人权方面遭受了歧视和不平等（UN-Water，2015和HRC，2016b）。但是，妇女和女孩不应被视为同质群体（专栏1.2）。 根据指定的性别角色，妇女和女孩常常承担了家庭任务的主要责任，例如取水、管理和看护水，这些任务基本上是无偿和未被承认的（WWAP，2016）。因此，有的女孩被迫辍学，丧失了接受教育的权利和其他机会。学校和工作场所缺乏卫生设施和月经卫生设施导致女性缺勤率高，这反过来又导致劳动力市场中对女性的进一步歧视。孕妇更容易受到与水和卫生设施相关疾病的影响。妇女和女孩在长途跋涉取水，去公共厕所或晚上外出露天排便时，也有遭受侵犯（身体、精神和性）的危险。围绕月经的禁忌和耻辱感，会导致忽视女性特有的卫生设施需求，迫使女孩和妇女使用不卫生的卫生方法，只在黑暗时使用厕所，这将危及她们的安全。缺乏按性别分类的数据，是获取与水有关性别不平等科学证据的主要障碍，也是指导制定以证据为基础的对策政策的主要障碍（WWAP，2015）。

**专栏1.2　交叉性和多种形式的歧视**

　　"虽然身处世界各地的各个经济层面的女性，都会不同程度地处于劣势或遭受歧视，但她们不能被视为一个同质群体。不同的妇女处于不同的环境，在与水、卫生设施和个人卫生的关系方面，面临着不同的挑战和障碍。当基于性别的不平等与其他歧视和不利因素相结合时，这种不平等现象会加剧。例如，当女性缺乏足够的水和卫生设施的同时，又在遭受贫困、带有残障、大小便失禁、住在偏远地区、缺乏居住权保障、被关押或无家可归等的情况下，她们更有可能无法获得足够的设施，面临更严重的排斥，或者遭受更多的困境和额外的健康风险。种姓、年龄、婚姻状况、职业、性取向和性别认同等社会因素，与其他歧视理由交织，它们的影响会更为复杂。"

资料来源：HRC（2016b，第12段）。

> **城市正规和非正规区域之间提供的服务存在着巨大差异。**

*土著人民，移民，少数民族和其他少数群体*

　　在一些国家，生活在保护区的土著人民、游牧民、不定居人群（如许多欧洲国家的罗姆人）、或某些特殊祖先的后人（例如种姓），在获得水或卫生设施服务方面受到歧视。在许多国家，宗教和语言少数群体也面临着不平等。

　　此外，即使根据《经济、社会和文化权利国际公约》第20号一般性意见，"公约权利适用于所有人，包括非国民，如难民、寻求庇护者、无国籍人士、流动工人以及国际贩运的受害者，而无论其法律地位和证明文件如何"（CESCR，2009，第I项，第30段），寻求庇护者和其他移民常常难以获得接收国的供水和卫生设施服务，国内流离失所者也是如此（见第8章）。

　　必须在整个迁徙周期中确保水和卫生设施的权利，特别是在流离失所的情况下。境内或跨境移民的原因主要包括失业、社会动荡、粮食不安全、气候变化导致的灾害和干旱等不利影响因素。值得注意的是，原居住国缺水和被排除在获得安全用水和卫生设施之外，可能会加剧移民驱动因素。但是，移民也可以作为适应新气候和环境条件的战略，并取得积极成果，包括增加获取水资源的机会（FAO，2017a）。此外，"在水资源短缺的情况下，受困程度将取决于气候变化程度以及个人或社区对这种压力源的韧性和适应能力，因为适应能力与社会结构有着内在的联系，诸如性别、阶级、种姓和种族等"（Miletto等，2017，第15页）。

*残障，年龄和健康状况*

　　人权法，特别是通过《残疾人权利公约》（CRPD，2006），为残障人士提供了强有力的保护。然而，在缺乏安全饮用水和卫生设施的人群中，具有某种身体、精神、智力或感官障碍的人数明显偏多（HRC，2010）。水和卫生设施的设计可能不符合残障人士的需求。埃塞俄比亚的一个案例研究显示，厕位的入口对于轮椅来说常常太窄了，迫使上厕所的

气候变化和城市贫困社区

残障人士在地上爬着或拖着到达厕位（Wilbur，2010）。此外，儿童、（长期）病患者和老年人也会面临这样的问题，因为卫生设施可能处于不容易抵达和安全抵达的弹性范围内。有些疾病可能会让人产生耻辱感（例如艾滋病毒携带者、艾滋病患者），受感染的人可能会被排除在外并被禁用卫生设施。

*财产，所有权，居住地，经济和社会地位*

全球监测显示，生活在农村和城市地区的人群之间存在明显的差异。在2015年，农村地区5人中只有2人可以获得自来水供应（一种经"改善"的供应，但不一定是经"安全管理"的供应），而在城市地区，5人中有4人可以获得自来水供应。下水道系统在城市地区占主导地位，63%的人口使用它们，而在农村地区只有9%的人在使用（WHO/UNICEF，2017a）。然而，快速的城市化，并不总能保证将公共服务延伸到最贫困人群，城市正规和非正规区域之间的服务提供存在着巨大差异。其原因包括政府不愿通过扩大提供这些地区的服务来使非正规居住区正规化，以及担心生活在这些住区的人们要求获得干净的水和卫生设施服务（见第6章）。当局的此类不作为，不符合国际人权法规定的国家义务。尚需要关于这些定居点实际情况的更为准确的数据，来揭示存在的不平等现象。

## 1.3.2 弱势群体和处于困境的人群

在一个国家，可能有许多不同的弱势群体，生活在同一国家不同的困境中的一部分人，可能会因其所在地、历史、当地文化和如上所述其他因素而面临不同的挑战。必须对处于困境中的人群或完全依赖国家提供便利设施的人群，如在监狱、难民营、医院、护理中心和学校等机构的人群，给予特别的关注（CHR，2005）。专栏1.3提供了一份非常详尽的群体清单，这些群体特别容易在获得水、卫生设施和个人卫生服务方面"掉队"（见表5.1）。

**专栏1.3　生活在脆弱环境中，或者在获取供水、卫生设施和个人卫生（WASH）服务方面处于不利地位的群体和个人**

- 生活在贫困中的人群，获得供水、卫生设施和个人卫生服务的成本相对高于富裕人群，而通常获得服务的水平却较低。
- 居住在贫民窟的居民倾向于以非常高的价格从非正规供应商那里获得供水、卫生设施和个人卫生服务，而较高水平的服务往往是无法获得的，或者无法承担基础设施的初始资本投资。
- 生活在偏远地区的人群往往支付更高的价格，因为提供服务的单位成本通常会随着距离的增加而增加。
- 许多土著人民和少数族裔群体生活在偏远和人迹罕至的地方，这会增加提供服务的成本。
- 单一户主家庭，特别是那些以单身女性为户主的家庭，其收入可能低于有两个或两个以上成年人的家庭，因此可能在经济上无法负担供水、卫生设施和个人卫生服务。
- 儿童可能面临较低的服务水平，因为习俗中可能优先考虑成年人使用家用厕所，此外，学校可能提供较差的供水、卫生设施和个人卫生服务。在一个有很多儿童的大家庭中，每个儿童使用服务的机会也会减少。
- 老年人、患者和残障人士往往需要具有特定功能的技术支持，这可能需要高昂的成本。与此同时，他们的收入水平可能会受到限制，因为他们通常不能赚钱谋生。另外，在许多国家几乎不存在安全保障系统或养老金体系。
- 面临紧急情况（如自然灾害）的人群，只能使用有限的供水、卫生设施和个人卫生服务，特别是当他们远离人口密集区域时。
- 发展中国家难民的供水、卫生设施和个人卫生需求通常只能靠临时解决方案解决，他们获得服务的水平在很大程度上取决于捐助者和非政府组织的努力。
- 囚犯常常只能得到很少的供水、卫生设施和个人卫生服务，并致其遭受屈辱和痛苦。

世界银行编写。

## 1.4
## 基于人权的水资源综合管理（IWRM）方法

由于水是多维度的，对于人类福祉、经济和社会活动、能源和粮食生产以及生态系统的维护等至关重要，因此在管理过程中涉及众多机构。随着世界淡水资源压力的增加，参与水资源综合管理的诸多组织和所有利益相关者面临着越来越多的挑战。

水资源综合管理涵盖水资源管理的"硬件"（例如基础设施）和"软件"（例如治理）两方面。在2000年，全球水伙伴（GWP）对水资源综合管理进行了定义："水资源综合管理是一个促进水、土地和相关资源有序管理和协调发展的过程，在不损害重要生态系统的条件下，以可持续性方式，在公平的条件下，最大限度地实现经济和社会效益"（GWP，2000，第22页），该定义此后得到了广泛的使用。

可持续发展目标6.5指出"到2030年，在各级实施水资源综合管理，包括必要时采取跨界合作的方式"。各国对水资源综合管理和跨界水资源合作的承诺是《2030年议程》中的一个重要步骤。将水资源综合管理付诸实践，可以说是各国为实现可持续发展目标6所做的最复杂的步骤。联合国（UN，2018a）文献表明，水资源综合管理的全球平均执行程度是中低（约48%），在各国和各地区之间存在显著差异。在3个较低的人类发展指数（HDI）组中，只有25%的国家达到中低分类。在过去的10~12年，全球进展进程被归类为适度。然而，预计到2030年，大多数国家将无法按目前的速度实现水资源综合管理目标，包括跨界部分（UN，2018a）。

人权框架将人类消费用水作为优先用水用途。许多针对水资源的竞争性需求，有时甚至引发冲突，这将产生公平性问题，例如对于水的不同用途而言，如何分配水才能被认为是"平衡"的（Cap-Net/WaterLex/UNDP-SIWI WGF/Redica，2017）。考虑处于不利地位的个人和群体，在某些情况下可以将环境视为具有法律人格，这一点特别重要，但也具有挑战性，并且通常以基于人权的方法为框架。图1.1显示了基于人权的方法和水资源综合管理的概念重叠和不同之处。基于人权的方法可以为理解和实施水资源综合管理提供有用的"视角"，重点是责任、参与和非歧视原则等方面。

图1.1　与水和卫生设施相关的基于人权的方法与水资源综合管理的关系

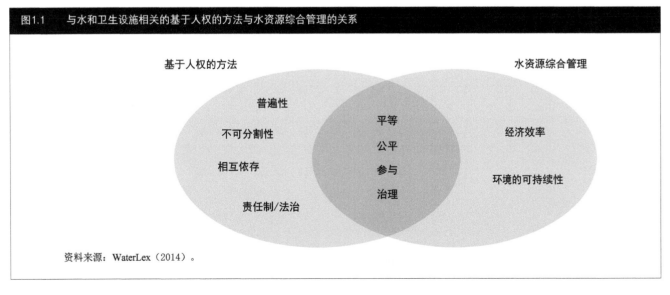

资料来源：WaterLex（2014）。

**专栏1.4　区分水权与水和卫生设施人权**

"每个人都拥有与水相关的人权，无论他或她是谁，或他或她住在哪里，都应保障他或她能够获得供个人和家庭使用水的权利。另外，水权是获取或使用水资源的权利，并且通常通过财产权或土地权授予个人或公司。水权通常通过土地所有权获得，也可以通过与政府或土地所有者签署的协议获得，并被划分各种水的用途，包括工业或农业用水"（De Albuquerque, 2014，第39页）。

使用水权的人可能正在侵犯他人的水和卫生设施人权，例如在过度开采或污染的情况下。水权是一项临时权利，可以提供给个人，更重要的是，也可以从这个人撤回。而水相关人权不是暂时的，不用得到国家的批准，也不能被撤回（Cap-Net/WaterLex/UNDP-SIWI WGF/Redica, 2017）。

## 1.5
## 水和卫生设施人权与其他人权之间的联系

必须谨慎行事，以便明确区分水资源管理（包括水权）与水和卫生设施人权（专栏1.4）。要实现水资源的公平利用，努力方向包括：将水视为共同利益，而不是经济资源；让水、卫生设施和个人卫生决策过程更加透明，增加相关方的参与；采用承认和解决政治和经济不平衡的水政策；并确保水可满足当前和未来的使用要求（Wilder和Ingram, 2018）。

水和卫生设施人权不是孤立于其他人权之外的。良好的水管理和治理是实现一系列人权的基础，并对一系列人权产生影响，这些人权包括生命权、健康权、食物权以及与健康环境有关的人权等。

应优先考虑家庭和个人供水，以及其他"公约"权利的要求，例如，赖以生存的农业用水和用于保护人们免受疾病侵害的健康干预措施用水（CESCR, 2002a）。水和卫生设施对人类的尊严是不可或缺的，因为它们的短缺可能与人的生命权有关[UNGA, 1948，第3条；ICCPR, 1966，第6（1）条]，并危及人的健康权（UNGA, 1948，第25条；ICESCR, 1967，第12条）。为了实现适宜居住权，获得水和卫生设施等基本服务是必不可少的（OHCHR/UN-Habitat/WHO, 2010年）。在妇女和儿童使用公共厕所或露天场所排便的情况下，隐私和人身安全（ICCPR, 1966，第9条）也面临风险，因为这种情况使他们特别容易受到骚扰、袭击、暴力或强奸（OHCHR/UN-Habitat/WHO, 2010）。此外，如果学校没有水，而且卫生设施没有按性别分开，那么受教育的权利（UNGA, 1948，第26条；ICESCR, 1967，第13条和第14条）就不能得到保障，因为如果女孩们在上学期间月经期卫生条件不足，那她们不会去上学。获取水对于人们赖以生存的农业至关重要，这也是实现充足食物权的必要条件[ICESCR, 1967，第11（1）、（2）条]。水的获取和可利用性也会对行动自由权产生影响，因为水的获取和可利用性能决定人们是否可以留在自己家中和社区，或被迫暂时甚至永久迁徙，为个人及家庭的生计寻找水源和青草地（Mach, 2017）。如果工作场所缺乏水和卫生设施，尤其是女性在月经期和怀孕期间，工作权可能会受到负面影响（HRC, 2009）。人权与环境是相互依存的，享有安全、清洁、健康和可持续的环境与人权义务有关（HRC，2018b）。必须保护有限资源免受过度开发和污染（HRC，2013），处理排泄物和废水的设施和服务应确保清洁和健康的生活环境（Razzaque，2002；UNGA，2013）。禁止歧视，享有平等权利（包括性别平等、信息权、自由权等），充分和有意义的参与，对于实现水和卫生设施的人权也至关重要，且实现每项权利都对其他权利互有影响（OHCHR/UN-Habitat/WHO，2010）。

# 2

# 物理和环境方面

瑞士罗森斯大坝

联合国大学水、环境与健康研究所 I Nidhi Nagabhatla

联合国大学物质通量与资源综合管理研究所 I Tamara Avellán

参与编写者：Panthea Pouramin, Manzoor Qadir and Pream Mehta（联合国大学水、环境与健康研究所）；John Payne（联合国工业发展组织环境部工业能源效率司）；Catalin Stefan（代尔夫特理工大学）；Stephan Hülsmann（联合国大学物质通量与资源综合管理研究所）；Tommaso Abrate and Giacomo Teruggi（世界气象组织）；Frederik Pischke（全球水伙伴）；Robert Oakes（联合国大学环境与人类安全研究所）；Serena Ceola and Christophe Cudennec（国际水文科学协会）和Ignacio Deregibus and Stephanie Kuisma（国际水资源协会）

本章探讨供水和卫生设施服务的物理环境维度，特别关注了解决弱势群体（即贫民窟居民、流离失所者、妇女和女童以及生活在脆弱处境中的社群）的具体需求。

# 2.1
# 供水系统

2015年，全球有3/10的人口无法获得经安全管理的供水系统服务（WHO/UNICEF, 2017a；见序言2.i）。为了保障供水系统正常服务（例如保障人人有饮用水），必须解决一系列的先决条件：①有水可用；②水容易获取；③水能被充分处理。水资源的可利用性取决于物理意义上可利用的水资源数量，以及如何存储、管理和分配给不同的使用者[1]。水资源可获取性指的是如何将水提供给不同的社会经济群体以及不同的人群（包括妇女、儿童和生活在脆弱环境中的社群），或者让他们主动获取。水处理关系到安全用水的重要性，要求处理后的水免受微生物污染，不含重金属，没有恶臭气味，并且水体几乎不浑浊。

## 2.1.1　水资源的可利用性

*地表水*

最常见的收集和储存地表水（并因此加强供水能力）的方式是修建大坝、水库以及其他储水工程。较大的工程通常在社区或者区域尺度上应用，但也有适用于个人或者家庭需求的小规模储水方式

---

[1]　生活在弱势状态下的群体和社群，包括但不仅限于贫困人口（农村和城市地区）、残障人士、流离失所者、艾滋病病毒感染者和老年人等。这适用于本章中使用该术语的任何地方。

（例如水井、池塘和沟渠等）。

长久以来，大坝和河流系统都被用来应对水资源可利用性的季节性变化，并且在各行各业最需要的时候提供水资源。总体来说，大坝为加强水资源管理提供了手段，从而为人口增长和发展做出了贡献，同时也为维持粮食和能源安全做出了贡献（Chen等，2016）。由于目的和建造地址地理条件的不同，大坝、水库的尺寸和类型可能差异巨大，小至季节性河流的沙坝，大至中国三峡大坝这样的巨型工程（WWAP/UN-Water，2018，专栏2.1）。

**专栏2.1　印度拉贾斯坦邦利用淤地坝增加水资源可利用性**

使用地下水的马赛克灌溉[1]农田是拉贾斯坦邦南部大多数农村的主要收入来源。季风降雨量相对较低（600mm），季风雨季平均只能持续30天，并且大多数雨水快速流入坚硬的岩石高地集水区。在季风季之后的9个月，降雨量少得可以忽略不计，而这期间的特点是蒸发率高。为了应对上述问题，当地在溪流上修建了数千个淤地坝[2]，以减少径流量、增加地下水补给量（Dashora等，2017）。MARVI（通过村级干预进行含水层补给管理和地下水利用）项目（Maheshwari等，2014）培训农民测量地下水位，以便对水资源进行评估，并相应地规划种植时间表。同时该项目还培训他们监测淤地坝水位，从而判断淤地坝的有效性以及在旱季是否需要清淤，以维持地下水补给率。对达尔塔附近的4个淤地坝进行监测的结果表明，平均每个坝提供20万立方米每年的水量，为相邻村庄大约16%的旱季作物提供了供水保障（Dashora等，2017）。

---

[1] 马赛克灌溉是大型灌溉系统的替代方案，包含了"分散在地表的像马赛克一样的许多个小型、局部的灌溉区域"（Paydar等，2010，第455页）。
[2] 淤地坝是一种修建在小型河道中小型的、有时是临时性的水坝，可用于减少径流量、减少侵蚀以及引水等。

> 设计适当的基于自然的解决方案（NBS）所提供的水管理服务，可以或取代、或增强灰色基础设施提供的服务，或可以与灰色基础设施平行工作，这还可以提高地表水资源的存留。

在农村社区和较小村庄，修建适合于当地情况的水坝和水库，可以为以往在获取供水方面存在困难的弱势群体提供用水。类似沙坝等小型基础设施的新兴创新解决方案是典型的适合于局地尺度的处置方式，并且对于本地社群有深远且积极的影响，特别适用于肯尼亚等缺水地区（Ryan 和 Elsner，2016）。

建设大型的大坝工程需要大量的直接投资，同时可能伴随着高昂的环境和社会经济成本。修建大坝带来的社会文化和财政后果，可能对生活在脆弱地区的社群和人民，特别是对妇女和女童产生不利影响。在运河、灌溉工程、道路、输电线路等工程建设过程中，以及随之发展过程中，会导致部分人群被迫流离失所，生活负担加重（Ronayne，2005）。印度在修建Sardar-Sarovar大坝和Tehri大坝时，就出现了这样的争议（Banerjee等，2005）。

国际大坝委员会的数据（ICOLD，日期不详）显示，在所有注册大坝[1]中，大约74%是单一用途的，其中约13%用于供水，50%用于灌溉。然而，多功能设施正变得越来越流行，特别是在修复旧水坝时（Bonnet等，2015；Branche，2015）。本地的、小型的、功能适合的大坝和水库不仅可以增强水安全和防洪保障能力，而且能为当地居民提供可再生能源。

---

[1] 共有约59100座大坝进行了登记注册（ICOLD，日期不详）。

设计适当的基于自然的解决方案所提供水管理服务，可以或取代、或增强灰色基础设施提供的服务，或可以与灰色基础设施平行工作（WWAP/UN-Water，2018），这还可以提高地表水资源的存留。进而促进地表水入渗成为地下水，从而增加储水量（WWAP/UN-Water，2018）。天然湿地和人工湿地也可以帮助改善水质（WWAP/UN-Water，2018；Nagabhatla和Metcalfe，2018），但通常情况下不能保证水质达到安全饮用的标准。

### 地下水

地下水存储可以对地表水资源可利用性进行补充，特别是在缺水期间。除了可以通过挖井等手段直接获取地下水，地下含水层还可以以侧向补给天然河道的方式来补充地表水的可利用性。

含水层补给管理（MAR）是通过有意地将地表水补给含水层，增加地下水的自然存储，供以后使用或用于提供环境效益（Dillon，2005）。农村和城市地区的中长期收益包括：确保和增加季节性水资源供应，提高土地利用价值和增加生物多样性，减轻与洪水有关的风险，防止含水层盐渍化，淡化由于盐水入侵引起的沿海含水层水体咸度，维持、增加环境流量以及维护依赖于地下水的生态系统，以及通过土壤—含水层过滤处理的方式改善水质等（Dillon等，2009）。在世界各地，含水层补给管理方法已被成功应用于恢复受影响的依赖地下水的生态系统过程中，详见专栏2.1。

### 非常规水资源

非常规水资源是特定过程产生的副产品，或者产生于采用专业技术收集、获取水资源的过程中。这些水资源在使用前，通常需要经过适当的处理，当用于灌溉时，需要进行适当的农场现场处理（Qadir等，2007）。非常规水资源可包括：深层地质构造中的地下水，通过人工降雨和雾水收集实现大气水分收集利用（专栏2.2），通过物理运输冰山获得的水，小尺度收集那些会蒸发掉的雨水，咸水淡化水，以及来自城市地区和农业的剩余水等（图2.1）。

**专栏2.2　摩洛哥雾水收集：阿伊特·巴阿姆兰**

最大的雾水收集系统位于摩洛哥阿伊特·巴阿姆兰的鲍特麦兹盖达山。该项目结合了技术研究与示范，通过增加Berber农村社区的洁净水和卫生设施服务，促进社区发展。安装的雾水收集器每天产水量约为6300升，在雾天期间为约500个社区居民提供水资源。这给社区带来的积极影响主要作用于妇女儿童，有助于改善其健康、文化和教育方面的问题。包括本地社区、农村社区当局和国际研究人员在内的多个利益相关方参与了该项目发起，多个合作伙伴［如美国国际发展署（USAID）、慕尼黑再保险基金会和其他公共和私人团体］为技术改进和社区全面发展提供了经济支持。

资料来源：Dodson和Bargach（2015）。

图2.1　　非常规水资源案例

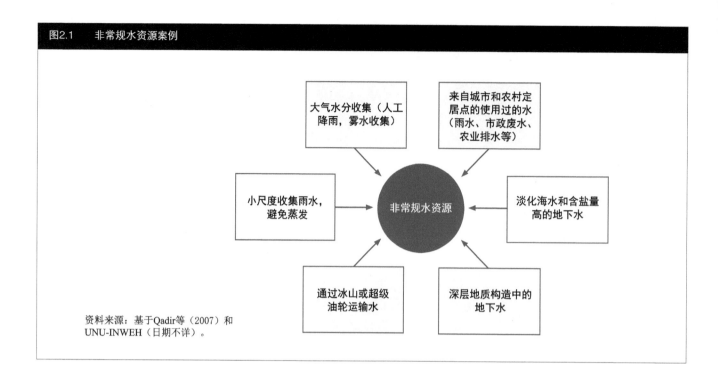

资料来源：基于Qadir等（2007）和 UNU-INWEH（日期不详）。

**水资源再生利用为补充常规水资源供给提供了机会，特别是在那些依赖远距离水源的城市。**

增加非常规方法，可以平衡目前从地表水和地下水中获取的水量，同时最大限度地减少环境恶化以及因用水引发的冲突、竞争。

水资源再生利用为补充常规水资源供给提供了机会，特别是在那些依赖远距离水源的城市。处理废水，使水质标准满足安全要求和用户需求（即进行"适合目的"的水处理），不仅改善了其整体观感，而且使得水资源再生利用更加经济可行（WWAP，2017）。此外，一些国家和社区计划通过水流分离、材料和能源回收以及各种废水管理工具（WWAP，2006，2017）等进程，来实现工业领域的零排放和废水100%循环利用的愿景。

尽管有多重好处，但绝大多数非常规水资源（尤其是水资源再生利用和循环利用）的潜力仍未得到充分研究和开发（WWAP，2017；Qadir等，2018）。虽然随着越来越多的应用，非常规资源开发的技术和认知日益成熟，但是充分发挥其潜力还存在经济、技术和政策等方面的障碍。即使在非常规水资源潜力巨大的国家，大部分的非常规水资源，都未包括在国家水政策中。

另外两个水资源可利用性管理的替代方案，分别是雨水收集和跨流域调水（IBTs）。雨水收集主要应用于小尺度或者局部尺度上的水资源可利用性管理，主要用于工业或居民生活用水，涉及雨水的收集、储存和利用，有助于满足对水资源的高需求。由于其效益成本高，并且水源就在住房附近，减少了长距离获取水的负担，雨水收集具有一定的优势，特别是对于妇女和儿童来说（Helmreich和Horn，2009；Ojwang等，2017）。跨流域调水已经使用了上千年，并且至今仍然是一种特别常见的手段。跨流域调水是指将水从一个流域转移至地理上不同的另一个流域，或者从一个河流系统转移到另一个河流系统，以加强水资源的可利用性。在千禧年之际，跨流域调水的取水量达到540立方千米，占全球取水量的14%（ICID，2005），预计这一比率在不久的未来还将增加（Gupta和Van der Zaag，2008）。

支持合理利用水资源（如小尺度雨水收集和经安全管理的污水再利用）的当地机构，通常能力有限或且缺乏进一步扩展的能力。然而，室内节水技术的解决方案仍然存在，例如，用小水量冲刷厕所、在水龙头上装节水装置（Hejazi等，2013）以及采用室外节水技术（例如节水型园艺技术[1]或在屋顶收集雨水）等。

## 2.1.2　水资源的可获取性

目前获得经安全管理的饮用水服务的人口约有52亿人，其中绝大多数人（见序言，第2.i部分）依靠管网系统以及其他传统的、集中式的、分散式的供水和水处理系统。大多数城市居民可以获得经安全管理的饮用水服务以及入户的水源，这些设施可以在需要时为居民提供不含污染物的水。

管网供水是最便宜的输水方式。然而，贫困人群无法通过这种方式获取水，从而加剧了不平等，特别是在城市贫民窟和偏远的农村地区。在无法通过管网供水的情况下，人们主要依靠水井或社区供水系统（例如通过售货亭和供应商供水、运输水等）获取水资源。通常情况下，与给个人或社区供水的管道系统相比，这种供水方式每升水的价格要高出几倍（见第5章和第6章），这进一步加剧了富裕人群和弱势群体之间的不平等。例如，根据WaterAid（2016）的报告，中低收入国家（LMICs）的贫困人口通常将其收入的5%～25%用在满足基本的用水需求（每人每天约50升）上，甚至在马达加斯加和巴布亚新几内亚的一些地区，有些人将其一半以上的收入都用于从供应商处购买水。关键在于，在许多（即使不是绝大多数）情况下，贫困人口支付更多的钱，却只获得更少的水，而且通常水质较差。

在目前缺乏基本饮用水服务的8.44亿人口中，有2.63亿人（占总人口的4%）需要花费30分钟以上往返更好的水源地取水，而1.59亿人直接从地表水源采集饮用水。后者中有近60%的人口生活在撒哈拉以南非洲地区（WHO/UNICEF，2017a）。

在许多农村地区，溪流、池塘或湖泊是人们获取水资源的来源。小水库也在促进水资源的可获取性方面发挥了关键作用，能够促使水资源可被利用，并且在某些情况下让人们离水源更近一些。

在取水不便捷的情况下，收集水的负担大部分落在了妇女和女童身上（图2.2），因为"80%的家庭都是由妇女和女童负责去户外采集家庭用水，减少缺乏饮用水设施的人数，对女性的影响大于对男性的影响"（WHO/UNICEF，2017a，第11页）。因此，缺乏水、卫生设施和个人卫生服务会导致身体和心理压力，从而增加死亡率（例如早产和体重轻婴儿出生引起的母婴死亡率）（Baker等，2018）。长距离取水给生活在弱势的社区、群体和人民带来了若干困难，这其中包括取水时的人身安全风险、学习和其他谋生手段的时间缩减以及对健康产生不利的影响等。

**管网供水是最便宜的输水方式。**

---

[1] 节水型园艺技术是指在干旱地区种植低需水量本地植物的智能园艺技术。

図2.2　在有10%以上的家庭需要远途获取水的国家中，按性别和年龄（%）划分农村地区获取水的负担

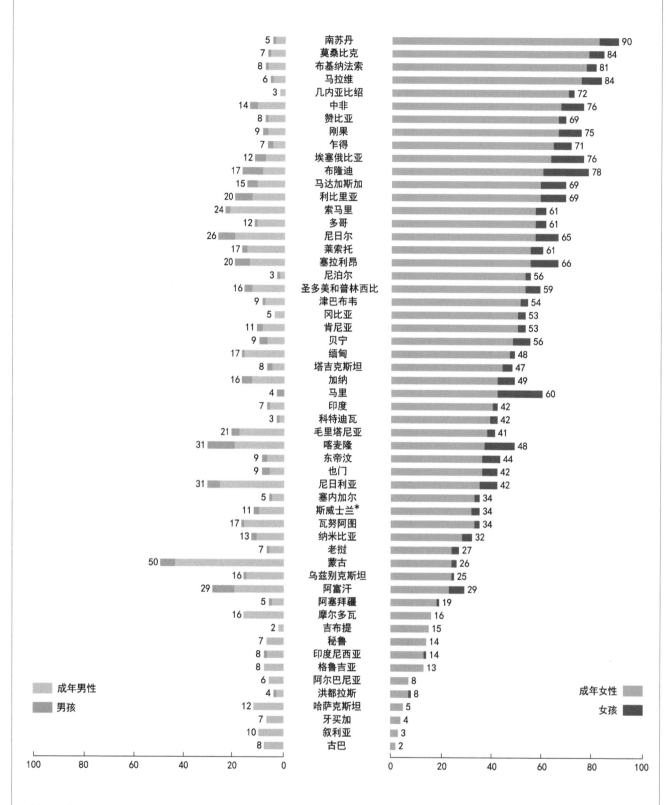

*自2018年4月19日起，该国名字由Swaziland改为Eswatini。见www.un.org/en/member-states/。

资料来源：WHO/UNICEF（2017b，表20，第31页）。

妇女们推着"河马水辊"

长距离背负重物也会对身体造成伤害，增加肌肉骨骼损伤。来自南非林波波省的一项研究表明，女性脊柱疼痛可能与为家庭运水有关（Geere等，2010）。像水车（Patwardhan，2017）和"河马水辊"（见图）这样的创新产品，已经被开发出来用以减轻长距离运水的负担。这种容器不仅可以沿着地面滚动，而且储水容量高达90升。对于老人和儿童来说，其优点是运输水的过程会相对轻松，并且单次运水量更大，从而减少了需要往返运水的次数。这些创新在某种程度上帮助了那些有基本饮用水需求的人，但缺乏经安全管理的饮用水仍然是一个长期存在的问题。

**售水亭为水资源可获取性困难提供了一种可替代且实惠的解决方案。**

售水亭为水资源可获取性困难提供了一种可替代且实惠的解决方案，这是供水受限或供水不足区域（包括城市贫民窟）的一个显著特征（Contzen和Marks，2018）。在肯尼亚（专栏2.3），售水亭约占水供应商的23%，并且为居住在贫民窟的人群提供了最经济实惠的水资源获取方式（售水亭售卖20升简便油桶装水的售价为0.03美元，而从街头手推车小贩处购买相同的水则平均需要0.15美元）（UNDP，2011a）。就像在海地霍乱疫情期间报道的那样，售水亭还可以帮助降低疾病风险（UN News，2016）。在肯尼亚的蒙巴萨，50%的人每周只有2～3天能获取水，售水亭或供应商帮助他们改善了饮用水的获取方式（Economic and Social Rights Centre，2016）。2014年，在高收入国家（HICs），居民每人每天用水量为200～600升（IWA，2014）。

另一种供水的方法是送水（也可以说是卡车运水），这也是在紧急情况下运输水的快速方式（WHO/WEDC，2011）。然而，卡车运输是一种昂贵的替代方案，并且管理起来可能非常耗时。卡车运水不仅限于发展中国家。例如在加拿大，超过13%的自然保护区家庭，依靠水罐车作为饮用水供应的主要来源（WaterCanada，2017）。水罐车还为弱势群体提供了解决方案，包括生活在难民营的人们（例如约旦的Zaatari难民营）（见专栏9.1），在那里供水和废水处置是一直被关注的问题

**专栏2.3　改善水质和水可负担性的委托管理模式——肯尼亚基苏木贫民窟居民案例**

为了处理无收益水量[1]的一些问题并更好地服务于基苏木的大型非正规居住区，基苏木给排水公司（KIWASCO）在其散装供水网络的不同位置安装了计量室，并指定"操作能手"（MOs）来运行供水系统。操作能手是来自社区的注册团体，其宗旨是改善供水服务并促进利益相关者更多地参与决策。随着时间的推移，干预措施对居民接受服务的程度和质量普遍产生了积极的影响。2012年，该项目通过366个售水亭和590个家庭入户连接，为约64000人提供了服务。水价从每20升0.20美元降至0.03美元，且无收益水量减少了6.5%。同时，缺水记录也减少了。妇女和儿童取水步行的距离减少了，而且在运水路程中花费的时间也相应减少。居民们被赋予权利，参与到公共事业的决策中，同时他们也是主要的操作人员。

资料来源：UN-Habitat（日期不详）。

---

[1] 无收益水量是指投入配水系统的水量与向客户收取费用的水量之间的差额。

（EcoWatch，2018）。

未来改善全球洁净水可获取性的努力需要在地方层面提出具有创新性的解决方案。在地方层面调整水资源可利用性和可获取性的管理方法，需要考虑当地的地理、文化和技术能力水平等因素（Carter等，2010）。基于特定场景、因地制宜且实用的输水和取水方案，要充分考虑成本和支付结构或机制，以确保不会因成本和距离等原因而无法推行（见第5章）（Fonseca和Pories，2017）。

除了与纯传统供水方法相关的成本和支付结构问题以外，还需要关注其他问题。例如，不经过综合分析，可能认为非常规水资源的生产成本很高。然而，依照传统的储存和分配系统，妇女和女童可能需要花费数小时用于长距离取水，并且自身会暴露于水传播疾病风险中。而采用非常规水资源则可以降低这些风险，例如雾水收集或卡车运输在评估其总体货币成本时这些都应该予以考虑。此外，还应考虑将增加的水资源利用量以及增加的可利用时间用于其他谋生活动方面的可能性，同时还增加了妇女参与其他工作任务以及女童留在学校读书的机会。

## 2.1.3　水处理

在2012年，《全球疾病负担研究》发现，未经改善的水和卫生设施持续导致疾病负担，尤其是儿童传染病（Lim等，2012）。这些健康问题大大影响了生活在中低收入国家弱势环境中的群体，例如处于不同生育阶段的妇女和女童，特别是在农村地区（Baker等，2017）。即使在高收入国家中，对处于不利环境中的群体提供安全的饮用水也是一项挑战（专栏2.4）。

在许多中低收入国家，妇女不仅主要负责获取和储存水，而且要负责处理含有化学物质或微生物等污染物的废水，这进一步提高了她们的疾病发生率。从未经处理的地表水（例如河流、溪流等）获取水资源，并在被污染的水中洗涤衣物会使她们直接接触水传播疾病（例如伤寒、霍乱、痢

> 最常用的净水方法依赖于全天候可用的电力、能源供应，而这不是在任何地方都能实现的。

**专栏2.4 加拿大土著人民社群饮用水水质差及其解决方案**

　　虽然加拿大以其丰富的淡水资源而闻名，但其每年因饮用水污染造成大约9万例病患，而这大部分都发生在土著人民社群。在2010年，加拿大全国40%的土著人民社群都在进行饮用水咨询或者"煮水咨询"（Metcalfe等，2011）。长期以来，这些社群饱受饮用水水质差、处理不足以及缺乏自来水和适当卫生设施的困扰。尽管处于发达国家，加拿大土著人民社群的资金和人力资源都有限，并且缺乏安全用水和卫生设施获取方面相关的法规和政策支持。自从发现这一问题以来，安大略省政府在减少土著人民社群饮用水污染发生率方面发挥了一定作用，其他省份也在采取措施解决这些问题（ECO，2017）。

疾和腹泻等）。研究表明，在这种情况下，孕妇感染戊型肝炎的风险增大（Navaneethan等，2008）。

　　为了将水处理至适合饮用的水质标准，集中式的水管理采用管网系统，而分散式的供水系统则涉及三个主要类别：用水点系统（POU）、输入点系统（POE）和小规模系统（SSS），这主要根据它们可以供给的处理水量进行分类（Peter-Varbanets等，2009），如图2.3所示。

　　最常用的净水方法依赖于全天候可用的电力、能源供应，而这不是在任何地方都能实现的。用水点系统和输入点系统采用的净化方法主要包含以下三方面（Peter-Varbanets等，2009）：

- 热或辐射
- 化学处理
- 物理去除过程

　　热或辐射可以有效地破坏病原体（例如煮沸、太阳辐射等技术）。但是，即使采用这些方法杀死了病原体，也不能防止水体不会再次被污染。化学物质被广泛应用于净化、消毒和防止水体再污染等过程中。物理去除则通过沉淀或过滤技术将污染物从水体中分离，有助于减少微生物和化学污染物。小规模系统采用的技术通常与用水点系统和输入点

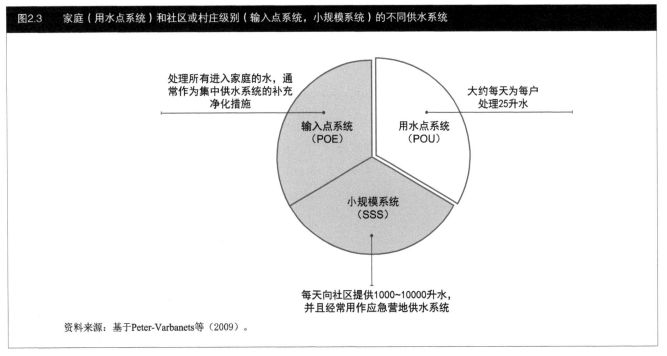

图2.3　家庭（用水点系统）和社区或村庄级别（输入点系统，小规模系统）的不同供水系统

资料来源：基于Peter-Varbanets等（2009）。

系统中的技术相同。区别在于这类系统规模扩大了，可以每天为社区提供1000～10000升的饮用水，并且可以包括大规模应用的技术。小规模系统也是最常用的提供紧急供水的方式。

水源的水会被自然污染（例如含有砷），或者会被工业、生活、市政或农业等污染源污染。许多新兴污染物，如药品，可能会增加健康风险（WWAP，2017）。植物修复，即利用植物降解（去除或转化）土壤、地下水、地表水和大气中的有毒化学物质，是一种清洁污染区域的有效技术（WWAP/UN-Water，2018）。此外，地下水生物修复也已经实践了很多年，特别是在工业环境（现有和遗留场地）中用于清理有机污染物（Gross等，1995和Jewett等，1999，开展了相关实验）。虽然生物过程高效节能，但修复周期通常很长，且有毒植物材料还需要被安全处置。因此，开发创新的、高性能且低成本的修复技术，对于居住在污染区域内或附近的边缘社群来说是很有价值的（Nagabhatla和Metcalfe，2018）。

## 2.2 卫生设施

2015年，世界上只有2/5的人可获得经安全管理的卫生设施服务（WHO/UNICEF，2017a；见序言，第2部分ii节）。在传统的卫生设施范畴，几乎不会考虑月经健康管理（MHM），因此，在许多国家，并没有充分考虑妇女的生育和性健康需求（见专栏2.5），而这将直接影响妇女和女童的福祉。

在通常情况下，卫生设施包括在卫生条件下收集、输送、处理和处置废弃物的地表或地下设施。收集系统通常指厕所系统。在典型的灰色基础设施范畴里，输送系统是指管道式地下污水系统，尽管在某些情况下废弃物可以通过卡车运输。在条件允许的情况下，处理系统通常包含集中式污水处理厂或本地化系统（例如化粪池）。废弃物经最终处理后，通常被分成液体和固

---

**专栏2.5　月经健康管理范畴下的供水、卫生设施和个人卫生**

供水、卫生设施和个人卫生对于改善妇女和女孩的生殖和性健康至关重要，并因此使得妇女可以参与社会生产。实现月经健康管理[1]目标对于妇女和女孩的健康和福祉来说非常重要。然而，在许多中低收入国家，这方面通常缺乏考虑或未得到充分解决。这种疏忽带来的一个主要后果就是妇女和女孩使用不卫生的材料制成的卫生用品，从而增加了感染的发生率和疾病负担，同时增加了尿路感染（UTIs）等疾病的风险。尿路感染是全球公共卫生问题，而在中低收入国家普遍存在（Sumpter和Torondel，2013）。对于正在上学的女生而言，缺乏月经健康管理会导致出勤率低或辍学。这种情况的溢出效应是缺少未来的就业机会，以及降低女性的生产力（WWAP，2016，专栏14.1）。

此外，尿路感染与艾滋病病毒（HIV）的感染风险增加有关（Atashili等，2008）。妇女的生殖健康状况值得关注，特别是在中低收入国家，由于缺乏水、卫生设施和个人卫生相关设施，妇女在生产时发生感染的风险更高。在54个国家中，大约38%的医疗机构无法获得基本水源，约20%的医疗机构无法获得初级的卫生基础设施（WHO/UNICEF，2015a）。撒哈拉以南非洲很贫困，在分析的46个国家中，有39个国家只有不到15%在家分娩的女性能获得供水、卫生设施和个人卫生基础设施（Gon等，2016）。

---

[1] 月经健康管理（MHM）的定义为："女性和青春期少女在月经期，使用洁净的、可以隐秘地替换月经卫生用品来吸收或收集经血，可以根据需要使用肥皂和水清洁身体，并且有设施来处理用过的经期卫生用品"（Budhathoki等，2018，第2页）。

体废弃物，被安全地排放到环境中；如果废弃物达不到可以直接排放的标准，则被收集到危险废物处理设施中，以便在焚化炉中销毁。然而，这些步骤中的每一步都可能发生大量变化，以面对各种不同的情况。

## 2.2.1 废弃物收集

尽管废水收集环节对于最终处理完成的水质或处理效率几乎没有影响，但它通常是系统中成本最高的环节（WWAP，2017）。在很长一段时间内，抽水马桶为世界发达地区和发展中地区提供了安全的卫生设施系统。虽然这已经解决了病原体现场暴露问题，但它只适用于先进的污水和废水处理基础设施前提下，而在许多中低收入国家缺乏此类设施、资金和能力。冲厕所需要的水量也给可利用水资源造成了负担，从而增加了人口密集地区的水资源压力。此外，人类粪便中可利用的营养物质和有机物质被稀释和混合，使其回收更为困难。专栏2.6介绍了海地某一社区通过使用旱厕和社区主导的运输工具，利用人类排泄物生产肥料，从而解决了缺乏废水基础设施的问题。

**专栏2.6　海地将排泄物转化为土壤肥料**

在海地，社区一直受益于旱厕，社区将人类排泄物清运分解并转化为肥料等资源。这个名为可持续有机综合生计（SOIL）的组织推动社区居民将排泄物转化为资源。这是通过使用EkoLakay家用旱厕完成的，可持续有机综合生计的工作人员通过废物处理设施，每周将收集的人类排泄物转化为堆肥。他们通过创造新的就业机会和提供可持续的卫生设施选择来促进当地发展。

这种社会商业模式之所以行得通，是因为客户以每月约5美元来租用由当地承包商使用当地材料建造的厕所。这笔费用还包括碳覆盖材料（用于掩盖废物以避免异味）费和每周的废物收集费，随后可持续有机综合生计将废物运输至堆肥场所。通过严密监控的过程，将废物转化为营养丰富的堆肥。该堆肥被出售用于农业和再造林项目，为其提供环保的化肥替代品，同时创造收入以支持提供卫生设施服务。

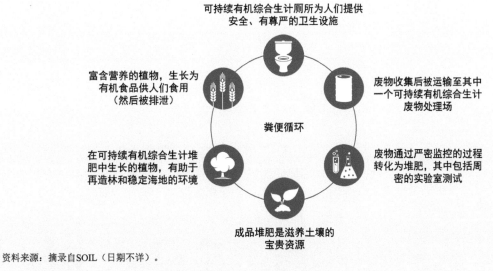

资料来源：摘录自SOIL（日期不详）。

图　生态卫生设施方法

### 2.2.2　水处理

污水集中处理方法具有悠久的历史,尤其是在高收入国家。处理过程包括集中收集和处理污水(Massoud等,2009)。另一种方法是分散式污水处理,即污水就地处理,并且在大多数情况下,可以在其产生地附近或现场进行回用或处置(见第6章)。

表2.1总结了两种系统的优缺点。

### 2.2.3　废弃物处置

经处理的污水和固体废弃物(例如垃圾、油脂和油、污泥等)的处置需要采用环保的方式,以减少污染和疾病风险。在全球范围内,超过80%的污水在未经处理的情况下直接进入环境(WWAP,2017)。经处理的污水通常被排放至地表水中,而污泥和其他固体废物则被送往垃圾填埋场。确保废物能被安全地收集、运输、处理和处置,是一个长期存在的需求,需要有创新性技术和适用且经济有效的解决方案。将污泥转化为其他用途的资源,例如沼气生产、混合焚烧或作为景观和农业中的肥料,可

将污泥转化为其他用途的资源,例如沼气生产、混合焚烧或作为景观和农业中的肥料,可为社区提供额外的收入。

克罗地亚内雷特瓦河谷鸟瞰

表2.1 集中式和分散式污水处理系统的优缺点、局限性和益处

| 集中式污水处理系统 | | 分散式污水处理系统 | |
|---|---|---|---|
| 优点 | 缺点 | 优点 | 缺点 |
| 不需要人的参与及其信息，至少不需要达到分散式污水系统所必需的程度（Barnard等，2013） | 污水收集的成本很高，并且可能对环境和公共健康造成严重威胁（例如泄漏、处理场所被洪水淹没或者被破坏）（Gikas和Tchobanoglous，2009） | 不需要从各个地点收集污水（Massoud et al.，2009） | 维护处理设施非常耗时，如果遭受故障或破坏可能给环境和人群带来威胁（Massoud等，2009） |
| 污水处理是可控的，为地方当局和政府有效实施其目标和措施提供了保障；处理过程可由接受过培训的人员监控（Oakley等，2010） | 对于偏远地区或人口密集地区而言，污水收集的成本更高，因为下水道系统需要布置到每一个地区并覆盖更广的区域 | 可以更好地评估污水的组成以及量与质的变化（Almeida等，1999；Anh等，2002）。组合成分的可预测性，可以进一步优化特殊的处理方法（Gillot等，1999） | 由于存在更多的利益攸关方，因此污水处理的可控性较低。此外，对污水处理监督不足也会产生严重问题，并危及项目的成败（Lienert和Larsen，2006；Libralato等，2012） |
| 污水处理方法经过几十年的优化，为最大限度地发挥集中式污水处理的潜力（并解决其局限性）提供了大量经验（Anh等，2002） | 不同污水的混合汇流使得污水难以控制（Anh等，2002）。城市污水的产生取决于一天中不同时间、假期、人口增长速度、人口的长期流入或流出等情况 | 有优化水处理手段的新机遇和不断增加的污水再利用的潜力。特殊的处理方法可以减少处理的时间和成本，并提高周围区域的再利用潜力（Asano和Levine，1996） | |

| 集中式污水处理系统的局限性和益处 | 分散式污水处理系统的局限性和益处 |
|---|---|
| 以可持续的方式管理系统，需要足够的资金（依赖政府或其他来源） | 有关实施区域的信息很难获取（Tsagarakis等，2001），特别是在获益最多的地区（农村或偏远的、贫困的、人口稀少的地区） |
| 需要足够的技术和人力来管理、运行和监控污水处理过程 | 在适当的条件下，可以为某些地区提供多重便利（Massoud等，2009） |
| | 由于系统通常是模块化的，因此适应性较强，可以根据当前的具体需求加以扩展或减少（Otterpohl等，2004），特别是针对难民营或其他临时避难所 |

资料来源：UNU-FLORES。

为社区提供额外的收入。解决方案也应当因地制宜，并且以协作和包容的方式实施，要包含所有关键的利益相关者、受益者，并且不让任何人掉队（WWAP，2017）。

## 2.3 降低灾害风险

洪水与干旱等与水有关的自然灾害，可能影响供水和卫生基础设施，并造成巨大的经济、社会损失和影响（见序言，第1部分iv节）。由于气候变化，这些自然灾害的发生频率和强度将会有所增加。与水相关极端事件可能造成短期和长期的影响，包括人员死亡、传染病蔓延、水和食物供应系统中断、金融资产损失和社会混乱等（Mata-Lima等，2013）。

由于基础设施薄弱和管理落后，中低收入国家受到灾害的影响通常更加严重。需要进一步开展调查研究，强化知识和技术的转移，努力建设应对气候变化和灾害的韧性供水和卫生基础设施。

为了减轻气候变化和灾害造成的影响，需要从灾后响应向灾前主动降低风险这一模式转变。这种方法需要水文数据和信息来支持基于科学的风险管理决策，同时需要对早期预警系统（EWS）进行投资，以提供预先、综合的预警信息。结合公众意识宣传、教育和预防的早期预警系统，可以促使人们针对灾害信息进行快速响应，从而提高人身安全性，减少潜在的死亡损失。针对自然灾害，我们应该摒弃绝对控制和绝对安全的想法，转而支持寻求减缓和适应的解决方案。此外，需要采用综合的水管理方法，放弃狭隘的以单个部门为主导的措施，进而采用包括土地管理、环境保护以及社会和经济等方面整体考虑的综合方法。由于性别原因，妇女和女童通常承担了较多的不利影响，特别是在与水相关的危机情况下。例如，在分析灾害死亡率时发现，在欠发达国家，洪水和热带气旋导致的女性死亡率高于男性（Cutter，2017）。

# 2.4
# 结论

对于大多数人来说，其中包括居住在脆弱环境中的妇女和女童，获取可接受的且可负担的饮用水是一个长期存在的问题。同样，获得卫生设施服务是另一项重大的发展挑战，这主要是针对中低收入国家和生活在贫困、不利环境中的群体、个人。在不同尺度和不同区域，需要因地制宜地提供适合的解决方案，以安全地收集、运输、处理和处置人类排泄物。

类似于"河马水辊"、社区管理的小型水库等低技术解决方案证明，即使在水资源稀缺的地区，也可以提升水资源可利用性、可获取性以及水质。然而，在低收入国家，针对居住在脆弱、不利环境中的群体、社群和人群解决方案的可扩展性，需要投入更多的精力和资金。虽然有越来越多的区域和社区报告了创新解决方案，可能可以提升水资源可利用性、可获取性和水质，但资金筹措和社会接受度等因素会阻碍其扩展应用。另一个关键的问题是如何管理需求与供应的动态关系。在全球水资源管理方案中，供水并不总能满足用水需求，但采用需求驱动的方法可以在相当程度上帮助应对这一挑战。人们普遍认为，针对水资源可利用性、可获取性和水质管理的解决方案，应当具备多样性、创新性和当地地理条件适应性，还应包括基于自然的解决选项，这样的解决方案能有助于应对减轻水资源压力和实现水安全等方面的挑战。

# 3

# 社会方面

联合国教科文组织—政府间水文计划 I Alexander Otte

参与编写者：Marianne Kjellén（联合国开发计划署）；Indika Gunawardana（联合国开发计划署Cap-Net）；Julia Heiss, Jyoti Hosagrahar, Akane Nakamura, Christine Delsol, Nada Al Hassan, Susanna Kari, Laicia Gagnier, Nina Schlager, Nicole Webley和Giuseppe Arduino（联合国教科文组织）；Maria Teresa Gutierrez和Rishabh Kumar Dhir（国际劳工组织）；Lesha Witmer （世界和平妇女联合会）；Rio Hada（联合国人权事务高级专员办事处）和Andrei Jouravlev（联合国拉丁美洲和加勒比经济委员会）

本章介绍了受到排斥的主要机制，在获取供水和卫生设施服务方面的社会不平等和歧视背后的驱动因素，特别重点关注了潜在脆弱环境下的特殊群体。

# 3.1
# 引言

水和卫生设施人权，使每个人都可以不受歧视地享有充足的、安全的、可接受的、物理上可获取的且价格可负担的个人和家庭用水。这包括饮用水、个人卫生设施用水、洗衣用水、食物准备用水以及个人和家庭卫生用水等（见第1章和第4章）。联合国会员国达成共识，享有洁净饮用水和卫生设施对于实现所有的人权至关重要，并强调了水和卫生设施对于有尊严的生活、生计以及和平发展的重要性，特别是对于生活在最脆弱环境中的人群（UNGA, 2010；UN-Water, 2015）。

承认享有安全饮用水和卫生设施人权的决议以及其他相关协定和声明（见第1章和第4章），强调了为确保尊重人权和实施可持续发展目标而需要克服特定的社会挑战。这些挑战不仅限于可持续发展目标 6，因为水和卫生设施的交叉属性影响了其他大多数可持续发展目标的实施。水在所有社会阶层中的横向作用，使得确保尊重所有人的相关人权、不让任何人掉队问题变得复杂。

《2016年联合国人类发展报告》中强调，生活在贫困、边缘化和不利环境中的群体是最需要关注的群体，须确保他们能在实施可持续发展目标过程中受益。这些群体包括土著人民、少数民族、难民（见第8章）和移民等。在全世界不同社会中，妇女在享受人权方面往往处于不利地位。无论是有意还是无意，排斥的主要障碍（见图3.1）和机制都剥夺了某些人群实现其全部潜力的可能性。

图3.1    普遍实现人权的障碍

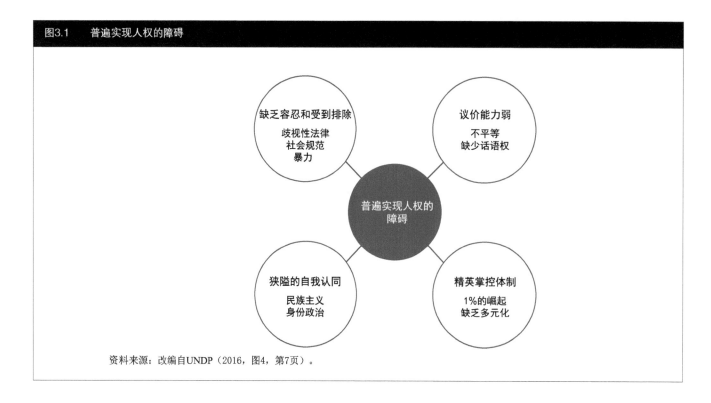

资料来源：改编自UNDP（2016，图4，第7页）。

## 3.2
## 落实水和卫生设施权利的障碍

### 3.2.1    不平等和歧视的社会文化驱动因素

实施人人享有安全饮用水和卫生设施权利的困难背后，有着错综复杂的社会和文化原因。它们与政治和制度因素（见第1章和第4章）以及弱势和边缘化群体（见第5章和第6章，以及第9.4节）的社会经济地位密切相关。传承的文化背景和由此产生的思维模式，有时也反映在发展模式中。联合国会员国认为，对人类公平发展不可或缺的人权的实施，受到与性别、年龄、贫穷、种族、性取向、残障、宗教、社会经济阶层、地理位置以及其他因素（见第1章）的影响，形成不平等现象。这些因素的重叠组合，会进一步加剧歧视和排斥（HRC，2016b）。

在享有水和卫生设施服务方面形成排斥和歧视的社会和文化因素，往往取决于复杂多样的历史发展、社会经济环境和文化模式，而且每一项在不同的国家、社区和社会群体之间以及他们内部都各不相同。这些复杂因素对思维模式、态度、行为和政策等的形成起着潜移默化的作用（Hassan，2011）。在努力实现安全饮用水和卫生设施人权以及实施可持续发展目标6时，应考虑这种社会复杂性。

可持续地改变这种模式会是一个漫长的过程，特别是当他们扎根于某些传统或信仰系统中时，这些系统决定了社会公认的价值观和行为规范，并影响了社会组成部分和个体的感知。社会公认的规范可能会阻碍某些群体享有人权的愿景。在享有供水和卫生设施服务方面，主流社会规范框架之外的群体，如属于某种血统（例如，种姓制度）、社会经济地位较低或持其他性取向，可能会受到歧视。性别也可能是决定因素之一，因为许多国家的社会规范减少了妇女、女童以及另类性别认同人群的选择和机会。

经济合作与发展组织制定的水治理原则，认识到促进"在水相关政策设计和实施过程中，利益相关方的广泛参与，对知情权和结果导向等方面贡献"的重要性，并指出应特别关注"没有被充分代表的群体（如青年、贫困人群、妇女、土著人民和本土用户等）"（OECD，2015，第12页）。

即使在那些承认可安全饮用水和卫生设施人权的联合国会员国，在法律方面的保障还未健全时，有时也未能适当且平等地执行有效机制。相关群体也可能由于语言、教育障碍或者地理隔离等原因，无法获知他们有关权利的信息以及确保其权利实现选择的信息。而获取这些信息是实现人权的重要基础（Cap-Net/WaterLex/UNDP-SIWI WGF/Redica，2017）。由于行动不便和缺乏相应的经特别处理的信息材料，盲人等残障人士可能在公共信息获取方面严重受限（House等，2017）。

歧视可能以不同的形式（见1.3.1节）或者因不同的原因（见专栏3.1）发生。

"直接歧视发生在当法律、政策或习惯做法故意将人群、个体排除在服务提供或者平等待遇之外时。由于涉及上述原因，当个人或群体在类似情况下，与其他人相比，受到的待遇较差，则也认为是直接歧视。"

"然而，歧视更多地以间接歧视的方式出现。执行中发生的歧视（间接歧视），发生在法律、法规、政策或做法看似中立的时候，但在执行过程中会出现被排除在基本服务之外的现象。例如，当地供水商要求出示市政登记证书，这种情况可能看似中立，但实际上会造成对居住在非正规居住区人群的歧视。"（UN-Water，2015，第8页）

水资源的供需关系以及对稀缺性的认识，是影响水的使用和分配的文化和经济价值体系外相对重要的因素。Johnson等（2012）强调"稀缺性可能反映一个人支付水相关开支的经济能力，或者一个人或一个团体拒绝与他人共享获得权限的习俗、社会条件和关系。"（第266页）

《2016年联合国人类发展报告》回顾指出："收入不平等会造成福祉其他方面的不平等，反之亦然。"（UNDP，2016，第7页）许多群体被排除在社会进步之外，并且在相关机构开展积极变革时，他们所处的环境依然很差。被排除在外的群体"缺乏代理人和话语权，所以几乎没有可以影响政策和立法的政治影响力"，尤其是通过传统的制度手段（UNDP，2016，第7页），反过来也使他们在面对直接和间接歧视时更加脆弱。

发达国家也有可能出现这种情况，例如发生在美国密歇根州Flint市的饮用水污染危机，该市用水户（包括数千名儿童）通过市政饮用水系统，暴露在不安全的铅浓度高以及其他有毒物质下，导致系统的、有监测记录的高血铅水平污染发生（Flint Water Advisory Task Force，2016；MDHHS，2018）。贫困社区和社会经济地位低下的人群特别容易发生暴露情况（MCRC，日期不详）。Switzer和Teodoro（2017）描述了社会经济地位如何成为公民参与政治过程的主要变量，反过来又如何影响环境公平以及安全饮用水获取。居所的水和卫生基础设施标准不合格，是导致贫困和以非白人为主的社区特别脆弱的因素之一（MCRC，日期不详）。

**专栏3.1 歧视与反歧视的驱动因素**

歧视的形成机制、驱动因素
- 性与性别
- 种族、民族、宗教、籍贯、出身、种姓、语言和国籍
- 残障和健康状况
- 财产、保有权、居住地、经济和社会地位
- 多重歧视
- 诉诸司法的途径受限

反歧视的形成机制、驱动因素
- 实质上的平等
- 法规与政策
- 积极参与
- 服务提供
- 监督
- 诉诸司法

资料来源：UN-Water（2015）。

### 3.2.2　水、卫生设施和教育

为人类消费提供安全的、可负担的和可靠的基本供水服务，包括家庭和工作场所的卫生设施用水，可提高劳动力的健康和生产力水平，从而有助于经济增长（WWAP，2016）。有证据表明，缺乏水和卫生设施的人，更易出现其他基本需求也未得到满足的情况，这种情况加剧了他们的经济压力状况，而且剥夺了他们的个人发展机会，延长了贫困期。父母的教育、健康和收入等方面因素，对于孩子摆脱贫困有重要作用。因此，贫困状况可能代代相传（UNDP，2016；World Bank，2017a）。

联合国教科文组织的《全球教育监测（GEM）报告》表明，与社会经济地位较高的家庭相比，来自贫困家庭的学生，在水和卫生设施充足的学校上学的机会低很多（UNESCO，2017a）。众所周知，学校缺乏水和卫生设施会对教育产生负面影响，特别是对女童的教育，并且会阻碍社会进步（UNDESA，2004）。数据显示，在2013年有30%的小学缺乏足够的供水（UNESCO，2016）。拉丁美洲，"在参与调查的国家中，来自最富裕1/4家庭的三年级学生，超过80%的所在学校有充足的水和卫生设施，相较之下，来自最贫困1/4家庭的学生，只有1/3的所在学校有足够的水和卫生设施（图3.2）（Duarte等，2017）。在墨西哥，最贫困的三年级学生中只有19%所在学校有足够的水和卫生设施，而最富裕的学生中有84%所在学校有充足的水和卫生设施"（UNESCO，2017a，第228页）。"改善教育机构的水、卫生设施和个人卫生设施，可以对健康和教育成果产生重大积极影响。改善设施以及加强个人卫生教育，也可以减少缺勤率，增加对教育的需求，特别是在未成年少女群体中，缺少女厕所设施可能会导致这些女孩辍学"（UNESCO，2016，第308页）。

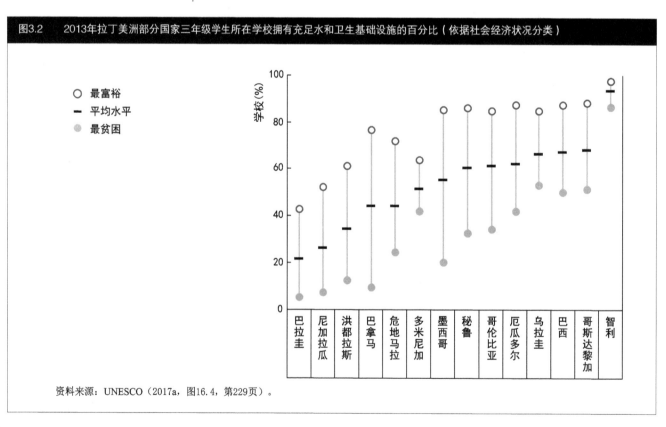

图3.2　2013年拉丁美洲部分国家三年级学生所在学校拥有充足水和卫生基础设施的百分比（依据社会经济状况分类）

资料来源：UNESCO（2017a，图16.4，第229页）。

### 3.2.3　性别不平等

许多国家在供水和卫生设施获得方面的性别不平等问题，非常严重且由来已久。根据人类发展指数（HDI），全世界女性的人类发展指数平均值低于男性（南亚地区这一差值高达20%），这暗示了导致女性不平等的影响因素广泛存在。在这些多方面的、动态的因素中，社会规范就是其中之一。一些社会规范对于协调社会中的社区生活是很重要的，而同时另一些则可能导致歧视和排斥，减少女童和妇女的选择和机会（UNDP，2016）。

取水时的不平等现象尤为突出（参见第2.1.2节）。根据联合国儿童基金会（UNICEF）的统计，在3/4无法获得饮用水的家庭中，户外取水的任务主要落在妇女和女童身上（UNICEF，2016）。虽然在世界各地取水方法、取水频率各不相同，但一项针对撒哈拉以南非洲25个国家取水时间和水贫困的研究调查发现，估计妇女至少花费1600万小时来获取日饮用水，而男性花费600万小时、儿童花费400万小时（WHO/UNICEF，2012）。

"不同地区、不同社会经济阶层和文化背景的妇女，每日生活的一个重要内容就是满足家庭和生育角色方面的期望"（Ferrant等，2014，第1页）。平均而言，"女性每天比男性多花1~3个小时用于做家务；照顾儿童、老人和病人的时间是男性的2~10倍，因而用于生产活动的时间每天要少1~4个小时"（World Bank，2012，第80页）。而这些导致她们付出劳动、获得收入的时间和机会减少，从而造成了妇女的"双重负担"（Ferrant等，2014）。

在发展中国家，将有偿和无偿劳动（例如取水和提供家庭护理等）综合计算，妇女所做的工作要比男人多，相应地，妇女用于教育、闲暇娱乐、参与政治和自我关爱等的时间较少。与此同时，许多社会组织拒绝妇女享有与水资源获取有关的生产性资产，例如土地权（见序言，第3.iiii节）。"在发展中国家，只有10%~20%的土地所有者是女性"（UNDP，2016，第5页）。

社会和决策者如何解决有关无偿护理工作的问题，对实现两性平等和解决平等获取水资源及相关服务问题具有重要意义：他们可以在考虑能力和选择时尽量忽略性别因素，或是更多地将妇女定位于女性和母性的传统角色中。

### 3.2.4　对土著人民的歧视

少数民族和土著人民享有水和卫生设施服务的水平明显相对较低（Clementine等，2016）。土著人民也许对享有水和卫生设施权有着不同的或独特的看法、参与方式和认知（Boelens和Zwarteveen，2005）。专栏3.2提供了对"土著"一词的一些理解。土著人民享有供水和卫生设施服务的权利被剥夺，往往综合了其他弱势群体相关遭遇的特点和交叉性。

**专栏3.2  在可持续发展目标背景下定义"土著"**

考虑到土著人民的多样性，联合国系统内任何机构都没有统一采用的"土著"的官方定义。而是基于现代理解对该术语进行了系统的定义：

- 在个人层面上自我认同为土著，并被社区接纳。
- 与殖民地前、定居社会前的历史连续。
- 与相关地域和周围自然资源的紧密联系。
- 独特的社会、经济或政治体系。
- 独特的语言、文化和信仰。
- 形成非主流的社会群体。
- 决心维护和复制他们祖先的环境和系统，继续作为独特的群体和社区。

资料来源：摘录自UNPFII（日期不详）。

土著人民约占世界总人口的5%，遍及全世界70个国家，估计共有超过3.7亿人（UNPFII，日期不详）。然而，他们大约占全世界贫困人口的15%，并且往往属于最贫困的人群[1]（ILO，2017b）。土著人民的权利，被人权法和一些其他国际文件的国际法所认可，这些国际法包括国际劳工组织《土著人民和部落人民公约》第107号和第169号（ILO，1957；ILO，1989），以及《联合国土著人民权利宣言》（UN，2008）等。然而，他们"在现有法律框架下，在使用自己的语言接受教育以及土地、水、森林资源和知识产权获得等方面面临歧视和排斥"（UNDP，2016，第5页）。

土著人民可以是可持续发展和气候行动的重要参与者。他们谋生手段中的很大一部分，例如小规模粮食生产（通常可与其他同样处于不利地位的群体共享），可以认为是可持续性的案例，因此在可持续发展目标的计划及实施中需要进行特别考虑（UNGA，2015a）。土著人民是生物和文化多样性环境的管理者；他们的土地上包含有世界上80%的多样性生物（Sobrevila，2008；ILO，2017b；WWAP/UN-Water，2018），同时他们拥有适应气候变化具有韧性、非常宝贵的水资源知识（Denevan，1995；Solón，2007；Altieri和Nicholls，2008）。在许多情况下，土著人民的知识体系和传统习惯与其生活环境（包括水等多种要素）维持了数千年的可持续平衡。其价值远远超出了赋予他们生活的文化范畴（UNESCO，2018a）。

土著人民在不同时期以及在整个殖民化过程中，努力保持文化和地理存在的连续性，常常使他们处于主流政治和经济行为者以及主流社会和政治的对立面中，这些主流力量更趋向于将土著人民世代传承的土地和水作为资源转让。这种历史发展可能产生直接和间接的歧视，这种不平等还可能导致排斥。在水资源决策过程中，土著人民常常被忽视；在传统的水管理系统中，土著人民常常受到不平等待遇，并且在水冲突中受到的影响也尤为严重（Barber和Jackson，2014），其中许多冲突是由用水引发的。

---

[1] 虽然这些数字经常被联合国机构（以及其他机构）近期报告引用，但这些估计数字是基于2003年发表的报告（如World Bank，2003）。

引发冲突的原因很多，包括采矿、产业化农业、水电站大坝和大型基础设施（Jiménez等，2015），以及保护和旅游等其他方面。这些冲突对许多土著人民的基本权利和福祉构成了威胁，并且可能直接影响水工程的建设和运行。这体现了生活方式、发展理念和发展手段之间的矛盾，对人权和可持续发展产生影响。

在某种程度上，土著人民代表了许多贫困和弱势群体，他们往往与所在地的生态系统有强烈的文化联系，并依赖于可再生的自然资源来维持其经济活动和生计，同时受到气候变化和极端事件的威胁。由于高度暴露和易受气候变化的影响，许多土著人民也可能被迫迁移，这可能加剧社会和经济的脆弱性，并可能迫使许多人居住在非正式住所，而无法获得充足的水资源（ILO，2017b）。

较少参与决策过程，加上缺乏相关认知和机构支持，阻碍了许多土著人民社区采取补救措施，增加了他们在气候变化方面的脆弱性，破坏了他们减轻灾害和适应环境变化的能力，因而也对确保其权利所取得的进展构成了威胁。特别是土著人民妇女在社区内外均面临着交叉歧视，对她们享有水和卫生设施产生了明显影响（ILO，2017b）。

土著人民语言是限制其议价能力和享有权利的关键因素，为引起关注，并最终减轻该影响因素，联合国教科文组织在联合国经济和社会事务部（UNDESA）的支持下，促成将2019年定为土著语言国际年[1]。

土著人民在世界范围内得到了越来越多的关注（APF/OHCHR，2013），他们独特的权利、利益和文化也得到了更多的国际认可。他们参与了《2030年议程》的全球磋商过程，这有助于"设计一个明确关注土著人民权利和发展问题的框架，……并建立在普遍性、人权、平等和环境可持续性原则的基础上"，正如联合国土著人民问题常设论坛所陈述的那样（UNPFII，2016）。

## 3.3 与财政、基础设施及其他方面有关的不平等

在水、卫生设施和个人卫生服务的基础设施方面进行投资是有必要的，尤其是在发展中国家，这会有助于克服社会经济和歧视习俗方面的不平等、实现可持续发展目标6.1目标——"人人普遍和公平地获得安全的和可负担的饮用水"和可持续发展目标6.2目标——"人人享有适当和公平的环境卫生设施和个人卫生设施"（UNGA，2015a）。

虽然基础设施需求范围可能各不相同，且必须动态适应每个国家或社区不断变化的条件和能力，但是巨大的资金缺口仍然是主要的共同障碍之一（见第5章）。Hutton和Varughese（2016）的一项研究表明，目前用于水、卫生设施和个人卫生服务的投资水平，远远低于2030年前满足水、卫生设施和个人卫生服务基本需求所需的基本建成成本（见图3.3）。此外，这些需求更要远远落后于实现安全的水、卫生设施和个人卫生服务的投资需求（可持续发展目标6.1目标和6.2目标）。为此，需要在目前的年投资水平基础上增加三倍的投资（达到1140亿美元）。值得注意的是，这些预估投资需求并不包括运行和维护成本，因此，实际需求的资金甚至可能要远高于此。

---

[1] 想要了解更多信息，请访问en.iyil2019.org/。

联合国水机制发布的《2017年全球卫生和饮用水评估和分析（GLAAS）》研究（WHO，2017b）成果表明，在大多数国家，财政资源不足是制约实现更高水平投资的主要因素。尽管政府在水、卫生设施和个人卫生方面的预算以年平均4.9%的实际速率增长，但在80%以上的受监测国家报告称，城市地区没有充足的资金来实现其国家饮用水、卫生设施和水质目标，而在农村地区这一比例增加至90%。在71个国家，为实现国家卫生设施目标，财政资源安排的充足程度如图3.4所示。

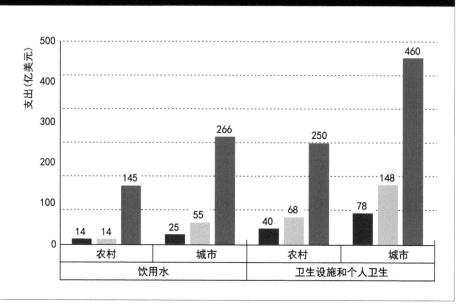

**图3.3    为实现基本及经安全管理的供水、卫生设施和个人卫生服务目标所需要的额外资源**

图例：
- 年度支出（2000—2015年）
- 2030年前实现基本水、卫生设施和个人卫生服务的年度需求
- 2030年前实现经安全管理的水、卫生设施和个人卫生服务的年度需求

资料来源：World Bank/UNICEF（2017，图2.5，第7页）。©World Bank。openknowledge.worldbank.org/handle/10986/26458。根据知识共享许可协议（CC BY 3.0IGO）使用。

**图3.4    71个受监测国家中为实现国家目标安排给卫生设施的财政资源充足程度**

图例：
- 城市需求和农村需求的满足程度均大于75%
- 城市需求或农村需求的满足程度大于75%
- 城市需求和农村需求的满足程度均为50%~75%
- 城市需求或农村需求的满足程度小于50%
- 城市需求和农村需求的满足程度均小于50%
- 无数据
- 不适用

资料来源：WHO（2017b，图2，第6页）。©WHO。根据知识共享许可协议（CC BY-NC-SA 3.0IGO）使用。

鉴于实现可持续发展目标的要求相对较高，当各国开始将可持续发展目标纳入其国家计划时，相应的资金需求也会有所增加。此外，在实现运行与维护（O&M）服务的财政可持续性上同样也是一个挑战，因为这是避免设施设备老化和实现故障率最小化的关键。在许多情况下，这些会严重影响弱势群体。

在那些基础设施普及程度差距大且公共预算受限的地区和国家，考虑不同层面分步决策过程就变得尤为重要（Andrés等，2014）。政府需要确定水、卫生设施、个人卫生的目标，包括社会优先事项和期望的服务水平和标准。政府还需要确定在哪些方面进行改革，包括法律、制度、组织和体制等方面，从而改善政策环境（其中公平、非歧视和缓解社会冲突等均是不可或缺的部分），并以此为目标实施必要的政策措施（世界银行/ UNICEF，2017）。

**供水和卫生设施项目的管理者必须理解和尊重不同的信仰体系和相关习惯。**

在供水和卫生基础设施基本到位的国家，包括维护在内的财政和基础设施措施必须结合体制变革、能力发展和公众参与，来消除不平等、排斥和交叉歧视（见第4章）等现象。在美国，Switzer和Teodoro（2017，第11页）发现"少数种族和少数民族面临着更大的饮用水不安全风险"，并且"种族的重要性在最贫穷社区最为明显"。为了应对Flint水危机（上文3.2.1节中提到），密歇根州民权委员会推荐了一系列以体制和人类能力发展为中心的措施，以构建特定环境下政府"更深入地理解根深蒂固的种族化和隐形偏见的作用，以及它们如何通过所有力量来影响决策"（MCRC，2018，第7页）。

最后，供水和卫生设施项目的管理者必须理解和尊重不同的信仰体系和相关习惯。一组关于如何在农村供水和卫生设施项目中与当地的土著人民合作的建议（由UNDP-SIWI水治理设施制定）（Jiménez等，2014），强调了持续对话以产生相互信任和维持长期支持关系的重要性。在发展中国家的贫困社区，项目管理者和利益攸关方对社区主导的卫生设施全面计划中平等和非歧视问题特别关注，这与供水和卫生合作理事会（WSSCC）所采用方法的核心是一致的（House等，2017），也就是特别关注与年龄、残障、性别和多样性等有关的脆弱性。

## 3.4
## 支持落实水和卫生设施人权

要实现平等和非歧视（特别是性别方面），需要那些尚未实现安全饮用水和卫生设施权人群的授权和参与。然而，那些一定不能掉队的群体具有高度的多样性，必须根据各自不同的情况进行调整，并制定针对不平等和歧视现象的解决办法，以强化他们的机会和能力。这要求将当地和本土知识、水资源综合管理（IWRM）方法、基础设施建设及教育等都结合在一起。授权变革的指导原则是"没有我们的参与，不能做出与我们有关的决定"。

### 3.4.1 重视当地、传统和土著知识

考虑到当地和传统知识以及包含这些信息的传统用水安排，可以成为强化流域可持续发展的一种有效手段。水资源综合管理方法（见第1.4和4.2.3节）提供了一种解决边缘化群体缺乏参与的可能手段，因为它旨在加强不同利益相关者之间的对话，并有利于在最基层、最适合的层面进行决策。好的水管理（见第4章）允许并鼓励所有利益相关者参与到决策过程中，确保水治理措施没有歧视，并综合考虑土著人民、部落、农村社区和其他群体的传统水安排。在这一努力中，像Cap-Net手册中基于人权的水资源综合管理方法（Cap-Net/WaterLex/UNDP-SIWI WGF/Redica，2017）以及联合国开发计划署"土著人民和水资源综合管理培训包"（Cap-Net，日期不详）等工具，可以提供实质性的帮助（专栏3.3）。

重视传统知识，承认土著人民对土地和水资源的管理，有助于实现包容和获得人权。

联合国教科文组织世界遗产国际土著人民论坛的设立表明，国家提出的、具有国际高度影响力的世界遗产所在地，必须尊重人权以及兼具文化、自然特性的土地、资源和财产所有权，尊重土著人民作为保管人、拥有者和决策者的能力（IIPFWH，日期不详）。

水资源遗产反映了人类的聪明才智、长期的不懈努力以及在往往非常具有挑战性的自然环境中为实现水的优化利用而不断进行的尝试。随着这类遗产发展起来的社会组织，促使人们能够以合作和包容的方式来管理水资源，这通常表现为沿袭过往的用水安排。我们可以从人们如何围绕水开展生产生活活动中吸取经验教训（专栏3.4）。

> 水资源遗产反映了人类的聪明才智、长期不懈的努力以及在往往非常具有挑战性的自然环境中为实现水的优化利用而不断进行的尝试。

**专栏3.3　土著人民和水资源综合管理培训包**

Cap-Net、UNDP-SIWI水治理设施、WaterLex、International Rivers、尼罗河水资源综合管理网和Justicia Hídrica共同制定了"土著人民和水资源综合管理培训包"，并将不被广为人知的本土和传统知识纳入其中。该培训包提供了将土著人民纳入水资源管理的方法，以及对于可持续规划和资源管理的专业知识。该培训包还涉及水资源在履行土著人民权利方面的作用，鉴于资源使用时可能存在很多冲突，因此对冲突管理也提供了指导。

用水冲突进一步加剧了土著人民的脆弱性。同样需要注意的是，传统知识可以在缓解和适应气候变化方面发挥重要作用，因此对其有效利用至关重要。

例如，土著人民和水资源综合管理培训包论述了如何在任何计划行动中都采用跨文化的方法，承认和综合土著人民的权利、知识、观点和利益，为各方之间的有意义参与和持续对话创造了空间。将特定人群的理解和观点纳入决策制定，可以促进他们的公平对待和包容。

资料来源：Cap-Net（日期不详）。

## 专栏3.4 将传统知识付诸实践

### 恢复厄瓜多尔洛斯帕特斯的古代水系统

恢复洛斯帕特斯的古代水系统，为厄瓜多尔南部的卡塔科查市供水，体现了传统知识在改善取水方面的作用。圣佩德罗·马尔蒂尔小流域为卡塔科查市提供了70%的水资源。在殖民时代，西班牙移民及其混血后代改变了该流域前哥伦布时期的水文系统，该系统以沼泽湿地和堤坝为基础，为含水层补水，并将土地用于畜牧业和农业。这极大地减少了植被覆盖和生态系统中的水资源可利用量。对当地原始知识的重新发掘，促使采用生态水文学的方法恢复流域。当地居民参与了小流域河流上小型水坝的建设。该系统减少了径流，恢复了植物覆盖和植物活力，增加了渗透，并补充了含水层。该流域现在可提供更多的水资源，足以将卡塔科查的家庭供水量从先前每天供水1小时，增加到现在的每天6小时（UNESCO-IHP，日期不详）。

### 秘鲁传统的科龙戈水法官系统

传统的科龙戈水法官系统，是秘鲁北部科龙戈地区人民创造的一种组织方法，包括水管理和历史记录等。该系统可以追溯到印加时代之前，其主要作用是公平和可持续地供水，之后逐步增加了适度进行土地管理的作用，从而确保为后代保留这两种资源（UNESCO Living Heritage，日期不详）。

### 印度尼西亚巴厘岛的水寺庙和灌溉单元

巴厘岛的水寺庙支撑着被称为灌溉单元的合作水管理系统，该系统由渠道和堰组成，可以追溯到9世纪时用于水稻种植。由农民和其他人组成的水寺庙网络，在水资源分配和供水时间方面作出民主决定。决定过程伴随着仪式、贡品和艺术表演等活动，旨在体现维持自然、人类和精神世界之间的和谐关系，以及Tri Hita Karana古老的哲学概念（UNESCO，2018b；UNESCO World Heritage，日期不详）。

## 3.4.2 具有包容性的基础设施计划

国际劳工组织的"就业密集型投资计划"以促进密集就业的方法和基于当地资源的技术实施公共投资，特别是当地的基础设施投资，这可以作为创造和维护资产以及体面工作和收入的技术解决方案。事实证明，在许多本地条件下，将当地参与和利用当地可用的熟练和非熟练劳动力以及当地材料、知识和适宜技术相结合，是开展基础设施工程和创造就业机会的有效且经济可行的方法。社区契约通过促进能力发展和提供谈判、组织和签约方面的经验，提供了一种赋予社区权力的机制（ILO，2018a）。

社区主导的全面卫生设施计划不断发展，并且越来越重视年龄、性别和残障等因素。供水和卫生设施合作委员会的"社区主导全面卫生设施计划中的平等和非歧视"是支持最弱势群体的特许选择（图3.5）。House等（2017）的一项研究强调了时间尺度对于行为改变方案的重要性。即使一些措施在短期内就有很好的效果（例如，在学校提供淡水和月经卫生设施，或者显著减少社区的露天排便），但良好的措施不仅仅只是在启动时执行，而是应该促使其不断地被学习、被适应、被整合、被保持和被传播，促使其不断被改变且可持续，这样才能造福当代、惠及后代。水相关教育在这方面发挥着至关重要的作用。

图3.5    通过卫生设施计划支持最弱势群体的选项

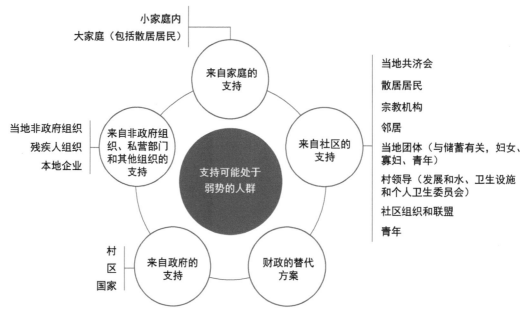

小家庭内
大家庭（包括散居居民）

来自家庭的
支持

来自非政府组
织、私营部门
和其他组织的
支持

来自社区的
支持

支持可能处于
弱势的人群

当地非政府组织
残疾人组织
本地企业

来自政府的
支持

财政的替代
方案

当地共济会
散居居民
宗教机构
邻居
当地团体（与储蓄有关，妇女、
寡妇、青年）
村领导（发展和水、卫生设施
和个人卫生委员会）
社区组织和联盟
青年

村
区
国家

**支持可能处于弱势的群体的选项**

| 来自社区内部 | 来自社区外部 | 来自社区内部或者外部 |
| --- | --- | --- |
| ·团结群体<br>·免费劳动力 | ·提供当地材料<br>·降低材料价格（提供补贴）<br>·提供购买的材料<br>·给熟练劳动力（如泥瓦匠）付报酬<br>·支付体力劳动报酬<br>·周转资金<br>·储蓄群体 | ·抵用券<br>·直接提供融资<br>·有补贴的低息贷款<br>·社区奖励 |

资料来源：改编自House等（2017，图4，第29页）。

### 3.4.3　可持续发展方面的水教育

　　仅靠技术解决方案不能支持持久、可持续地实现水和卫生设施或水安全人权。在一系列变革手段中，教育和能力建设可以提供价值观、知识和技能等方面的进步，这是实现可持续发展目标的基本组成部分。

　　然而，正如联合国教科文组织（2017c，第7页）所指出的那样，"并非所有类型的教育都支持可持续发展。仅仅促进经济增长的教育很可能导致不可持续消费模式的增加"，这会进一步加剧水资源安全的挑战，如水资源短缺、水污染或歧视性世界观等的蔓延。

　　"目前完善的可持续发展教育（ESD）方法，使学习者能够为环境完整性、经济可行性和当代与后代社会平等做出明智决定并采取负责任的行动。可持续发展教育注重能力培养，使个人能够从本土视角和全球视角来考虑其当前和未来的社会、文化、经济和环境影响，从而反思自己的行动。个人也应该有在复杂条件下以可持续的方式行事的能力，这可能要求

他们开辟新方向；他们还可以参与到社会政治进程中，推动社会的可持续发展"（UNESCO，2017c，第7页）。可持续发展教育为学习者提供机会，接受与水相关的教育，包括水科学、卫生设施和个人卫生等相关知识，并且拓展相关知识、技能、价值观和行为，以鼓励和促进水和卫生设施方面的可持续性。

妇女，特别是女孩，受缺乏供水和卫生设施服务的影响最大，应努力为她们提供强化能力和参与的机会。这意味着需要减轻她们的取水负担，并通过适当的卫生设施服务保障她们的尊严。缺乏这种服务，往往使女童无法上学，并且无法在水管理的其他方面发挥自己的作用。

为了使可持续水管理的学习过程更加有效，应该更多关注认知、社会情感和行为等方面的学习。例如，认知学习包括将水作为生命本身的基本条件，认识水质和水量的重要性，了解水污染、水资源短缺的原因、影响和后果，了解安全饮用水获取方面的不平等及全球分布等情况。这种知识学习需要辅以社会情感学习，其中包括参与改善当地社区水和卫生设施管理活动的能力，以及培养对用水及其相关基础设施和卫生设施的责任感。行为学习包括能够在地方一级促进有效的水资源管理，例如通过技术和职业教育和培训来实现。

为了使可持续发展教育发挥最大效益，整个教育体系必须相应转变。学校和其他教育机构需要促进水资源的可持续性，并提供安全的用水和卫生设施服务。着眼于确保尊重人权和所有人能够可持续发展目标，教育的结构、政策和管理需要为确保教育的有效性、可持续性和制度化提供指导、监督、协调、监测和评估。

# 4

# 政治、法律和体制方面

联合国开发计划署 Marianne Kjellén

联合国开发计划署—斯德哥尔摩国际水资源研究所水治理设施 Jenny Grönwall和Alejandro Jiménez

参与编写者：Carlos Carrion-Crespo（国际劳工组织）；Florian Thevenon和Rakia Turner（WaterLex，注：WaterLex是由联合国粮食及农业组织法律专家建立的可搜索数据库）；Ignacio Deregibus和Heather Bond（国际水资源协会）；Antoine Delepière（联合国开发计划署），Alistair Rieu-Clarke，Sonja Koeppel和Nataliya Nikiforova（联合国欧洲经济委员会）；Léo Heller（安全饮用水和卫生设施人权问题特别报告员）；Rio Hada（联合国人权高级专员办事处）

本章概述了法律、体制和政治等方面的机制和工具，旨在促进水资源管理包容性发展，以确保没有任何人在其水和卫生设施相关的基本权利方面掉队。

# 4.1
# 引言

遭排斥的过程涉及许多原因，具有高度复杂性，通过这种过程，人们被剥夺了他们影响社会和成为社会一份子的权利，也被剥夺了充分享受发展惠益的权利（见第1章）。世界各地资源的所有权和控制权高度不平等，这直接导致了收入和生计机会的排除和分化（Alvaredo等，2018）。对于这一更广泛的不公平现象，没有单一的解决办法，它不仅仅涉及水资源的管理和使用以及水和卫生设施服务的分配和使用。

从根本上解决不平等问题，需要将人权更多地纳入国家法律制度，使那些处于最不利或最易受损境地的人受益。这需要围绕人权的重要性和相关性达成更广泛的政治共识，使其成为指导行动的工具，包括在实践中的遵守和执行。

国际人权框架可以作为制定国家政策和国内法律的基础，但需要有能力和负责任的机构予以支持，以确保包容和公正的政策得以实施。（公共部门的）能力缺陷增加了"差别政策执行"扩大的风险，导致本意良好的行动无效或被既得利益者截获。为了公平和可持续地管理水和卫生设施，必须建立包容性的机构机制，以便开展对话、多个利益相关方参与和合作以及多个层级政府之间、更广泛社会（私营部门、市民社会）之间的基本联系。

## 4.2
## 政策、政治和流程

改变"一切照旧"可能会与现有的政治利益和权力关系发生冲突。

《2030年议程》及其可持续发展目标的通过，标志着全球致力于协调环境、经济和社会发展，并最终不让任何人掉队。《2030年议程》所包含的愿望（最重要的是普遍性）意味着实现可持续发展目标的进程必须具有包容性。政策、法律和社会制度构成了推动包容性过程和行动的有利因素，以确保不让任何人掉队，但也存在局限性。改变"一切照旧"可能会与现有的政治利益和权力关系发生冲突。实际上，包容性发展需要新政治联盟的承诺和不懈努力。

水资源管理，包括提供供水和卫生设施服务，需要有建立在法治基础上的健全、民主的机构。在国家一级，这涉及一系列治理原则，根据这些原则，所有人和机构都要受到制约并负有责任；法律需要被公开颁布、平等执行和独立裁决（United Nations Security Council，2004）。它需要在制定法律的立法机构、解释法律的司法机构（以及在普通法国家中确立范例）、管理和实施政策的执行机构之间实现权力分离。

### 4.2.1 国际政策原则

在国际层面，保护环境和规范共享水资源利用和利益的法律基于某些公认的原则，而这些原则是通过自治国家与越来越多的国际组织和企业之间的相互影响和相互交流而逐步形成的。在现代化、全球化的世界中，行为需符合他人的期望、能被他人接受的观念正在稳步发展。期望反映了道德方面的价值观，以及对自然"临界点""环境安全界限"和"韧性"等概念逐渐细化的科学理解。

习惯国际法通常建立在国家实践基础之上。与此同时，国际法引导国家法律，或者将具有法律约束力的协议纳入国家法律，这是一个迭代的过程。将政治协议转变为具有法律约束力的规章，而规章赋予权利持有人让责任承担者承担责任的权利，这将是一项挑战，尤其是当涉及跨界层面时。在全球层面，两项法律文书规定了跨界水域共享的关键规则和原则：1992年联合国欧洲经济委员会（UNECE）提供服务的《保护与使用越境水道与国际湖泊公约》（UNECE，1992），也被称为《水公约》，随后于2003年进行了修订（2013年2月6日生效），允许联合国所有会员国加入；1997年联合国大会通过《联合国国际水道非航行使用法公约》，也就是所谓的《水道公约》（联合国，1997年）。

这些公约的主要原则包括公平合理地利用共享水道、采取适当措施防止重大损害以及善意合作的义务。此外，这两份文书中所包含的一项首要原则，就是各国都有义务在其共享水道上进行合作，这一义务也通过可持续发展目标6.5予以表达。这些原则可以作为在公平基础上促进国家之间以及不同层面行动者之间合作的关键基础。

在个人层面上，要实现公平地分享水资源（通过水和卫生设施服务分配实现），最重要的是承认水和卫生设施的人权。对此进行补充的是，由国际劳工组织（ILO）组织三方成员（政府、雇主和工人）制定的国际劳工标准，其中规定了工作过程的基本原则和权利，包括安全饮用水、卫生设施和个人卫生服务获得（ILO，2017c）。联合国机构、欧盟、经济合作与发展组织等组织制定了所谓的软法律文书：决议、一般性意见、原则、指南和行为准则。虽然软法律文书既不具有法律约束力，又不能以条约和习惯国际法的方式强制执行，但它们（或多或少）被认为具有权威性，可以在政策讨论和谈判中占有一席之地[1]。此外，它们可能反映或影响习惯国际法的发展。软法律文书还可以提供详细的基本原则和框架，有助于明确目标和愿景，从而促进在区域和国家层面高效地实施。反映软法律政治重要性的一个实际例子，就是帮助联合国大会关于水权（见第1章）的各项决议提高政治意识，并为国家决策和计划实施提供了依据。

在目前的多层次治理背景下，非政府组织在表达民间社会意见和促进公众积极参与（包括通过社交媒体广泛传播）方面的角色，对政策制定的影响力越来越大（Bache和Flinders，2004；Piattoni，2010）。

其他重要的参与者包括大企业，其经济影响力可能对政策制定和政策结果产生很大影响。影响企业是否采取行动的众多（非约束性的）准则中，最重要的是《Ruggie"保护、尊重和补救"框架》（HRC，2008）和《联合国工商业与人权指导原则》（HRC，2011a，2011b），其中规定，行为者有责任尊重人权，当国家法律不符合国际人权法的时候，依然需要尊重国家法律之外的人权。这需要避免对人权产生不利影响的活动，以及建立开展补救的责任机制。各国有义务制定积极监督和约束私人行为者行为的国家法律法规，以确保这些行为不会妨碍人权。

如第1章和专栏4.1所述，基于人权的方法倡导遵从人权框架的基本标准、原则和规范，其中包括积极、自由和有意义的非歧视和参与，选择弱势或脆弱群体为代表，并代表弱势或易受损群体。基于人权的方法可以用于指导所有类型的发展合作的实施步骤和过程。

**专栏4.1 基于人权的方法**

1986年《联合国发展权宣言》（UNGA，1986）是制定基于人权的方法的重要一步，该办法将人类置于发展的中心，并特别规定了不同行为者将人权纳入发展的具体责任。

2003年，联合国发展集团通过了一项共识，以确保联合国各机构、基金和计划始终如一地采用这种方法，并明确了包括的三个基本要素（UNDG，2003年）：

● 目标：所有的发展合作、政策和技术援助方案都应该促进人权的实现。

● 进程：1948年《世界人权宣言》和其他国际人权文书所包含的人权标准和原则，应指导所有的发展合作、所有部门的计划以及计划编制的所有阶段。

● 成果：发展合作应有助于"义务承担者"提高履行其义务的能力，并促进"权利持有人"主张其相关权利。

---

[1] 硬法律是指具有法律约束力的义务，这些义务是准确的，并且被授权用于法律的解释和实施。软法律在义务、准确性或授权方面较弱，可能包括尚未法律化的政治安排（Abbott和Snidal，2000）。

将基于人权的方法用于水资源管理给我们的启示就是，与水相关的不同人权和国际法的相关规定是相互关联的、一致的，因为侵犯一项权利可能会广泛影响其他权利的享有，反之亦然。不歧视和有意义参与的原则也是基于人权的方法和良治的重要组成部分。

**良治是具有责任制、透明度、合法性、公众参与、公正和效率等特征的系统的管理体系。**

## 4.2.2　良好的治理

如果日常政治可能陷入权力斗争，那么"良治"的承诺则是超越既得利益和排他性做法。基于人权的方法的原则与良治的原则有很多是相同或相近的。良治是具有责任制、透明度、合法性、公众参与、公正和效率等特征的系统的管理体系（Pahl-Wostl等，2008）。这包括（政治）合法性和民主公民权等重要因素，以有效保护人权。

"治理"（而不是"政府"）一词表示更具包容性和合作性的治理形式，涉及更广泛的行为者，他们采用过程导向的、社会共同参与的新方法以及伙伴关系和对话的新形式，共同创造发展成果（Mayntz，1998；Tropp，2007；Bäckstrand等，2010）。自20世纪80年代以来，许多西方国家都出现了从"政府"到"治理"更为广泛的转变，这个转变与"合法性危机"有关，也就是说一个组织不具备实现其目标所必需的行政能力（Habermas，1975）。这种转变的部分原因也是与新自由主义政策的结合，即更多地依赖私营部门的贡献（Pierre，2000）。

从（国家主导的）"政府"向（整个社会的）"治理"更为广泛的转变，也特别涉及了水资源管理方面的挑战。一方面，很明显，单靠政府无法承担向所有公民"提供"供水和卫生设施服务的全部责任，也无法应对所有相关的发展挑战，特别是在低收入环境中（Franks和Cleaver，2007；Jiménez和Pérez-Foguet，2010）。这与政府在政策制定和监管方面作用的总体变化密切相关，实际上，这些服务是由非国家行为者或越来越分散的或独立的部门来提供。另一方面，人均可利用水量的减少，也需要加强协商并对水资源进行重新分配。这进一步强化了治理在水资源管理和再利用方面的重要性[1]（Niasse，2017）。

参与决策过程的行为者也会对解决哪些问题以及如何提出这些议题产生影响。作为义务承当者，国家有义务促进公众参与并保护人民参与影响他们的决策的权利。授权和代议制民主是更常见的参与类型，但这些可能引发关于合法性和代表的代表性等相当重要的问题。有效的参与必须是自由和有意义的，是真正的协商过程，否则，参与过程可能变成不公正和不合法的权力行使（Cooke和Kothari，2001）。

由于水资源对人类生存的重要地位，无论是私人的还是公共的服务提供者，都常常被认为具有相当大的权力，各方之间的信息不对称经常加剧

---

[1] 2006年发布的联合国开发计划署《人类发展报告》和《联合国世界水发展报告》强调了水治理的作用和水资源管理的政治性质（UNDP，2006；WWAP，2006）。作为各国政府的指导，经济合作与发展组织通过其"水治理倡议"确定了相关原则，为各国政府设计和实施有效、高效和包容性的水资源政策，并与更广泛的利益相关方共同承担责任，提供了"必须要做的事情"建议（OECD，2015）。

这种看法。在相关机构不具备足够的监管能力和按照已有约定执行的能力、用户没有适当渠道表达其要求或不满的情况下，实施必要政策的激励措施可能会被削弱、脱离正常轨道甚至陷入瘫痪状态（OECD，2015）。

实施良治的另一个重要方面涉及责任制。责任制是一整套的控制措施，要求官员和机构对其行为负责，并确保对履职不力、非法行为和滥用权力等行为进行处罚（UNDP–SIWI WGF/UNICEF，2015）。运作良好的责任机制对机构履行其职责有促进作用。

在实践和过程层面，人权责任制体现在：

• 督促当权者或当权机构对其行为负责，并向行为责任人解释和证明他们的行为违反了国际人权标准的行为和表现标准。

• 如果发现违反人权义务的行为发生，则应对行为责任人采取强制的处罚措施或适当的纠正措施。对司法、行政或其他行为是否反映和符合国际人权标准进行评估，作出支持还是处罚的判断。

• 建立公平和公正透明的机制，使那些被剥夺权利的贫困者能向当局表达诉求，并在权利受到侵犯时获得适当的赔偿（OHCHR/CESR，2013，第12页）。

## 4.2.3　水权，价值和利益冲突

如上所述，治理和利益相关方参与过程，对于解决水资源分配和保护水资源免受污染或滥用问题的作用变得越来越重要。多年来，国际组织一直倡导水资源综合管理，并将其列入《21世纪议程》（UN，1992）。2015年，所有国家都通过《2030年议程》（UNGA，2015a）对水资源综合管理实施进行了承诺。水资源综合管理与在国际水与环境会议（在1992年"里约环境与发展会议"之前）上通过的《都柏林原则》密切相关，该原则将水归类为"有限且脆弱的资源"，应该通过"在最低适当级别进行决策"参与管理，同时承认"妇女的关键作用"（ICWE，1992）。

《都柏林原则》第4条强调水在所有竞争性用途中的经济价值，这一问题引起了相当大的争议。尽管人们已经认识到水的社会和环境价值，但是将其看作一种经济产品的认识，会导致走上商品化道路（Castro，2013），从而可能限制那些处境最不利或最脆弱的人群获得水资源、供水和卫生设施服务[1]。

水资源问题高级别专家组的成果文件（HLPW，2018）中包含了一系列较新的原则，更清楚地体现了水的多重价值，其中第一位的价值是

---

[1] 尽管对第4条原则的解释表明，水也是一项基本权利［"在这一原则中（4—水在所有竞争性用途中具有经济价值，应被视为一种经济产品），至关重要的是，首先要承认所有人都有以可负担的价格获得清洁水和卫生设施的基本权利。（然而）过去未能认识到水的经济价值，导致了对资源的浪费和对资源的破坏性使用，对环境造成损害"—ICWE，1992，第4页］。这是对水的经济价值的过度强调，此后产生了大量对《都柏林原则》的批评性意见。

专家组评价水价值的五项原则中的第一项：

> 要认识并接受水的多重价值。在所有影响水的决策过程中，我们必须明确认识到，水对于不同群体、不同用途，具有多种多样的、不同的价值。人类需求、社会和经济福祉、精神信仰和生态系统活跃能力等要素间存在着深刻的联系（HLPW，2018，第17页）。

如第1章所述，水资源综合管理能促进水、土地和相关资源的协调发展和管理，以公平的方式实现最大的经济和社会福利，同时不损害重要生态系统的可持续性。这不是一次性行为，而是一个反复的过程，要综合考虑水的各种用途以及不同人群对水的不同需求（GWP，日期不详）。水资源综合管理的现代应用，支持水的公平、高效和可持续利用，对平衡社会、经济和环境等方面的可持续发展至关重要。水资源综合管理方法要求在所有相关部门之间进行协调，这些部门参与水、土地和相关资源的管理、开发、监管和决策等过程（GWP，2000年）。但是，如专栏4.2所示，要解决不同用途和不同用户群体之间的资源配置，还是非常不容易的[1]。

水资源配置的实际手段主要是通过水权，水权是由国家法律规定的。水权通过财产权或土地权，或通过与国家或土地所有者协商达成的协议，授予个人或组织（见专栏1.4）。与涉及个人用水的人权不同，水权可以提供多种用途，是暂时的，还可以撤销。

土地和水的分配通常都是基于习惯法。但是，可能有多个法律系统在不同级别运行，这也可能导致并行运行的系统之间的冲突。在许多情况下，成文法要胜过社区衍生权利（Cap-Net/WaterLex/UNDP-SIWI WGF/Redica，2017）。这类冲突的决议为脆弱环境或弱势环境内的社区保留了进一步获取权利和水资源的巨大空间。以此为目的的冲突解决行动似乎正在增加。2016年《肯尼亚社区土地法》（Parliament of Kenya，2016）正式承认社区对已登记和未登记土地的所有权，其中包括了妇女和处境

**专栏4.2　秘鲁土著人民与采矿业之间的水资源冲突**

自20世纪90年代以来，安第斯地区的采矿活动迅速发展，引发了一系列的社会环境冲突。许多冲突与土地和水资源的获取和控制有关，也与这些资源在采矿以外用途的可利用性和可持续性有关。

为了减轻环境影响、解决冲突并应对对采矿作业的反对，政府行为者和采矿公司采用了法律和技术战略的组合。根据在秘鲁卡哈马卡的亚纳科查金矿周边开展的研究，Sosa和Zwarteveen（2016，第34页）指出，"尽管利用法律和技术手段解决冲突的策略，在暂时缓解紧张局势方面是有效的，但它们并没有真正解决引发冲突的根本政治因素。要解决围绕大规模采矿作业产生的环境冲突，这些看似客观、中立和快速的解决方案是不够的，……需要明确承认这些冲突始终具有政治性、与当地密切相关性、复杂性和与权力密切相关性等事实，并针对性地进行应对"。

---

[1] Jiménez等（2015）进一步强调了产业和土著人民之间的用水冲突问题。他们发现采矿和水力发电是最易引发冲突的项目类型，在纳入研究范围的近400个项目中，被迫中止或重新开展谈判的该类项目占总数的1/3。

不利或脆弱群体的权属权利。此外，在同一年，非洲人权和人民权利法院的裁决承认了习惯性的土地和森林权利（Rights and Resources Initiative，2017）。在多元或混合法律体系下运作的社会，允许成文法与习惯法共存。一般性意见15（CESCR，2002b，第21段）提醒各国应避免"任意干涉习惯或传统安排的用水分配"，作为其尊重水方面人权的一部分。

鉴于土地所有权在许多水权分配制度中的重要性，土地所有权的不平等被转化为水资源获取和受益方面的不平等。这也体现在土地所有权方面的性别差异（见序言，第3部分viii节），一些国家不平等的继承法加剧了这种差异。良好管理的土地改革进程有可能提高公平性，并彻底改变整体经济的效率。土地所有权的相关问题至关重要。不安全的土地使用权往往会抑制投资，并进一步破坏被剥夺者的生产力，加剧因水等资源获得方面的不平等而导致的收入不平等（Ostry等，2014；Niasse，2017）。

## 4.3 言行一致：实施计划和政策

在不同机构层面建立一致性，对于确保政策实现其目标至关重要。参与服务提供或政策实施的公共部门或其他机构需要具备相关的能力和技能，并坚持政策执行的核心价值观（责任制、专业性、诚信、公正性、响应能力、不歧视和广泛参与等）。图4.1说明了（可能是全球性的）政策原则是如何通过法律法规实现制度化的，它们是如何通过（主要是国家的）法规、政策工具、方案和计划的组合实现制度化，并最终（在当地）以公平和包容的方式完成实施（由公正透明的、反应迅速的、专业的公务人员或服务提供者最高效地完成）。

### 4.3.1 政策实施差距

导致政策无法实现预期产出、结果的错位或缺失通常被称为"政策实施差距"。为了实现政策意图，需要克服这些差距（或不足）。

表4.1说明了政策实施方面的差距，即随着从政策文件转向监督，最终转向财政措施，在此过程中，声称的意图在逐步下降。政策宣言中"有利于贫困人群"的措施，远比追踪或监督为贫困人口推出服务的机制更常见。由于没有采取财政措施来实施用以减少供水服务差异有利于贫困人群的措施，政策的实际实施可能会进一步受到阻碍。

表4.2总结了与各级或各种流程的政策执行差距相关的一系列原因。特别是在依赖援助的国家，政府可能会屈服于压力（无论是明示的还是暗示的）开展可能既不真正需要、也不符合当地利益相关者社会价值观的改革。在这种情况下，可能缺少有效执行所必需的高级别政治承诺（IDB，1999）。政府内部的政治代表人士缺乏稳定性，导致优先事项发生变化，不利于需要坚持不懈的事项以及长期目标的实现。

与外部压力部分相关的另一个挑战，是制定了过于雄心勃勃的政

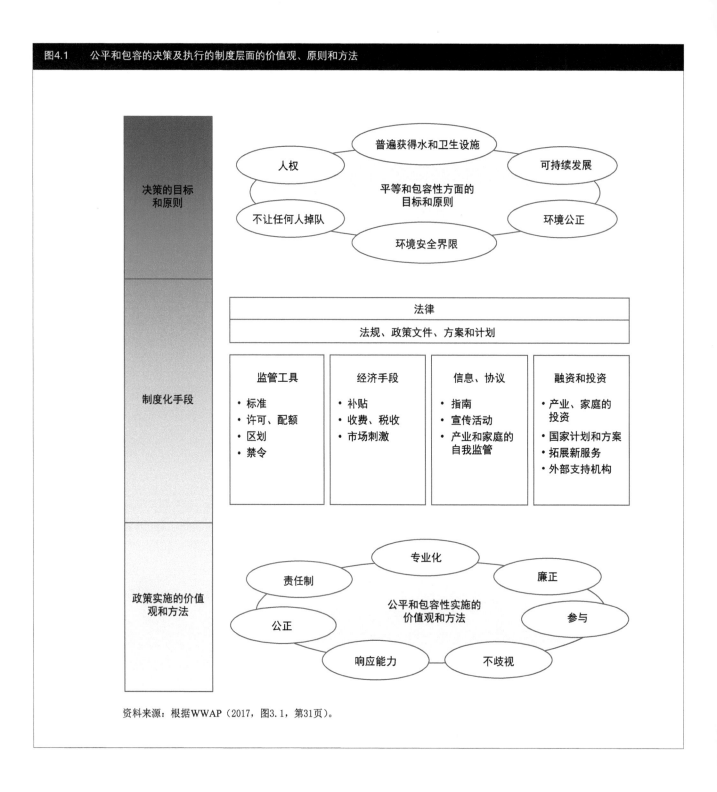

图4.1 公平和包容的决策及执行的制度层面的价值观、原则和方法

决策的目标和原则

普遍获得水和卫生设施

人权

可持续发展

平等和包容性方面的目标和原则

不让任何人掉队

环境公正

环境安全界限

制度化手段

法律

法规、政策文件、方案和计划

监管工具
• 标准
• 许可、配额
• 区划
• 禁令

经济手段
• 补贴
• 收费、税收
• 市场刺激

信息、协议
• 指南
• 宣传活动
• 产业和家庭的自我监管

融资和投资
• 产业、家庭的投资
• 国家计划和方案
• 拓展新服务
• 外部支持机构

政策实施的价值观和方法

专业化

责任制

廉正

公平和包容性实施的价值观和方法

参与

公正

响应能力

不歧视

资料来源：根据WWAP（2017，图3.1，第31页）。

策，设定与当前国家现实和能力脱节的目标。虽然这些政策可能会遵循国际上良好实践的思想，但所设定的愿景会产生不切实际的目标（Ménard等，2018）。在这些情况下，差距主要是由于责任主体的责任和资源之间的不匹配产生的（Crook，2003；Ribot等，2006；Jiménez Fernández de Palencia和Pérez-Foguet，2011）。

还有部分相关因素是经济或政治精英掌控政策的风险。权力分散化、公私伙伴关系或基于市场的水资源分配办法等复杂的政策措施，如果在没有适当制衡和缺乏适当行政能力的情况下实施，可能会导致地方精英加强其地位，牺牲政治和经济方面被边缘化群体的利益（OECD，

表4.1 供水和卫生设施方面的益贫式政策、跟踪系统和财政措施

| | 世界银行的收入分组 | 国家数量/个 | 治理<br>政策和计划针对贫困<br>人口的具体措施 | 监测<br>跟踪和报告向贫困<br>人口提供服务的<br>进展情况 | 财政<br>持续采取针对贫困人口<br>获取资源的特殊<br>财政计划措施 |
|---|---|---|---|---|---|
| 卫生 | 所有响应的国家 | 74 | 74% | 47% | 19% |
| | 低收入 | 15 | 73% | 33% | 7% |
| | 中低收入 | 29 | 66% | 48% | 10% |
| | 中高收入 | 26 | 85% | 58% | 27% |
| 水 | 所有响应的国家 | 74 | 74% | 55% | 27% |
| | 低收入 | 15 | 73% | 53% | 20% |
| | 中低收入 | 29 | 66% | 48% | 14% |
| | 中高收入 | 26 | 85% | 69% | 38% |

图例：
- 80~100%
- 60~79%
- 40~59%
- 0~39%

注：显示的百分比是以收入分组中响应国家的总数为分母计算得出的；高收入国家的结果没有分类显示，因为该收入分组的响应国家数量很少。它们包含在整体结果中。

资料来源：WHO（2017b，表12，第41页）。© 世界卫生组织。根据知识共享许可协议（CC BY-NC-SA 3.0 IGO）使用。

表4.2 政策实施差距类型和典型原因

| 政策实施差距 | 原 因 |
|---|---|
| 政策制定过程中的差距 | • 政策制定缺乏透明度、监督和影响力<br>• 外部压力导致采用与背景不相适应的蓝图政策<br>• 缺乏高层次的政治承诺<br>• 政策制定缺乏广泛参与<br>• 精英或有影响力的群体掌控政策 |
| 政策执行过程中的差距 | • 责任和资源不匹配<br>• 未充分考虑能力建设所需的时间<br>• 实施政策的机构缺乏合法性<br>• 水相关政策与非正规水机构之间的不一致<br>• 缺乏监督和执行商定规范的能力<br>• 用户提出要求或表达不满意的渠道无效 |
| 与利益相关者特征和行为有关的差距 | • 供应商的垄断地位<br>• "第三方机会主义"<br>• 利益相关者代表的质量<br>• 特定利益集团"掌控"政策流程<br>• 腐败、低效和惰性 |
| 与国家总体治理情况有关的差距 | • 政治不稳定，长期的危机和不安全感<br>• 政府缺乏履行基本职能的能力<br>• 公共部门缺乏责任制<br>• 政府自律和领导能力差<br>• 缺乏"民主"：辩论不充分，缺乏协商和广泛参与 |

资料来源：摘录自Ménard等（2018，表1，第9页）。

2015）。

腐败、过度监管、墨守成规往往与官僚惰性相一致，会增加交易成本、阻碍投资，并可能严重影响或阻碍水相关的管理改革。某些在当代社会被视为腐败的行为，实际上可能早于现代公共管理出现。例如，公务人员并不总是有薪水，在没有薪水的情况下，寻租（或其他形式的经济补偿）将成为履行职责的一个自然特征。然而，腐败是严重的体制弱点和治理不善的表现（Menocal等，2015）。除了严重影响政策执行外，腐败还加剧了现有的不平等现象（Søreide，2016），因为报偿会逐渐流向那些拥有更多（自由裁量权）权力的人。这也可能体现在女性和男性可获得的不同权力和资源方面（Purushothaman等，2012）。在许多社会中，为获得满足其家庭需求的水，女性的性别角色和特殊的责任，使她们成为各种形式腐败的受害者，这与男性面对和参与的一些情况截然不同。其中包括将性恩惠或性要求作为腐败的"货币"（IAWJ，2012；UNDP-SIWI WGF，2017）。

下一节探讨了法律制度在缩小政策执行差距和促进人权进入政策执行成果中所起的作用。承认水和卫生设施获取是人权，为法院系统提供了一种额外的司法手段。

### 4.3.2　利用法律手段促进与水相关的人权

在确保人权也适用于国内法方面，法院和法官发挥着关键的作用。根据某些法律文件中采用的原则，法院应根据适用的人权条约解释国内法，从而间接地影响这些规定。尽管如此，法官实际承认国际义务的程度各不相同（de Londras，2010）。

一些具体的案例表明，国际人权通过改善水和卫生设施服务的获取、帮助或支持保护共享水资源的道德主张和利益等，帮助个人或群体改善了公平性。这些案例的汇编可以在WaterLex/WASH United（2014）中找到。2015年的另一项回顾（Amnesty International/WASH United，2015）对80多个联合国会员国在关于水与卫生设施人权（HRWS）决议和声明方面的立场发表了意见。如专栏4.3和4.4所示，情况通常很复杂，法院诉讼的最终结果可能难以预料。

来自印度的案例（专栏4.3）表明，法律、体制和政治等方面的障碍，而不是资金或技术方面的挑战，可能是扩大水资源获取的更大阻碍，尤其是对贫困城市社区而言。虽然法院裁定"支持"城市贫困人口，但同时对建筑物提出了法律要求，这种要求抹杀了保护最贫困人口免受过高水价影响的目的。

专栏4.4显示，富裕国家也可能难以向所有人提供服务，尤其是对那些无家可归者或移民群体。联合国观察员作为权威观察员应发挥作用，确保当局履行人权义务。

专栏4.3和4.4中的实例说明了法官和观察员的官方文告和裁决在保护

---

**腐败除了严重影响政策执行外，还加剧了现有的不平等现象。**

**专栏4.3　印度贫民窟的水相关人权**

印度有许多关于水的法律和规则，但没有一个包含任何明确的"水方面的权利"。相反，最高法院和高等法院在该国宪法第21条规定的"生命权"的解释中，包含了洁净的和充足的用水权利。

在孟买，一项针对非法贫民窟地区的研究发现，2012年，居民为水支付的中间价格为每立方米135卢比（约2美元），这是非贫民窟居民支付的标准市政水费的40倍以上，是其他城市居民支付的30倍以上（Subbarman和Murthy，2015）。

2014年，国家高级法院下令，孟买非法贫民窟居民的供水不应与土地使用权（财产权）问题挂钩，从而允许突破以前被认为是难以突破的法律障碍，使得供水进入贫民窟。法院进一步明确了判例法和国际人权法先前规定的用水权。在这项裁决之后，市政府制定了一项新的政策，向非流浪贫民窟居民供水。

然而，法院要求市政府禁止非法建造，并对此后出现的非法建筑物进行拆除。法院进一步指出，"居住在非法贫民窟或建筑物内的公民，不能要求获得与建造或占有了经正规授权的建筑物的守法公民同等的供水权"（Pani Haq Samiti v.Brihan Mumbai Municipal Corporation，2014，第18段）。

**专栏4.4　法国移民营地的水和卫生设施人权**

2017年，一家地方法院判决，当局必须向在法国加莱临时设立的营地的难民和移民提供用水和卫生设施。上诉后，国务委员会最高行政法院维持了这项判决，并裁定难民和移民遭受的相关待遇是不人道的。法院在一份声明中指出，这些生活条件表明"公共当局的失败，并使人们以最明显的方式受到不人道和有辱人格的待遇。"（Conseil d'État，2017a）。

法院判决加来海峡省和加莱公社的首长在加莱公社设立饮用水点，在加莱公社所辖范围建立免费厕所，并设立一个或多个卫生设施，使在加莱公社所辖范围内的所有法籍或外籍无家可归者都能每天洗澡（Conseil d'État，2017a；2017b）。

在此之后，法国政府通过内政部长的讲话宣布，法国政府全力投入改善移民和难民的生活条件，并愿意组织分发点，以确保他们更好地获得水（用于进食、淋浴、厕所等用途）。联合国安全饮用水和卫生设施人权、移民人权以及适足住房问题的特别报告员们敦促法国政府制定长期措施，为加莱和其他地区的移民提供安全的饮用水和卫生设施保障（OHCHR，2017a）。

9个月后，情况仍然令人担忧（OHCHR，2018）。2018年4月，联合国安全饮用水和卫生设施人权特别报告员在访问后报告称"已经进行了努力"，但"还不够"。据3名联合国人权专家引述内容估计，"900名移民和寻求庇护者居住在加莱，350名居住在格兰德西德，居住在法国北海岸其他地区的人数不详，他们没有紧急避难所，也没有正常的饮用水供应"。

少量流动人口方面的重要性。尽管如此，政策实施差距显然存在，因为最终商定的或"管理"计划的实施可能会拖延。需要继续对责任行为者进行监督并施加压力。

### 4.3.3　迈向包容性过程

囊括所有人并且不让任何人掉队的要求，需要许多不同类型和不同层次的行动支持。在政策制定过程中，为不同"声音"腾出空间的包容性制度机制，是制定切实可行政策的必要条件（Hirschman，1970；OECD，2011）。在这方面尤其重要的是，以减轻权力失衡的方式调整参与过程的能力（COHRE/AAAS/SDC/UN-Habitat，2007），特别是对于少数族群和土著人民来说（Jackson等，2012；Jiménez等，2014）。政策的成功施行还取决于观念是否具有合法性，这要求他们在所有利益相关方中得到明确的理解和有效的传播（SEI，2013；OECD，2015），特别是在地方层面。从一开始就全面地执行规划是不常见的，可能会出现意想不到的阻力。然而，这对于克服政策执行差距至关重要，对于实现《2030年议程》目标也非常关键。

实施水方面的良治需要有积极的措施和机制，要确保对有效实施进行指导，同时对表现不佳、非法行为和滥用权力等进行制裁（Cap-Net/WaterLex/UNDP-SIWI WGF/Redica，2017）。让决策者承担责任，需要权利持有人以及代表他们的其他人有能力、有意愿、有准备，对行动和非行动进行督查。反过来，这建立在透明性、完整性和信息公开的基础之上。基于人权的方法可以在建立责任承担能力方面发挥关键作用，并符合非歧视、专业化、响应能力等价值观（图4.1）。

从跨界谈判到地方协商，成功的政策实施需要各方之间的良好合作。这些可能需要在不同的机构层面实施，并将各级政府机构、私营部门和社区组织等利益相关者包括在内。建立良好的信任，需要对话、需要时间，但这有助于公平和效率倡议的实现。

包容性的另一条途径是在全球范围内分享知识并形成联盟。每个人都可以获得的共享知识，有助于确保发展中国家和最不发达国家的人们通过拥有的可用资源来实现SDGs，特别是在水管理指导方面。在数字法律、体制和政治等方面的障碍，而不是资金或技术方面的挑战，会是扩大水资源获取的更大阻碍。

时代，全球越来越多的人可以使用移动电话和互联网，通过这些媒介提供的关于水政策最佳做法的开放公开信息，可以产生相当大的影响力，以确保不让任何一个人掉队（Bimbe等，2015）。

需要进一步关注受到排斥和不平等的根本原因：资源分配的不平等。事实上，重新分配不仅是道义和社会的愿望，而且具有良好的经济效益，有利于更快、更持久的增长（Ostry等，2014）。这强调了再分配和有利于贫困人口的措施，不仅在于帮助最贫困人口，而且对经济增长和社会健康的整体提高做出巨大贡献。尽管如此，为了确保不让任何人掉队，社会的所有领域都需要认同公平和包容的价值观，这些价值观需要渗透到更高层面的决策以及一线服务和社区工作中。

# 供水、卫生设施和个人卫生服务的经济方面

在贫民窟里，母亲和孩子沿着露天的下水道行走

世界银行 I Luis Andrés和Ye-rin Um
其他参加编写人员：Alejandro Jiménez和Pilar Avello（联合国开发计划署斯德哥尔摩国际水资源研究所水治理设施）；Carlos Carrion-Crespo和Maria Teresa Gutierrez（国际劳工组织）；和Lesley Pories（Water.org）

本章旨在促进对于国家（和地方）改善所有人（特别是弱势群体[1]）享有供水、卫生设施和个人卫生服务的政策、计划和方案的经济方面的理解。本章阐述的内容包括：①提供供水、卫生设施和个人卫生的经济分析；②评估供水、卫生设施和个人卫生服务的负担能力；③降低成本以提高可负担性；④评价补贴的作用；⑤分析针对弱势群体供水、卫生设施和个人卫生服务的筹资和融资。

# 5.1
# 引言

根据可持续发展目标，普遍获得"经安全管理的"供水、卫生设施和个人卫生服务的全球愿景，要求关注弱势群体和公平地提供供水、卫生设施和个人卫生服务。许多国家中20%财富较低人群拥有的水和卫生设施的覆盖和20%财富较高人群的相比，明显是偏低的。（WHO/UNICEF，2015b）。此外，包括土著人民和部落群体在内的弱势群体，因获得安全饮用水和卫生设施服务的机会不足而受到的影响尤为严重（ILO，2016年），各国的国家供水、卫生设施和个人卫生政策中没有明确考虑到这些群体。因此，许多行业利益相关方在讨论是否采用可持续发展目标的供水、卫生设施和个人卫生目标的过程中提出，脆弱群体的服务覆盖面将比其他服务未覆盖人群以更快的速度增长（WHO/UNICEF，2013）。有效消除不平等差距是一项重大挑战，也是《2030年可持续发展议程》进展的一项指标。

供水、卫生设施和个人卫生政策对减少不平等和提高脆弱群体的地位具有重要意义。根据一项以伦理为基础的人权论据，社会和国家有责任帮助生活在脆弱环境中的人们获得供水、卫生设施和个人卫生等基本服务。提供基本服务就是尊重人的尊严。超出这一规定性陈述，当认识到对再分配的影响时，供水、卫生设施和个人卫

---

[1] "公平地提供供水、卫生设施和个人卫生服务的成本和收益计算"这篇文章（Hutton和Andrés，2018）为本章提供了大量的基础资料。

生条款的价值变得更大。实际上，解决不富裕人群的基本需求（例如对供水、卫生设施和个人卫生的需求），可以解决不平等的根本问题。例如，供水和卫生设施条件差，可能导致腹泻和儿童发育迟缓等衰弱性疾病。此类健康问题还会导致儿童入学率下降和成年人工作时间减少，从而进一步延长贫困周期。针对供水、卫生设施和个人卫生资源获得率低且人口特别脆弱的区域，需要提供一种有效的方法来改变世代趋势，从而使所有的孩子都有更好的机会发挥他们的全部潜能。

目前影响脆弱群体供水、卫生设施和个人卫生投资差距的因素很多。一部分原因是信息不对称，家庭和社区不了解他们可能会因为享用更好的供水、卫生设施和个人卫生服务而获得的诸多益处。一部分原因是投资不足，投资不足也可能反映出传统做法和偏好的持续存在，而传统做法和偏好是由社会习俗所决定的，通常被认为是正常的或可取的。第三种可能的原因是，虽然有些家庭希望改善状况，但无法采取行动。他们可能支付不起服务费用，特别是投资的前期费用，或者他们可能会选择将有限的家庭资源用于其他优先事项。

## 5.2 弱势群体供水、卫生设施和个人卫生供给：成本—效益分析

全球成本—效益研究表明，与成本相比，供水、卫生设施和个人卫生服务可以提供良好的社会和经济回报。经济评估研究将方案的成本与其收益进行比较，以估算成本效益比或年回报率。针对全球范围的研究（Whittington等，2012；Hutton，2012a）以及针对国家层面的研究（Hutton等，2014）都有证据表明，供水、卫生设施和个人卫生支出一般情况下都有高的回报，例如，改善卫生设施的全球平均效益成本比为5.5，改善饮用水为2.0。

国家规划、优先事项确定和预算编制的核心要素是了解不同的人口群体，特别是弱势群体的相关成本和收益。然而，专门针对特定群体的证据很少；大多数研究分析展示了一般人群的成本和收益。在菲律宾，一份关于努力改善卫生设施条件的评估报告中，世界银行估计贫困人群的成本效益与富裕人群相比，相对较低，理由是给富裕人群设定的时间价值更高（World Bank，2011）。然而，当卫生设施干预措施的净现值[1]与不同收入群体的平均收入进行比较时，非常贫困人口的相对回报率是非贫困人口的5倍。南亚的一项研究表明，每种疾病发生的支出在不同财富群体中相对近似，但医疗费用在贫困家庭收入中所占的比例明显较高（Rheingans等，2012）。Jeuland等（2013）研究表明，从长远来看，与南亚和撒哈拉以南非洲地区的富裕国家相比，贫穷国家在与供水、卫生设施和个人卫生有关的死亡率方面的支出更大。因此，改善这些地区的供水、卫生设施和个人卫生服务将对全球公平产生重大影响。

当针对脆弱群体几乎无法获得供水、卫生设施和个人卫生服务的地理区域进行投资时，将最大限度地降低因腹泻病导致的儿童死亡率。世界银行的一项研究（2017b）表明，在世界六大区域[2]的发展中国家中，最贫穷

---

[1] 净现值是指未来投资收益的现值与投资金额之间的差额。
[2] 世界六大区域分别为东亚和太平洋地区、欧洲和中亚、拉丁美洲和加勒比地区、中东和北非、南亚和撒哈拉以南非洲。

的国家、最贫困的城市和农村以及次民族群体，承受了与未经改善的水和卫生设施有关疾病的最大负担。这与供水、卫生设施和健康服务（口服补液疗法和提供维生素A）的获取模式以及营养不良的患病率（根据相应年龄的身高和体重进行衡量）是相一致的。在该研究中，分析了18个国家和经济体，其农村人口供水、卫生设施和个人卫生相关疾病的绝对负担和人口调整负担都要更大。然而，城市中的贫困人口和非贫困人口之间享有供水、卫生设施和个人卫生基础设施的程度差异远远大于农村家庭。

改善脆弱群体享有的供水、卫生设施和个人卫生服务的益处，很有可能会改变成本效益分析的平衡。分析报告可以解释这些群体自我感知的社会地位和尊严方面的变化，但仍需要进一步进行研究（Hutton和Andrés，2018）。现有的一些研究表明，贫困家庭的医疗费用负担相较于富裕家庭更为沉重（World Bank，2011；Rheingans等，2012；Jeuland等，2013）。然而，很少有研究探讨享有改进后的供水、卫生设施和个人卫生服务的全部经济和社会效益，或者比较脆弱群体与普通人群[1]在面临供水、卫生设施和个人卫生服务相关障碍的不同境遇。表5.1描述了特定供水、卫生设施和个人卫生举措对于各种弱势群体（见专栏1.3）的相对影响[2]。尚需要更多数据支撑进一步的分析。

表5.1　脆弱群体从供水、卫生设施和个人卫生干预措施中获得特定利益的相对可能性

| 人群 | 健康 | 生活环境 | 便利省时 | 尊严（社会方面） | 教育产出* |
|------|------|----------|----------|------------------|-----------|
| 低于国家贫困线的人群 | ↑↑↑ | ↑↑ | ↑ | ↑↑ | ↑ |
| 贫民窟居民 | ↑↑↑ | ↑↑↑ | ↑↑ | ↑↑ | ↑ |
| 偏远和孤立人群 | ↑ | ↑ | ↑ | ↑ | ↑ |
| 少数族群 | ↑ | ↑ | ↑ | | ↑ |
| 妇女和女性户主家庭 | ↑↑ | ↑ | ↑↑ | ↑↑↑ | ↑↑ |
| 儿童 | ↑↑↑ | ↑ | ↑ | ↑↑ | ↑↑↑ |
| 老年人、病人和身体残障的人** | ↑↑↑ | ↑ | ↑↑↑ | ↑↑↑ | ↑↑*** |
| 紧急情况下 | ↑↑↑ | ↑↑↑ | ↑↑ | ↑ | ↑ |
| 难民 | ↑↑ | ↑↑ | ↑↑ | ↑ | ↑ |
| 囚犯 | ↑↑ | ↑↑ | ↑ | ↑↑ | |

\*　由于减少发育迟缓、减少因病缺勤，实现更高的入学率和学业完成率（特别是对女童而言）。

\*\*　因为设计时没有考虑方便进入的需求，行动不便的人员通常无法进入建筑物和其他设施（包括厕所），例如入口坡道、经改装的浴室或经改进的标牌（ILO，2017d）。

\*\*\*　残障儿童教育方面的收益。

注：箭头的数量用于说明每类人群预期结果的等级。

资料来源：Hutton和Andrés（2018）。

---

[1]　Jones等（2002）进行文献综述，概述了残障人士在供水、卫生设施和个人卫生获取方面面临的各种问题。一项对马拉维残障人士在供水、卫生设施和个人卫生获取方面障碍的评估研究发现，女性、来自城市地区、财富和教育程度有限等因素，可能会增加个人面临的障碍的数量和程度（White et al.，2016）。

[2]　应该指出的是，在基本卫生服务获取、工伤补偿、长期残障保险和遗属抚恤等方面，农民及其家庭得到的保护最少。

## 5.3
## 可负担性

在供水方面花费更多并不一定意味着会获得更多的水量或者更好的水质，因为这取决于水的价格、来源、使用类型、所处位置以及其他因素。

一般来说，投资供水、卫生设施和个人卫生服务，特别是针对脆弱和弱势群体，很明显在经济方面很有意义。没有向这些群体提供足够服务的原因之一，就是假设他们无力支付这些费用。然而，一般无法连接到管网系统的脆弱或弱势群体，通常为其供水服务支付更高的费用，要明显高于连接到管网系统的群体（World Bank，2017b）（见第6章）。因此，探索扩展管网系统的服务范围具有非常意义，同时还要对"可负担性"的含义提出疑问（见第1.2.3部分）。可持续发展目标6.1和6.2的核心："普遍和公平地获得安全和可负担的饮用水"以及"适当和公平的卫生设施和个人卫生"，对这一点的认识尤其重要。

"可负担性是实现供水和卫生设施人权的关键。对所有人来说，经济方面的可持续性和可负担性并非不能协调，但人权要求重新考虑当前的论证路线并重新设计现有的工具。事实上，主要的挑战是确保采取有针对性的措施和工具覆盖最依赖它们的人群。例如，收费标准的设计，必须确保考虑到接入正式公用设施的最弱势群体的急需。另外，还要确保公共财政和补贴能够惠及最边缘化和最弱势的个人和社区。这些人和社区往往还未连接到正规的管网系统，可能生活在没有任何正式名称的非正规住区，或者自给自足的偏远农村地区，在当前的政策和规划制定过程中，他们往往会被忽略或被故意忽视。"（HRC，2015，第86段）。

可负担性这一概念并非是新近提出，尽管在千年发展目标（MDG）时代就提出了各种备选方案，但是并未就其计算方法达成共识（Smets，2009，2012；Hutton，2012b；WHO/UNICEF，2017a）。对不同背景条件下的供水、卫生设施和个人卫生可负担性的分析比较有限，例如城市与农村，已与管网系统连接的家庭和尚未连接的家庭，以及各种类型水源的消费者，另外，已有文献很少涉及卫生设施和个人卫生。此外，有些方面的研究也很少，例如饮用水支出（或总的供水、卫生设施和个人卫生支出）增加，会降低可支配收入的可支出性，从而相应地减少其他非用水消费；反过来，非水支出增加也会对水（或供水、卫生设施和个人卫生）方面的开销造成挤压。而且，在水方面花费更多并不一定意味着会获得更多的水量或者更好的水质，因为这取决于水的价格、来源、使用类型、所处位置以及其他因素。在可以有效衡量之前，作为一个概念，可负担性需要被进一步定义。例如，供水或卫生设施的价格可能下降，但仍然是某些脆弱群体无法享用的。

供水和卫生设施服务的可负担性是一个重要的跨领域问题，影响着各国实现供水和卫生设施人权的能力（WHO/UNICEF，2013）。供水和卫生设施人权规定了国家和公共事业机构的义务，要规范服务的收费，并确保所有人都能负担获取基本服务的费用。饮用水和卫生设施的支出通常包括不常发生的、大额的资本投资（包括管网建设成本），以及恢复和维护等的经常性支出，这两者都需要在政府或政府间组织可能确定的任何可负担性门槛中加以考虑。对可负担性的严格评估还需要考虑人口的财富或收入，以及国家提供的供水、卫生设施和个人卫生行业补贴或其他社会转移支付。

来自关于支付意愿的研究证据表明，设置刚性基准限制，即定义了什么价格是（贫困）家庭能负担的，什么价格是（贫困）家庭负担不起的。如果能够保证供水水平符合他们的预期，家庭通常愿意支付比现行水价更高的价格。"有些家庭愿意将月收入的3%~5%（或更多）用于公用服务支出，而其他家庭则拒绝支付这么多。从这个意义上说，支付能力的阈值分析，无助于确定特定公用服务区域中有多少家庭会将成本回收价格视为继续使用经改善供水服务的障碍，也无法确定可负担价格是否足以吸引未连接到管网的家庭使用该项服务"（Komives等，2005，第45页）。

确定水资源可负担性的另一种方法，是建立一个以生活用水"篮子"的货币价值为基础的负担能力阈值。例如，该"篮子"可以提供符合可持续发展目标6.1和6.2规定的服务水平，或者可以适应国家政策或标准中规定的获取标准和质量水平。目标是使用者至少应该在"规定的"服务水平上获得水。换句话说，根据特定群体的收入水平，特定水"篮子"的规定价格对于某些用户群体来说是可负担的。评估时应考虑到，不同的用户群体以不同的价格获得不同水平的服务。确保水对某个国家的所有用户群体都是可负担的，这要求为特定目标人群提供量身定制的政策建议。

通过一个更广泛框架的使用，可以加深对可负担性的理解，该框架根据服务水平和支付能力将人口群体划分为四个主要类别。值得注意的是，这种分类应基于：①最低目标服务水平，因为当前的服务水平可能低于此阈值；②在不包括任何补贴的条件下，用户群体支付目标服务水平的能力（Hutton和Andrés，2018）。

## 5.4 提高效率，降低单位成本

**通常可以在不影响服务水平的情况下降低服务成本。**

降低服务成本，显然是提高可负担性的一种方法，但常常被忽视。这也有利于提高服务提供商的整体财务业绩，并使其更具信誉。同时，这也是调动额外融资的一个有效途径（后面几节将对此进行更多的讨论）。通常可以在不影响服务水平的情况下降低服务成本。有很多方法可以实现这一点，下面讨论5个方面的措施。效率提高所释放的财务资源，反过来可以用于加强向脆弱群体提供水、卫生设施和个人卫生服务。

首先，长期来看，技术创新和推广能大幅度地降低成本。例如，随着水处理和废水处理技术的进步，可以实现更高的效率，因为每单位处理成本下降了。此外，塑料产品不仅可作为建造厕所所需的板材，而且能用于其上部结构。塑料产品的价格下降及其性能的提高，可使厕所的建造成本更低。因此，生产商通过增加新技术的投资，可以节省生产过程中不同环节的成本。数字支付的服务平台已经在许多发达国家和发展中国家得到了应用，也有助于降低支付、收费的交易成本，特别是在难以到达的偏远地区。

其次，还可以通过加大投入和规模优化来降低单位成本。确定价格有优化空间的生产要素是降低成本的最常规方法。批量采购和利用规模经济，包括将相对固定的成本（例如管理费用）分摊到更大的生产范围中，就是很好的例子。因为确定公用事业服务区域最佳规模是相当复杂的（因为单位成本强依赖于具体情况），所以当城市或地区划分服务区时，当局需要做出基于证据的决策，其中要充分考虑成本的驱动因素。

第三，可以在提供水、卫生设施和个人卫生服务方面引入更多的竞争，由于其资本密集型投资要求，供水、卫生设施和个人卫生服务可以认为是一种自然垄断。许多市场受到高度的监管和垄断，竞争非常有限。在某些情况下，例如自来水或废水管网，替代网络与其竞争并不具有经济方面的价值。但是，可以适当放宽对更广阔市场准入的规定，让更多的生产商和供应商进入市场，增加竞争，其好处包括成本降低、产品和工艺创新，以及市场上产品品种的增多。

第四，加强管理可以提高生产效率。生产效率低下是计划不周（例如库存积压、资源利用不足）、缺乏责任制以及产品浪费和泄漏（例如无收益的水）等原因造成的。通过将现代管理实践制度化，并实施成本效益良好的干预措施，最终可以削减成本，并以较低的成本向消费者提供服务。这得益于开放市场竞争，并有助于增加激励措施。

第五，通过实施良治和提高透明度可以提高生产效率。加强对公用事业管理的治理，对于降低服务交付成本和改善组织管理也至关重要（专栏5.1）。事实证明，实施良治的正面作用（以及腐败的负面作用）会影响水务设施管理部门的效率（Estache和Kouassi，2002）（见第4章）。在解决这些问题时，水务设施管理部门应允许工人通过对话和谈判参与其中[1]。尤其是腐败，不仅是需要立即纠正的障碍，而且它会对行业急需的外部投资起到抑制作用。随着时间的推移，透明度的增加将有利于吸引来自其他行业的投资以及潜在客户的支持（如果人们对服务质量更有信心或者他们的服务质量投诉得以解决，那么他们可能更愿意准时支付水费或在第一时间连接到服务提供商）。Fonseca和Pories（2017）观察到，为了确保公平和效率，从国家政府到地方政府，预算透明在链条的所有阶段都至关重要。以金融为主题的《2017年联合国水机制环境卫生和饮用水全球分析及评估》（GLAAS）（WHO，2017b）报告，记录了政府的供水、卫生设施和个人卫生相关预算、预算在相关行业的分配以及预算与支出之间的差异，以便更好地监督政府，并督促政府对如何确定和最终实施供水、卫生设施和个人卫生优先事项负起责任。新开展的"联合国水机制环境卫生和饮用水全球分析及评估融资跟踪计划"（UN-Water GLAAS TrackFin Initiative）是另一个鼓励预算透明的例子，通过在国家或国家以下层面，以一致和可比较的方式，确定和跟踪供水、卫生设施和个人卫生部门的融资情况。截至2018年6月，在一些发展伙伴的支持下，融资追踪计划已在15个国家启动，不少国家对此表现出了兴趣（WHO，日期不详）。

## 5.5 补贴和水费设计

由于补贴将继续发挥关键作用，因此应被精心设计，并具有透明性和针对性。补贴是政府、公用事业管理部门和客户之间资金流的一部分。各国政府向地方政府实体（如州、县、半国营机构）提供财政转移支付（以

---

[1] 例如，2014年马拉维水务行业职工工会（WETUM）与现有的水务委员会签署多雇主集体协议，为针对生产力、能力建设、性别主流化和歧视、工作场所的艾滋病毒和艾滋病、腐败、水务行业政策和青年参与等问题的讨论提供了平台（Water Boards/WETUM，2014）。

**专栏5.1 萨尔瓦多：《诚信公约》提高管道更换合同的透明度**

为了在公共采购方面建立信任并提高透明度，萨尔瓦多国家供水和排水管理局（ANDA）围绕大圣萨尔瓦多地区更换水管的投标签署了3项诚信公约。《诚信公约》是"透明国际"（译者注："透明国际"是一个推动全球反腐败运动的非政府、非盈利、国际性的民间组织）开发的一种工具，形成了提供合同的政府代理机构与竞标该合同的公司之间的协议。双方在协议中声明，在协议有效期内，不存在贿赂、串通等舞弊行为。为确保各方遵守公约，《诚信公约》要求一名委托"监察员"来监督投标和执行过程、提供建议并发表公开声明。监察员的角色通常由民间社会团体承担。

萨尔瓦多国家供水和排水管理局作为委托机构，承包商作为投标方，萨尔瓦多法律适用研究基金会（FESPAD）作为监察方，共同签署《诚信公约》。联合国开发计划署斯德哥尔摩国际水资源研究所（UNDP-SIWI）水治理设施（WGF）作为国际见证人签署了该公约，并可就诚信公约的实施提供咨询意见。公约的金融方案是联合国开发计划署斯德哥尔摩国际水资源研究所水治理设施与萨尔瓦多国家供水和排水管理局之间"关于改进萨尔瓦多国家供水和排水管理局诚信管理的技术合作协定"所商定活动的一部分，该协定旨在通过采取诚信方面的措施来改进组织管理。这项工作得到了西班牙国际合作与发展机构（AECID）的支持。

2016年，在西班牙国际合作与发展机构和萨尔瓦多国家供水和排水管理局的见证下，萨尔瓦多法律适用研究基金会的投标过程评估报告[1]在一次新闻发布会上向公众发布。萨尔瓦多法律适用研究基金会的最终报告在2018年底前在新闻发布会上公布。

《诚信公约》的签署是萨尔瓦多国家供水和排水管理局实现更加开放、透明和负责任的组织管理而采取的一系列措施的重要组成部分，旨在提高资源利用效率、减少由于腐败行为造成的损失并建立信任以吸引私营部门更好的参与。这其中包括举办一系列的研讨会和活动，帮助相关组织及其工作人员了解什么是诚信所必需的、如何实现诚信、有哪些阻碍诚信充分实现的不良做法，以及为了增加萨尔瓦多国家供水和排水管理局的诚信管理可以共同做些什么。具体举措包括采用基于结果的管理方法或业绩指标对工作人员进行评价。研讨会是与cewas（瑞士一家非营利组织）合作举办，采用了一种被称为"诚信管理工具箱"的方法。

由联合国开发计划署斯德哥尔摩国际水资源研究所水治理设施提供。

---

[1] 西班牙语评估报告可通过访问以下链接获取：fespad.org.sv/wp-content/uploads/2016/06/Primer-informe-de-observaci%C3%B3nsocial-a-ANDA_etapa-1-1.pdf。

预算拨款的形式），这些实体在提供水和卫生设施服务方面发挥直接或间接作用。在更广泛的定义下，补贴也可以通过定价较低的产品或服务来隐性转移。发达国家实现普遍享有供水和卫生设施的过程清楚地表明，即使在市场占主导地位的经济体中，包括有针对性的补贴在内的国内公共财政政策也一直保留并且仍然发挥着至关重要的作用（Fonseca和Pories，2017）。因此，即使在提高效率的基础上，补贴政策仍可能对供水、卫生设施和个人卫生行业实现全民覆盖（包括脆弱群体）具有重要意义。在设计和分配补贴时，有一些要点需要考虑，以便让稀缺的公共资源能够覆盖到最需要的群体。

首先，必须谨慎选择需补贴项目的内容组成。政策制定者面临的一个共同选择：①补贴改善家庭供水、卫生设施和个人卫生的投资，以及促进社会规范和行为方面的改变。②补贴服务成本，在补贴资本投资与补贴运营和维护成本之间有着显著的区别。从历史上看，补贴在水务投资（例如基础设施投资）的融资方面发挥了重要作用，同时，每个家庭预计都有大量的运营和维护支出（Danilenko等，2014）。由于补贴通常与资本支出挂钩，而且往往侧重于相对富裕的社区，因此非贫困人口往往是旨在惠及贫困人口的补贴干预措施的受益者（Fuente等，2016）。如果脆弱群体聚居在一个可以作为补贴目标的特定地点，那么基础设施投资的补贴仍然是有意义的。与供水服务相比，卫生设施服务可能是更自然的补贴对象，因为人们支付这种服务的意愿往往较低，且广泛社会效益更高（World Bank，2002）。采用社区主导的全面卫生设施（CLTS）方法，调整补贴以刺激卫生设施需求，使市场对家庭支付意愿的增加作出反应。

其次，补贴在促进更多社区参与其中的作用，被证明是行之有效的，因为这些补贴使脆弱群体能够将资源分配给自己的优先事项。为缺失服务的人员提供透明的机制，使他们能够轻松地为基础设施项目的设计和决策过程提供必要的信息，同时，这将使他们能够与富裕人群用来影响决策的非正式的机制进行竞争。社区相关组织和用户群体的参与能带来更高的责任感和更好的成效，可以通过他们对规划、实施（例如提高认识）以及监测和评估等方面的贡献，为贫困和脆弱家庭带来更多好处（Andrés和Naithani，2013）。随着这些机制不断得到试验性应用并逐步实现主流化，它们正在成为政策工具包的一部分。

最后，水价的设定（在理想情况下，水价就是提供服务的主要资金来源），需要在几个关键目标之间取得平衡。一般而言，水价结构的设计要实现以下四个目标（World Bank，2002）：

- 成本回收。从服务提供商的角度来看，成本回收是设定水价的主要目标因素。总体而言，成本回收要求消费者承担的水价，其产生的收益理应与长期提供服务的财务成本相等。

- 经济效率。经济效率要求向消费者发送的价格信号包括他们的用水决策作用于系统其他方面以及经济方面，所带来的财务、环境、社会和其他方面的花费。在实践中，这意味着单位体积的收费，应该等于将另外1立方米的水引入城市并交付给特定客户的边际成本。高效的水价机制能产生激励作用，确保在给定的供水和卫生设施成本下，用户能获得最大可能的总收益。

- 公平性。公平性意味着水价平等地对待相似的客户，并且针对不同情况下的客户有不同的待遇。这通常意味着用户每月支付的水费与他们使用这项服务时给公用事业服务提供者带来的成本成比例。

- 可负担性。供水、卫生设施和个人卫生服务与许多其他服务的不同之处在于它被视为一项基本权利，无论成本或支付能力如何，都应该提供给用户。

设计水价结构之所以具有挑战性，正是因为这四个目标之间存在冲突，而权衡取舍是不可避免的。例如，通过私自连接提供超低价用水以实现可负担性的目标，则会与成本回收和高效用水的目标相冲突。向服务成本相对较高的人群（比如，地处偏远地区的人群）收取与其他客户相同或更低的费用，似乎并不公平。与此同时，考虑到支付能力的不同，向贫困人群收取与其他消费者相同的水价可能并不公平。如果为了达到可负担性和公平的目标，补贴需要通过水费来体现，那么发放代金券或现金可能比实行累进收费制度（IBT）更为可取。尽管累进收费制度在中低收入国家得到了广泛的实施，但目前普遍认为，由于多种因素，累进收费制度并没能有效地针对目标低收入客户提供补贴（Brocklehurst和Fuente，2016；Burger和Jansen，2014；Fuente等，2016）。首先，在大多数中低收入国家，水的价格不足以覆盖供水和卫生设施服务的全部成本，也就是说大多数消费者都得到了补贴。其次，与传统观点相反，用水量可能与收入并不正相关，这是因为贫困家庭的家庭规模可能更大。再次，低收入消费者通常比富裕消费者更有可能拥有共享系统，从而面临累进收费制度中的最高价格。最后，与所有使用补贴一样，累进收费制度仅适用于那些接入管道网络的家庭，从而将最贫困的家庭排除在外，因为这些家庭往往无法接入自来水和卫生设施服务管网（Andrés和Fuente，2017）。作为累进收费制度的替代，推荐采用统一的体积水价（即消费者按用水的体积付费，单位体积用水收取的水费相同），并对目标群体提供固定的补贴或实施退费。退费可以通过代金券或现金发放的方式进行。尽管确定目标人群的机制往往很具挑战性且成本高昂，但利用强有力的机制来确定应得到帮助的家庭或个人可能是一种可行的选择。例如，在墨西哥，能源补贴正通过一种名为Oportunidades（"机会"）的项目发放，该项目向最贫困的人群提供有条件的现金发放（Andrés和Naithani，2013）。

缺乏资金和融资机制是实现弱势群体可持续发展目标中供水、卫生设施和个人卫生目标的关键瓶颈。资金是指供水、卫生设施和个人卫生部门的财政资源，主要包括：①供水、卫生设施和个人卫生用户支付的水费和其他费用；②从中央或地方政府转移到供水、卫生设施和个人卫生部门的国内税收；③国际捐助者、慈善基金会和有兴趣支持该部门的非政府组织的赠款。与之相比，融资是供水、卫生设施和个人卫生部门从捐赠者或金融市场获得的借款，未来将以资金偿还。为了缩小脆弱群体的投资差距，资金和融资机制都有很大的改变空间。

商业融资涉及广泛的来源和条件，其中许多在一定程度上被用于发展中国家的供水、卫生设施和个人卫生行业。这类融资来自国内和国际的各种来源，例如水设备供应商、小额信贷机构、商业银行或私人和机构投资者等。这些商业融资的提供者通常愿意承担不同水平和类型的风险，这些风险有些是可以互补的。获得商业融资并不等同于将该行业私有化，因为公共和私营运营商都可以而且应该利用商业融资来满足其基础设施方面的需求。不幸的是，在新兴市场，目前其商业融资只占全球供水、卫生设施和个人卫生投资的一小部分（目前没有可用于分析的总数），但在2009—2014年，供水、卫生设施和个人卫生部门平均只吸引了所有私营部门参与的基础设施（能源、运输和供水）项目的3%

大型供水、卫生设施和个人卫生服务提供商可以使用商业融资，并通过交叉补贴间接地扶持弱势群体。

## 5.6
## 资金和融资：调动商业投资

（Goksu等，2017）。

对于处境脆弱的家庭而言，一个共同的瓶颈是缺乏可用于支付前期资本成本的资金，另外，虽然小额信贷正在增多，但仍然很少。为了支付资本成本，许多家庭愿意申请可偿还的贷款，这笔贷款可以在以后的几年内还清。Ikeda和Arney（2015）强调了小额信贷在解决供水和卫生设施资金缺口方面发挥的潜在作用。但是，在将小额信贷扩大到脆弱群体方面仍然存在许多障碍，包括农村地区无法获得服务，特别是那些远离商业中心的地区。此外，供水相关（特别是卫生设施）基础设施的资本成本可能不被认为是获得贷款的一个合格或可行的目的，即使它们是，利率也可能很高，且脆弱家庭很可能缺少能够用于申请抵押贷款的抵押品。

小额信贷有一些成功案例。一些积极举措成功地使脆弱群体解决了上述障碍并获得小额信贷。此外，来自世界各地的供水、卫生设施和个人卫生小额信贷项目的还款数据证明，贫困人口不仅愿意通过贷款获得资金来实现其供水、卫生设施和个人卫生需求，而且一直在偿还这些贷款（Water.org，2018）。一个著名的例子是孟加拉国的Grameen银行，该银行已经成功地为农村人口，特别是女性提供可负担的供水、卫生设施和个人卫生贷款（Khandker等，1995）。另一个例子是在越南，那里的许多妇女工会通过循环基金帮助家庭投资建设他们的厕所（Kolsky等，2010）。供应商还为水泵、水表和太阳能水泵等提供小额信贷。这些例子（包括专栏5.2）表明，如果金融行为者学会将"贫困人群"内部的许多深层特征视为尚未开发的市场加以利用，那么迎合特定需求和价格点的定制商品和服务就会出现，并将改变低收入群体解决供水、卫生设施和个人卫生问题的方式。

## 专栏5.2　降低风险：鼓励供水、卫生设施和个人卫生小额贷款的利用和规模

Water.org的WaterCredit initiative®合作伙伴与当地金融机构合作，帮助他们设计、营销和监测针对低收入家庭成功获得供水、卫生设施和个人卫生贷款。在这个模型中，经过仔细审查的金融机构获得小额拨款，结合支付市场评估、相关研究和成本设计以及供水、卫生设施和个人卫生培训和监测等综合措施，目的是从根本上消除该新产品的失败成本。然后，金融机构通过其传统的资金发放渠道向符合其资格标准的低收入客户提供这些贷款。该举措旨在消除金融机构不愿试点此类贷款的风险，并鼓励他们在见证其成功时最终将贷款纳入整体贷款组合的主流。

截至2018年6月，WaterCredit initiative已在12个国家的合作伙伴投资了2170万美元。这些合作伙伴支付了9.83亿美元，向低收入家庭发放了290万美元供水、卫生设施和个人卫生贷款，最终使1200多万人能负担得起并满足其供水、卫生设施和个人卫生需求。此外，还款率高于95%。在监测这些贷款的产出时，Water.org不是对每一个独立厕所或供水连接进行验证，而是采用合适的样本量，以反映市场导向系统的现实情况。

Water.org正在使其合作伙伴渠道多样化，调整WaterCredit模型，以支持供水、卫生设施和个人卫生供应链沿线的农村和城市公用事业服务提供者和行为者，并利用新兴的数字金融技术降低提供这些贷款的运营交易成本，从而降低最终借款人的成本。

由Water.org提供。

如果小规模的本地供水、卫生设施和个人卫生服务提供商非常重要，那么就需要具备某些特定的商业环境特征。这可能包括：①允许中小规模企业（SMEs）管理预融资的金融产品；②有业务支持部门帮助中小规模企业办理借款和满足水务部门许可要求所需的手续；③为资本市场创造有利的环境；④高效的水务服务部门为投资者提供具有竞争力的服务，例如现场勘测、钻井和部件采购等（World Bank，2016b）。

大型供水、卫生设施和个人卫生服务提供商可以使用商业融资，并通过交叉补贴间接地支持弱势群体。这些服务提供商通常覆盖大范围的服务区域，其中既有富裕群体，又有脆弱群体。在这种情况下，定价机制可能允许人口群体之间的交叉补贴，使用统一补贴的体积水价。如果服务提供商具有良好信誉，具有强大的技术和良好的财务状况、健全的管理结构和可靠的业务战略和计划的特征，并且位于金融市场健全的国家，则可以通过商业融资引入额外资源。贷款或债券收益可用于扩大服务范围并提高所有人口群体的服务水平。在理想情况下，未获得补贴的客户所支付的水费应足以偿还商业贷款的本金和利息。在某些情况下，国内税收和赠款等其他资金来源可能会补充水费收入。

设计完善的政府和社会资本合作（PPPs）可以改善脆弱群体的供水、卫生设施和个人卫生服务获取。政府和社会资本合作是基础设施交付的一种法律架构，它通常利用商业金融。由于缺乏融资渠道，针对特定脆弱群体的供水、卫生设施和个人卫生的政府和社会资本合作项目可能无法实施，但可以努力保护和促进脆弱群体在更广泛人群服务的项目中的代表性。例如，在可行性研究阶段，可以分门别类地收集数据，以进一步了解各种人口群体不同的需求、能力和关注点。可以审查管理政府和社会资本合作的法律框架，以确保在脆弱环境下不存在针对特定群体的偏见。此外，可以在私营部门的实施项目中增加对某些脆弱群体的特殊考虑。例如，加纳的一个政府和社会资本合作项目中，设计和施工的条款最低要求为男性和女性分别提供单独的厕所，以及设置满足女性需求的处置单元（世界银行，2016c）。

"涌入"供水、卫生设施和个人卫生行业的私人投资需要对传统投资者的思维方式进行重大改变。供水、卫生设施和个人卫生行业的专家反复强调吸引民间金融的必要性，并呼吁战略性地利用发展援助资金，作为更大规模的私人投资的一个保障。混合融资显示出强大的前景，但为了真正解决资金缺口，所有参与者必须愿意接受其传统操作程序之外的角色和方法。具体而言，对混合融资方案产出的监测，需要灵活性以及对私营部门所要求的效率程度的认识，还需要承认和接受私人投资本身无法为大多数目标人口提供服务这一事实。如专栏5.3所示，混合融资方法需要将发展融资、私人融资和政府补贴进行复杂组合，以确保惠及所有目标群体，并且不让任何人掉队。

> 混合融资显示出强大的前景，但为了真正解决资金缺口，所有参与者必须愿意接受其传统操作程序之外的角色和方法。

### 专栏5.3　肯尼亚：利用混合融资改善供水服务

肯尼亚国家发展计划力求到2030年所有人都享有基本的供水和卫生设施服务。肯尼亚政府自2002年开始实施公用事业改革后，决定动员商业融资，以帮助缩小供水相关基础设施投资的融资缺口。

2007—2017年，世界银行集团和国际发展合作伙伴通过一系列措施为肯尼亚提供了支持。这些措施包括帮助提高供水服务提供商的财务和运营业绩、支持资信评估以及试点融资举措，重点为低收入家庭提供经改善的供水和卫生服务。由世界银行集团信托基金多边捐助支持的技术援助，包括公共—私营基础设施咨询基金（PPIAF）、全球产出援助伙伴关系（GPOBA）以及供水及卫生设施计划（WSP），为借款方和贷款方提供了便利。欧盟的支持和美国国际开发署（USAID）的信贷担保为国内贷款方提供了部分风险担保，为进一步扩大服务提供了帮助。

截至2018年，已完成了约50笔交易，其中私人资本筹集了超过2500万美元。通过全球产出援助伙伴关系提供的2100万美元的产出援助赠款，鼓励对低收入地区的投资，使得水服务提供商能够获得向低收入地区提供水服务的商业资金。这些产出援助项目已经为超过30万人提供了用水，预计至2019年12月最后一个项目结束时，还将有20万人受益。

资料来源：World Bank（2018）。

## 5.7 结论

总而言之，投资供水、卫生设施和个人卫生服务的社会和经济回报是显著的。在资源有限的情况下，最合理的做法是，投资几乎无法获得供水、卫生设施和个人卫生服务的脆弱群体所在的地区。在这些地方，可以实现具有长期影响的巨大效益。例如，如果能够降低儿童腹泻病的患病率和减少随之而来的死亡率，这将会改变下一代人的经济前景。如果要实行补贴，与供水行业相比，对卫生设施行业的补贴将产生更大的影响。卫生设施条件的改善具有深远的意义，但是人们更愿意为饮用水支付费用，而不是为改善卫生设施埋单。总体而言，供水、卫生设施和个人卫生服务也将受益于那些被视为有利于私营部门的相同原则：竞争、对消费者支付服务的意愿和能力（包括质疑穷人无法支付的普遍假设）进行严格分析以及在适用的情况下利用新技术。

为解决供水、卫生设施和个人卫生行业的投资缺口，各机构必须在规划阶段进行协调，并认真考虑优先事项。决策者在投资决策过程中需要考虑诸多因素。优先次序相互冲突的问题在基础设施决策中尤其严重，这些决策往往涉及大笔投资、技术锁定和长期维护承诺等因素。规划当局需要根据公共资金和从用户那里收取的水费来确定可以实现的服务水平，进而据此编制方案。如果财政资源受到相当大的限制，那么在短期或中期内不可能实现"经安全管理的"服务的所有要素。规划当局还将面临一些艰难的抉择，比如是分拨资金将现有的基本服务升级为经安全管理的基本服务，还是向无法享有供水、卫生设施和个人卫生的社区提供基本服务（World Bank，2017b）。相关机构之间的协调和适当的预算分配，对于确保项目执行与既定的优先事项保持一致性至关重要。

改善向脆弱群体提供服务的激励措施可能源于决策过程的透明度和责

任制。在决定向投资和管理分配财政资源时，政府官员会受到激励机制的指导。许多国家的实例表明，如果民间社会能获取相关信息并参与协商，就可以实现更高的透明度，并且各级政府决策者会更直接地考虑到利益相关者的需求，其中就包括脆弱群体。改善脆弱群体供水、卫生设施和个人卫生服务获取状况，通常可以通过交叉补贴来实现。通过交叉补贴，富裕的用户可以帮助那些负担不起的人群支付服务费用。当考虑了利益相关者的利益并讨论了他们的选择时，他们更有可能同意作出改变，即使那些改变可能在短期内影响他们。因此，透明度、信息获取以及利益相关者的参与对于确保脆弱群体获取供水、卫生设施和个人卫生服务至关重要（World Bank，2013）。

鉴于贫困群体和脆弱群体的性质并不相同，供水、卫生设施和个人卫生政策需要区分不同的群体，并为每个群体准备具体的行动方案。切合实际地确定脆弱群体行使安全饮用水和卫生设施人权所需的最低服务水平是很重要的。这项政策需要通过服务定价机制、融资战略和实施计划等支持，以确保针对脆弱群体的服务水平是可负担且可持续的。鉴于资源稀缺，政府应鼓励服务提供商提高效率，既降低成本（从而使服务更便宜），又改善其财务业绩（从而有机会获得新的、商业的融资来源）。该政策的成功将取决于目标机制的有效性、补贴的可利用性以及国内金融市场的实力等因素。虽然有许多案例实证了公共行动能提高供水相关服务的可负担性，但需要对其成功、不足以及决定它们是否发挥作用的条件进行更多的评价。

# 6

# 城市、城市化和
# 非正规居住区

一座高层建筑物上的贫民窟倒影（巴西里约热内卢）

联合国人居署　Graham Alabaster
参与编写者：Jenny Grönwall（联合国开发计划署—斯德哥尔摩国际水资源研究所水治理设施）

本章重点关注发生在快速城市化的现阶段以及在城市和城市周边地区，人们最深切感受到的许多供水和卫生设施服务获取方面不公平的事实。因此，本章涉及居住在任何规模的城市群中且拥有的服务水平明显低于其居住的整个行政区平均水平的人。

# 6.1
# 确定谁在城市环境中掉队

令人担忧的是，在目前用于估计服务覆盖率的方法中，在脆弱环境下，未获得服务和服务不足的城市居民所占比例较大且未被计算在内（"低于雷达预警值"）。在许多普通城市区域，包括大城市的周边地区（含城市内贫民窟和低收入地区）、二级城市的中心区域、小城镇和大型村庄（其中有很大比例的城市人口居住），这种情况很明显。

城郊地区，虽然通常包括城市劳动力的住宅区，但由于其居民在许多情况下不缴纳税款且他们的住房租赁安置也是非正规经济的一部分（UN-Habitat，2003），因此往往不被包括在服务计划中。根据《经济、社会及文化权利国际公约》，这是不可接受的，因为"任何家庭都不应因其住房或土地状况而被剥夺用水权利"[CESCR，2002b，第16（c）段]。在这些环境中，富裕人群在许多情况下以低价享受高水平（通常是非常高水平）的服务，而穷困人群则为获得类似或较低质量的服务支付更高的价格。例如，在撒哈拉以南非洲城市，如内罗毕，中产阶级社区的供水价格远远低于毗邻的贫民窟的价格（Crow和Odaba，2009）。正规服务提供者的行政效率就是这样，水价低得离谱，甚至不能涵盖生产成本。在这种情况下，薄弱的公用事业常常不能对用水征收正常水费，从而进入了成本回收不足、运营和维护投入少、服务水平低下的恶性循环（UNDESA，2007）。生活在非正规居住区的居民往往不得不支付更高的水费，通常是他们富裕邻居支付价格的10倍或20倍（UNDP，

> 低收入居民可以获得的基本服务水平往往远远不能令人满意，并且成本远高于同一城市其他区域的居民。

## 6.2
## 监测服务不平等的挑战

2006）。穷困人群最终为获得富裕人群几乎免费获得的东西，付出了沉重的代价。

许多规模较小的城市中心城市设施较次，没有集中的管道网络系统，或者管道网络系统可能仅覆盖城市、城镇的一小部分。这种有限的系统可能由地方市政部门亏本运行，因此对私人公用事业企业来说是一个糟糕的投资选择（Bhattacharya和Banerjee，2015）。较富裕的人群常常依靠地下水资源，通常是以个人或家庭为单元进行取水（Healy等，2018）。有许多的私人钻井无法监管。除了对环境的影响之外，通常还会引发不公平现象，而最弱势群体和最脆弱群体也会错失获取的机会。由于缺乏有效的卫生设施，缺乏维护良好的水网和供水现场服务的状况将进一步加剧。许多设计不良或位置不佳的现场系统会迅速污染地表水和地下水，而糟糕的固体废物管理会导致排水系统堵塞和洪灾发生（Vilane和Dlamini，2016）。低收入居民可以获得的基础服务水平往往非常令人不满，并且成本远高于同一城市其他地区的居民。在内罗毕市，大多数贫民窟居民支付的水费比正常的城市公用事业收费要高10~25倍（Migiro和Mis，2014；Ng'ethe，2018）。卫生设施服务常常是共享的或维护不善的，并且少与下水道系统连接。固体废物收集和垃圾处理常常根本不存在，废物主要通过捡垃圾和非正规回收的方式被处理。与电网的连接通常是非法的，并且极度危险。

为了在适当水平上开展差异化服务，了解城市化过程和导致不公平现象的诸多因素至关重要（见第5章）。

"城市"与"农村"的定义可能相当难以区分[1]。这些术语通常用于技术目的，并不一定与规模、人口密度或治理结构等有任何关系。大多数国家的统计数据在按农村和城市分类时，都使用了这种不精确的定义。因此，当进行国家层面数据汇总时，很少有合适的模式，也不可能将一个国家的数据与另一个国家的数据进行比较（见序言的图7、图10和图13）。例如，许多小城镇虽然被归类为农村，但在人口密度和服务提供模式方面显示出城市的特征。许多这类"农村城镇"的增长速度前所未有，例如，撒哈拉以南非洲地区城市群的年增长率超过5%（UN-Habitat，2005年）。不同治理结构（即使在同一地理区域）的存在增加了这种复杂性，因此在依据国家层面统计数据进行政策决策时，还需要更加谨慎。在城市地区，城市间的服务水平差异可能是考虑整体服务水平的更好指标。

未能理解城市环境复杂性的问题尤为严重，因为汇总的国家层面信息，甚至城市层面的数据，都可能掩盖最低服务水平和城市内部差异。一些问题存在于某些城市环境的"非正式状态"，因此被排除在"官方"统计数据之外。而其他问题则来自家庭调查过程中用于更完善的、监测活动的抽样框架，如世界卫生组织—联合国儿童基金会的联合监测计划（WHO/UNICEF，2017a）。联合国人居署（UN-Habitat）的城市不平等

---

[1] 《2017年联合国世界水发展报告》（WWAP，2017，第51页）表5.1提供了与废水和可持续城市排水问题相关的城市类型的概述。

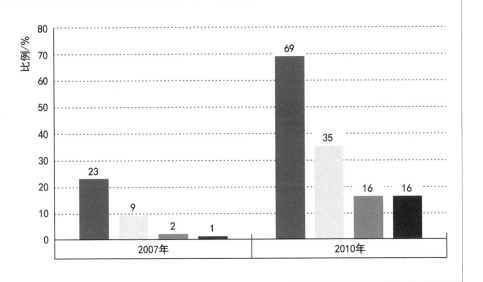

图6.1 考虑其他标准，获得经改善的饮用水：2007年和2010年乌干达Kyotera镇议会案例

■ 得到改善的饮用水源*

□ 得到改善的、足量的饮用水

■ 得到改善的、足量的、可负担的饮用水

■ 得到改善的、足量的、可负担的、方便获取的饮用水

*WHO/UNICEF联合监测计划定义。

资料来源：Alabaster（2015）。

调查（UIS）（UN-Habitat，2006）就是这样一种调查方法，旨在突出服务提供过程中的这些不公平现象。图6.1清楚地显示了在乌干达一个小城镇中心，聚焦水问题的城市不平等调查影响。该图显示了在水、卫生设施和个人卫生干预之前和之后的服务覆盖情况。最大覆盖率数据来自各年份已公布的联合监测计划（JMP）数据，其相关数据以人口和健康调查（WHO/UNICEF，2010）数据为基础。通过应用一些其他标准，数据得到了进一步分析，超出了联合监测计划对"改善"的定义[1]。城市不平等调查增加的标准（当时联合监测计划定义中没有考虑到这些）包括以下更严格（但仍然合理）的标准：

- 花费不应超过家庭收入的10%；
- 可用水量应不低于每人每天20升；
- 采集最少水量所需的时间不应超过1小时。

如果考虑这些条件（较小的城市中心常常不能满足这些条件），则影响则是巨大的，2007年的覆盖率从23%降至1%，而2010年则从69%降至16%。

严峻的现实是，乌干达Kyotera镇等小型城市中心是维多利亚湖流域250多个较小城市区域的典型代表，其服务水平明显低于全球监测计划所报告的数据（Alabaster，2015）。这种全面监测工作的费用当然是令人望而却步的，但非洲和其他地区的许多较小的城市居住区也可能存在同样的不公平现象。这个例子清楚地说明了分类数据的重要性，以及那些掉队的人群如何在汇总的国家统计数据中"遗失"了。

一些城市贫困居民使用自给自足的地下水，代表了另一种情况，即某些群体仍然"隐形"，因此更有可能会"掉队"（专栏6.1）。

---

[1] 根据2010年WHO/UNICEF联合监测计划报告（WHO/UNICEF，2010），经"改善"的饮用水源，包括建筑物内的自来水（位于用户住所、空地或院子内的管道式家庭用水连接；公共水龙头或立管；管井或钻孔；受保护的挖井；受保护的泉水；收集的雨水等）。出于监测目的，使用经改善的饮用水源等同于获得安全的饮用水，但实际上并非所有经"改善"的水源都能提供"安全"的饮用水。

**专栏6.1 城市贫困居民的自给自足系统和地下水依赖性**

虽然水的社区服务正在超越简单的水源分类，即"经改善的"或"未经改善的"，并且朝着根据《2030年议程》为所有人提供服务的方向努力，但很明显，一些国家无法向所有人提供规范的自来水供应服务。这种现象部分与城市化趋势有关，在这种趋势中，快速、无计划或缺乏管理的扩张导致了发展收益的蔓延和不平等分享（Grönwall，2016）。

在低收入城市居住区，有数亿人依靠水井和钻孔井作为其生活用水的主要或备用来源（Grönwall等，2010）。这些地下水源至关重要，因为它们为家庭开发和维护低成本自给自足系统提供了机会，但人们对使用点水处理的认识却大大落后。

支持良好水治理、与水相关人权和《2030年议程》的范例，将自给自足供水的家庭归类为"服务不足"，但在家庭与供水公共系统建立连接之前，这些范例并不能提供一个全面适用的答案，即在这个假定的过渡阶段，谁应承担责任（Grönwall，2016）。

这样的分类使得一些城市规划者和决策者避免向这些群体分配（地表）水源，因为他们的相关权利并未明确地被列入议程。隐含的理由是自给自足系统，特别是浅井、大口井，并不能提供安全的水，而且几乎不能或不应该做什么来保护或改善它们，因为它们本质上是一个过渡阶段，需要通过自来水系统的持续扩张来替代。

另一个问题是对总体统计数据和不敏感指标的依赖，例如通常用于划分家庭主要饮用水水源的指标。这些指标可能有助于掩盖数百万低收入城市居民面临的现实，并最终导致他们被改善服务提供计划遗漏。例如，在阿克拉边缘的多多瓦低收入乡镇进行的家庭调查结论表明，那里依赖挖井的居民数量几乎是该区域其他地区人口普查数据报告平均数量的两倍（Grönwall，2016）。因此，他们对自家水井或邻居水井地下水的直接依赖是"看不见的"，污水对含水层本身的潜在影响也是如此。

# 6.3
# 非正规居住区的信息提供和数据收集

社区主导的信息记录和提供帮助非正规居住区的居民与政府进行谈判，并产生新的认知，使他们的关键利益和所面临的挑战更加为人所知（Satterthwaite，2012）。

世界上许多最贫困和处境最不利的人群都没有得到承认或被统计在内，因为他们没有物理意义的住址（Patel和Baptist，2012）。例如，在撒哈拉以南非洲地区，接近60%的城市人口生活在低收入条件下，这个说法已经被接受（UN-Habitat/IHS-Erasmus University Rotterdam，2018）。这些人不被认为是正式系统的一部分，最重要的是他们在获得基本服务方面存在困难。将非正式居住区纳入调查统计的情况各不相同。例如，他们不被包括在人口统计和健康调查（或者DHS，其为联合监测计划数据的主要来源）范围中，但他们被包含在人口普查范围中。

如果要充分理解不公平现象，则必须对数据进行适当的空间参考分析，因为在数据统计汇总过程中，处于最不利状况的人群常常会被"隐藏"。监测是一项昂贵的业务，尽管到目前还没有量化，可以理解，许多政府可能会对可持续发展目标进程中监测和报告的成本感到担忧。毫无疑问，必须付出更多努力来促进监测数据发挥作用，包括改进资源管理和协助制定政策和辅助决策。国家统计官员使用的大多数调查工具都试图通过代表性抽样来估算贫民窟人口，但实际上与贫民窟监测有关的许多困难仍然存在。

## 6.4 综合城市规划和社区参与

人们经常呼吁采取更加综合的方法为城市贫困群体提供基本的供水和卫生设施服务。在这方面，面向更具韧性和可持续发展社区的风险告知体系建设也很重要，因为贫困群体或生活在非正规居住区的人群更容易受到灾害的影响。这在正规管理的城市和城镇中是可行的，但是在大城市或小城市中心的低收入地区，尽管社区参与机会有所增加，但综合性的规划往往被忽视。下面的专栏6.2给出了综合基础设施项目效益的一个重要例子。Kibera的特殊情况凸显了社区在规划过程以及设施管理过程中充分参与所发挥的额外作用。这种规划不是按照传统方式，就像设计新城市一样进行的，而是更多地通过修改现有服务（在这种情况下不仅涉及水和卫生设施）来适应社区偏好（UN-Habitat，2014）。

## 6.5 高密度低收入城市居住区的服务费用

选择水和卫生设施服务的关键因素之一就是人均成本。尽管资本成本似乎是选择过程中主要指标之一，但运营成本并不总是被考虑到。许多低资本成本技术却具有高运营成本。例如，坑式厕所的资本成本可能较低，但相关的清理和处置成本却很高。

服务区域的人口密度可以极大地影响成本，虽然现场技术的单位成本保持不变，但随着人口密度的增加，网络系统的人均成本会显著下降（见表6.1）。例如，在农村地区，入户自来水的人均成本是密集城市居住区同一服务成本的30多倍。在提供低成本污水处理系统方面，差距也非常

---

**专栏6.2　肯尼亚贫民窟改造项目：在内罗毕基贝拉Soweto东部地区提供综合基础设施**

肯尼亚贫民窟改造项目于2003年启动，是肯尼亚政府致力于更密切关注改善贫民窟居民生活承诺的体现。在项目实施过程中，在基贝拉所属的13个村庄开展了一系列调查。"定居执行委员会"（SEC）组织了与社区的广泛磋商，该委员会帮助制定了项目逐步升级的规划。然后，开展了试点项目，将供水和卫生设施建设作为Soweto东部贫民窟改造的切入点。此外，探索了改善村庄联络道路的新想法，然后促进开展了该工作。重要的是，新开发项目与居民的生活方式相符，而不是强加给他们，这是非常关键的。

"定居执行委员会"与社区利益相关者协商了很长时间，来确定最佳选择，最重要的是，讨论了具体的实施计划方案。这是一项特殊的挑战，因为基贝拉的土地资源非常宝贵，新的设施建设需要一些居民搬迁。

施工进行了18个月。到2008年，当第一卫生设施区块的一部分完工时，Soweto东部的村庄开始了新的生活，并展示了超出预期的变化。例如，令大家欣喜的是，来自排泄物的气味已经明显减少。

在很短的时间内，这条道路已成为当地公共开放空间的首选，白天和夜晚都会看到很多活动。白天，商人们在新的道路有序经营，夜间居民们在新的城镇广场上享受社交活动的乐趣。

我们可以看到Soweto东部主干道的畅通无阻为社区带来了新的面貌。它使这一地区重新焕发活力，最重要的是改善了Soweto东部居民的生活质量。2018年，除了一个原有的厕所堵塞外，其他厕所都能正常使用。肯尼亚政府已经在其他地方复制了道路利用的概念。他们还通过将其与青年就业计划联系起来，进行了扩展。

虽然这是一个单一的试点项目，但它为未来贫民窟升级改造提供了借鉴。已被证明的是在家庭内外创造良好的生活空间可以大大提高生活水平。最重要的是，它表明了社区参与的重要性。通过这一过程，一个专门的、多学科的和多机构的项目团队学到了许多宝贵的经验。鉴于发展中国家城市化加速带来的挑战，如上所述的经验非常重要。

资料来源：UN-Habitat（2014）。

表6.1　按人口密度划分的基础设施提供的资本成本（按人均美元计算）

| 基础设施类型 | 大城市 | | | | | | 二级城市 | 农村腹地 | 深度农村 |
|---|---|---|---|---|---|---|---|---|---|
| 人口密度/（人/km²） | 30 000 | 20 000 | 10 000 | 5 008 | 3 026 | 1 455 | 1 247 | 38 | 13 |
| 供水设施 | | | | | | | | | |
| 入户自来水 | 104.2 | 124.0 | 168.7 | 231.8 | 293.6 | 416.4 | 448.5 | 1 825.2 | 3 156.2 |
| 竖立水管 | 31.0 | 36.3 | 48.5 | 65.6 | 82.4 | 115.7 | 124.5 | 267.6 | 267.6 |
| 钻孔井 | 21.1 | 21.1 | 21.1 | 21.1 | 21.1 | 21.1 | 21.1 | 53.0 | 159.7 |
| 手动水泵 | 8.3 | 8.3 | 8.3 | 8.3 | 8.3 | 8.3 | 8.3 | 16.7 | 50.4 |
| 卫生设施 | | | | | | | | | |
| 化粪池 | 125.0 | 125.0 | 125.0 | 125.0 | 125.0 | 125.0 | 125.0 | 125.0 | 125.0 |
| 经改善的厕所 | 57.0 | 57.0 | 57.0 | 57.0 | 57.0 | 57.0 | 57.0 | 57.0 | 57.0 |
| 未经改善的厕所 | 39.0 | 39.0 | 39.0 | 39.0 | 39.0 | 39.0 | 39.0 | 39.0 | 39.0 |

资料来源：改编自Foster和Briceño-Garmendia（2010，表5.6，第131页）。© 世界银行 openknowledge.worldbank.org/handle/10986/2692。根据知识共享许可协议（CC BY 3.0 IGO）使用。

明显：在每平方公里密度超过30000人的条件下，网络化的下水道比现场系统更便宜（Foster和Briceño-Garmendia，2010）。下水道的干线设施可供所有人使用，但对于贫困人群来说，连接的成本往往超出他们的支付能力。

## 6.6 地方层面吸引可持续投资

**责任制和透明度是促进良好财务管理的基本治理属性。**

地方一级薄弱的体制结构常常被认为是无法吸引投资的根本原因（见第4章和第5章）。这既适用于捐助者资助，也适用于国内私人和公共融资来源。在过去，城市发展项目通常由国家政府担保的贷款提供资金。这种融资多服务于首都和省会城市，而小城市则往往被忽视。这其中的理由是小城市无法有效地协调和管理财务，且缺乏组织能力。

腐败困扰着城市地区的许多机构。责任制和透明度是促进良好财务管理的基本治理属性。如果成本回收能被有效管理，那么城市发展项目将更有可能取得成功。

投资前期工作可以为利用多边开发银行和双边捐助者的资源提供更多机会。许多获得开发银行资助的项目（包括赠款和贷款），其准备期可以通过干预措施予以加强，使投资在长期更具可持续性（UN-Habitat，2011）。这些活动包括：

- 为服务提供者准备业务发展计划；
- 开展项目设计基础评估；
- 制定影响监测框架；
- 能力建设，以提高服务贷款和维持资本投资的公用事业能力；
- 参与式方法，以确保弱势群体或脆弱状态群体的参与。

其中许多方法都为准备外来投资的相关组织工作提供了巨大的潜能。这对于次级主权贷款尤其重要（UN-Habitat，2011）。

在能力建设方面，参与式方法可以突出项目发展重点，并确保更有效地定位受益者。其中一个例子是小型自来水公司的快速通道能力建设，可以增加营业收入、支付运营和维护支出（IWA/UN-Habitat，2011）。

# 6.7
## 城市供水、卫生设施和个人卫生设施融资

# 6.8
## 集中式与分散式城市供水和卫生设施系统的对比

---

人口密度常常是基础设施选择及确定使用网络系统还是提供场外设施的决定因素。

开发银行通常提供重要的资源和专业知识，以增强政府规划和实施农村、城市和城郊水和卫生设施建设计划的能力。实施贷款和偿还贷款融资的能力，取决于机构的能力及其稳定性。融资趋势主要集中在主权贷款，但随着机构改革和权力下放，服务提供者也在考虑次主权贷款。在许多较大的城市地区，公用事业单位有能力偿还贷款，但在未来几十年将占据主要增长的较小城市居住区，偿还贷款的能力很小，因为这种条件下不能发挥规模经济的益处。在较小的快速发展的城市中心，有必要提供灵活的融资和赠款、贷款方案（见第5章）。混合的技术和服务水平可以在同一个城市群中共存，但随着城市人口密集化和低收入地区经济条件的改善，需要仔细规划和逐步升级。

城市地区卫生和废水管理的传统方法往往倾向于大规模的集中收集和处理。这需要大量的前期投资。为了能够实现成本回收，必须连接足够多数量的用户。对贫困人群而言，连接成本往往令人望而却步。如6.5节所述，人口密度常常是基础设施选择及确定使用网络系统还是提供场外设施的决定因素。实际上，大城市中心和农村居民点之间的城市地区需要采用混合方式。密度太低可能导致无法满足覆盖家庭连接成本的要求，并且不足以允许使用常规设计的系统。Mara和Alabaster（2008）提出了一种新的范例，用于连接城郊低收入地区和大型村庄的家庭群体（而非个体家庭），以降低投资成本，同时仍为最贫困人群提供良好的服务水平。

虽然供水系统有时可以通过较小型的、易于管理的网络提供更好的服务，但废水和污泥管理的挑战往往更为复杂。其主要原因是用户不愿意支付卫生设施服务费用。虽然已经有许多尝试使用回收资源来部分抵消服务提供成本的案例（WWAP，2017），但是，与所有"废物"一样，如果需要运输，其运输成本会抵消所获得的收益。从这个角度来看，分散式污水处理系统（DEWATS）的方法正变得越来越流行。这样不仅大幅降低投资成本，而且会降低运营成本。使用分散式污水处理系统还意味着可以减少废水的运输。例如，常常可以避免泵送，并且可以使用低成本的污水处理技术。

在有效地收集和处理废水的基础上，根据处理后废水的价值，还可以为当地农作物灌溉、鱼类养殖的再利用带来市场（WWAP，2017）。如果系统易于操作和维护，它们通常可以由相对不熟练的劳动力管理，有时由社区团体管理。

典型的分散式污水处理系统如图6.2所示。通常情况下，采用简单的单元工艺组合，其中大部分不需要外部电源。虽然大规模集中式系统更具成本效益优势，但当城市扩张对土地利用造成巨大压力时，分散式污水处理系统还具有以下优点：它们可以方便地连接到网络，也可以很容易地被拆除。在低收入人群面临废水和粪便污泥直接污染供水的风险时，它们尤其适用。

一个主要挑战是土地供应。在人口密集的低收入人群聚居区，土地是稀缺资源，而占地建设处理设施往往是很困难的。在这种情况下，最好是利用低成本的污水管道，将废水输送到居住点周边地区。

图6.2 典型的分散式污水处理系统

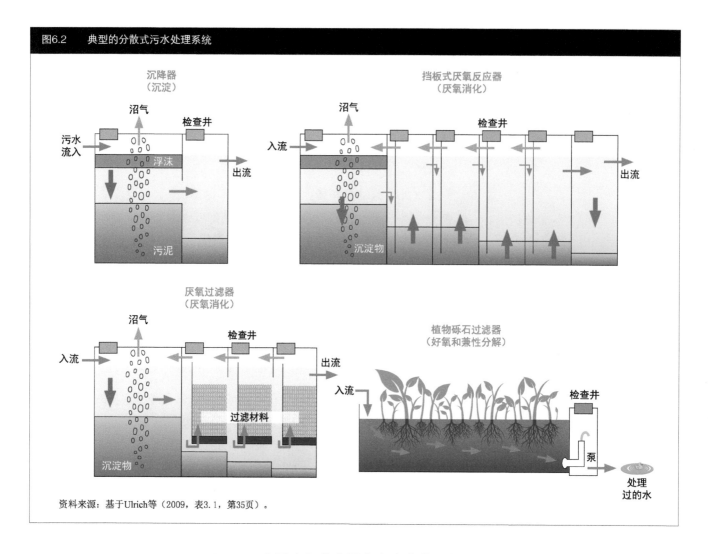

资料来源：基于Ulrich等（2009，表3.1，第35页）。

## 6.9 结论和政策建议

贫民窟和非贫民窟家庭在获得供水和卫生设施方面存在巨大的不平等。快速的城市化，加上地方当局对实际的开发和投资控制不足，意味着在众多的小城市中心还将持续出现贫民窟地区。必须准确判断贫民窟的发展趋势，并将其纳入供水和卫生基础设施的规划中。特别是在制定城市发展和布局规划时，应明确地包含贫民窟升级改造供水和卫生设施服务的战略。需要开发新的监测方法，以便更好地体现城市内部的差异。

在大多数城市，卫生基础设施的提供要远远落后于供水基础设施的提供，但贫民窟地区最贫困的居民所受影响最大。这种卫生设施的短板可能在许多方面削弱改善供水的好处，对环境卫生和公共健康造成严重后果。在供水显著改善的地方，需要有相应的卫生设施投资相匹配。必须采取新颖的商业模式和战略，争取财政和政治的强有力支持，以弥合日益扩大的供水与卫生设施供应之间的差距，使城市卫生设施成为对地方政府和企业具有吸引力、有较好成本效益比的投资选择。这将需要适当的混合融资方法和强化的地方政府管理体系。

主要用于收集和储存人类排泄物的现场卫生设施技术在城市地区仍然被广泛采用，特别是在贫民窟地区。这些现场设施给贫困家庭带来了沉重的经济和社会负担。

城市卫生设施监测战略需要从单一监测模式向系统监测模式转变。这意味着城市卫生设施的改善不仅要通过城市范围的"现场设施的安装数量"来在提供服务时非正规居住区被排除在外的根本原因之一，就是他们所占土地的合法使用权、占用权问题。

衡量，还要通过"具备收集、运输、处理和安全处置、再利用人类排泄物等功能的现场设施的安装数量"来衡量。这样，可以实现卫生设施系统的主要功能（即保护人类健康和改善环境质量）。在制定监测框架时，特别是在未来几十年内，卫生设施产品的使用将在城市地区获得突出的地位，因为在世界范围内，正在促进所谓生态卫生设施技术和废水、人类排泄物的利用。

通过管网进入住宅的水仍然很少，尽管这些设施有可能降低儿童腹泻风险，并减轻妇女和儿童的取水负担。在小型城市中心，需要对与家庭住宅单元或供水点连接的自来水系统进行大量投资，以减少腹泻病发病和减轻妇女、儿童的取水负担。为保证饮用水的质量，必须进一步加强家庭用水管理、最大限度地减少再污染，特别是在家庭普遍依赖其他经改善水源的地区。这必须与使用点的水质监测相结合。

在调整与供水（数量、时间和成本）和卫生设施（距离、清洁、洗手和安全）有关的附加指标后，获得经改善供水和卫生设施服务的城市家庭比例大幅下降（UN-Habitat，2006年）。其中一些标准虽然在早期联合监测计划的报告中未被考虑过，但目前被认为具有高度相关性，已经在联合监测计划新方法中得到了反映，并应用于可持续发展目标的制定（WHO/UNICEF，2017a）。此外，在2010年，联合国大会通过第64/292号决议（UNGA，2010年），明确承认水和卫生设施的人权，并承认洁净的饮用水和卫生设施对于实现所有人权至关重要。这为加强和改进监测创造了新的机遇，必须在国家法律法规中逐步得到承认。在可获得数据的情况下，对供水的监测应基于系统、综合的指标体系，指标包括水的物理和经济方面的可获取性（取水的时间、距离和取水的总体费用）、水量（家庭用水合适的总量）、水质（未被污染的水）和水的可靠性（供水过程不间断）等。在可获得数据的情况下，对卫生设施提供的监测应基于系统的、综合的、针对公共厕所的指标体系，包括使用（距离、清洁和安全）、个人卫生（洗手设施）、清空、处理和处置、再利用等。人们充分认识到，收集关于建立综合监测框架的上述关键指标的质量数据，对于发展中国家的国家统计局来说可能是一项极其昂贵且技术上难以实现的过程。以现有地方结构（包括供水和卫生设施委员会及民间组织）为基础的创新数据收集系统，利用与地理信息系统或类似平台同步的电信应用，建立用户友好的数据门户网站，提供新的、潜在可负担的机会。这些数据收集系统的实施必须根据资源的可利用性，逐步纳入指标。

新的范例建议为城郊低收入地区和大型村庄的家庭团体（而非个体家庭）提供服务，降低投资成本，同时为最贫困人群提供良好的服务水平，并承诺以逐步提高的方式来确保最贫穷的人群不会掉队（Mara和Alabaster，2008）。

人口密度这一关键因素将极大地影响低收入城市地区供水和卫生系统的资金和运营成本。分散式污水处理系统的使用很可能促成实现网络化系统的使用，而不像以前只考虑现场系统。

在提供服务时非正规居住区被排除在外的根本原因之一，就是他们所占土地的合法使用权、占用权问题。为了解决这个问题，除了机构认可之外，还需要制定法律和政策，将保有权状态与服务提供分开。

# 农村贫困

刚果民主共和国Nyalungana沼泽复垦工程，妇女们走在田地里

联合国粮食及农业组织 | Patricia Mejías-Moreno和Helle Munk Ravnborg

其他参加编写人员：Olcay Ünver，Benjamin Davis，Maya Takagi，Daniela Kalikoski，

Giorgia Prati和Jacqueline Ann Demeranville（联合国粮食及农业组织）

本章审视农村贫困与水之间的联系，重点是在雨养农业系统中，补充灌溉对缓解小规模农业经营者贫穷和确保国家和地方层面粮食安全所起的作用。

# 7.1
# 引言：三个悖论——更好地理解农村贫困与水资源之间的矛盾

在世界范围内，矛盾在农村地区激增。对其中三方面矛盾的研究，为全世界农村地区数百万贫困人口实现水安全的努力提供了重要指导。

*矛盾1：提供了大部分的食物，但仍然贫穷和饥饿*

全世界80%以上的农场都是小于20000m²的家庭农场（HLPE，2013；FAO，2014）。在全球范围内，小规模家庭农场经营的耕地面积约占世界耕地面积的12%，而在低收入和中低收入经济体内，他们经营的耕地面积约占总耕地面积的1/3（FAO，2014）。据估计，在非洲占地面积为20000m²及以下的农场占农场总数的75%，占农田总面积的24%（HLPE，2013）。小规模家庭农场成为了国家粮食供应的支柱，在许多国家占全国农业产量的一半以上[1]（FAO，2014）。

然而，贫困、饥饿和粮食不安全等问题在农村地区最普遍（FAO/IFAD/WFP，2015a）。极端贫困家庭的生计和粮食安全可能更依赖于农业和自然资源，农村地区15岁以上76%的极端贫困人口和60%的中等贫困人口主要从事农业方面的工作（Castaneda Aguilar等，2016）。农业方面的工作高度依赖水（WWAP，2016），获得灌溉用

---

[1] 在孟加拉国、玻利维亚、肯尼亚、尼泊尔、尼加拉瓜、坦桑尼亚和越南等典型国家中，小型家庭农场提供了农业总产量的一半以上，在肯尼亚，这一比例高达70%。

水是土地生产力的一个主要决定因素，因为灌溉耕地的产量是雨养耕地的两倍（Rapsomanikis，2015）。

大约3/4（74%）的极端贫困[1]人口生活在农村地区（FAO，2017b），农村贫困人口中的绝大多数是小规模农业从业者，他们同时遭受着食品不安全和营养不良的困扰。

2017年，全球有8.21亿人长期处于食品无保障和营养不良状态，超过2016年的8.04亿人。非洲仍然是营养不良发生率最高的大陆，占总人口的21%（超过2.56亿人）。女性与男性相比，营养不良的比例更高。冲突、气候变化和极端天气等因素使减贫和粮食安全面临更大挑战。在那些农业系统对降雨、温度变化和严重干旱高度敏感，而且大部分人口的生计依赖农业的国家，发生饥荒的风险明显更大。2015—2016年发生的强厄尔尼诺事件影响了许多国家，导致严重干旱，造成全球营养不良人数增加。例如，厄尔尼诺引发的干旱导致干旱走廊的农作物减产50%~90%，特别是在萨尔瓦多、洪都拉斯和危地马拉等国（FAO/IFAD/UNICEF/WFP/WHO，2018）。

由于种族、民族和性别等原因，农村地区的极端贫困人口还遭受着社会排斥和歧视（De la O Campos等，2018）。土著人民在世界贫困人口中所占比例严重失调（见3.2.4节），在农村极端贫困人口中约占1/3（UNDESA，2009）。在全球范围内，女性生活在极端贫困环境中的可能性比男性高4%（UN Women，2018）。农村地区妇女获得包括水在内的生产资料的途径比男性少（FAO，2011）。

*矛盾2：对农村地区水资源基础设施投入了大量资金，而农村贫困人口却无法获得水*

在世界上大约70%的最不发达国家中，超过90%的淡水提取发生在农村地区，主要用于农作物灌溉（AQUASTAT，日期不详）。提取的水中，大部分被转入食物和织物，其中大部分在其他地方被用于加工和消费，无论是在城市地区还是在世界其他地方。

在全球范围内，已经在农村地区投资了数十亿美元用于水基础设施建设，其中大部分用于灌溉设施建设和能源生产（Zarf等，2015；Crow-Miller等，2017）。灌溉可以通过提高劳动力和土地的产出，带来更高的收入和更低的粮食价格，从而有助于减少贫困（Faurès and Santini，2009）。然而，由于水资源相关的基础设施投资往往高度集中在生产力最高的地区，其他地区的大多数农村贫困人口并没有从类似的投资和基础设施建设中获益，这阻碍了他们获得农业用水、饮用水和家庭用水。

大多数使用未经改善的饮用水水源和缺乏基本卫生设施服务的人生活在农村地区。在2015年，有1.59亿人使用地表水（溪流、湖泊、河流或灌溉渠道水等），其中1.47亿人生活在农村地区，而超过一半生活在撒哈拉以南非洲地区，那里10%的人口仍然饮用未经处理的地表水。使用地表水还意味着农村地区的贫困人群，特别是妇女和女童，花费大量时间用于取

---

**土著人民在世界贫困人口中所占比例严重失调，在农村极端贫困人口中约占1/3。**

---

[1] 国际极端贫困的贫困线为每日1.90美元2011年购买力平价（PPP）。

水（见2.1.2节）。在拥有经安全管理的卫生设施的人口中，有3/5的人口生活在城市地区（约17亿人），而在农村地区，这一比例降至2/5（约12亿人）（WHO/UNICEF，2017a）。

*矛盾3：小规模农业从业者是水的效益发挥者，却往往被忽视*

获得用于农业生产的水，即使只是作为作物用水的补充，也能使农业由仅仅作为生存的手段转变为可靠的生计来源，从而使其作用发生极大的转变。在当前气候变化的背景下，这种重要性更加凸显，因为降雨过程越来越不稳定，也越来越难以预测。在世界各地，数以百万计的小规模家庭农场从业者找到了获取、储存和运送水资源进行作物灌溉的办法，以弥补干旱期间的水资源短缺，或在干旱季节保障粮食供应。然而，尽管通常情况下他们的水资源和土地资源的产出较高（Comprehensive Assessment of Water Management in Agriculture，2007），在保障国家粮食安全中具有至关重要的作用，小规模农业从业者既不会在规范用水权分配中受到关注，也不会在分配用于灌溉基础设施的建设和运行的公共补贴中受到关注。

## 7.2 新的挑战

### 7.2.1 在农村地区获得安全和可负担的饮用水

在农村地区，特别是低收入和中等收入国家的妇女和儿童，数百万人花费大量时间从未经安全管理的水源地取水。当水源枯竭时，他们还常常面临着家庭用水和生产用水（例如灌溉作物或饲养家畜）竞争有限资源的情况。

获得安全饮用水和卫生设施改善被作为多维贫困指数的诸多指标之一[1]。尽管近几十年来在改善饮用水获得方面取得了进展，但世界各地仍有数百万农村人口面临着取水任务繁重和水量、水质不可靠的困境，这是由于水资源基础设施分布过于稀疏、无法确保全面覆盖。此外，国家和次国家一级的体制能力，包括国内资源调动和资金拨付，都无法满足已建成的水基础设施的运行维护需求。然而，这方面的资金需求可能要远远超过已有资金水平。严重的结构性的不平等，不仅存在于农村和城市地区之间，而且存在于农村范围内[2]（WHO/UNICEF，2017b）。

在通常情况下，经济财富和技能以及种族和性别等的差异会导致权力失衡，进而影响政治、技术和法律等方面的决策。因此，新涌现的实验证据（例如来自拉丁美洲和加勒比地区）表明，在许多国家的农村地区之间，经改善的饮用水的获得机会有很大差异。农村地区还存在

---

[1] 例如，由"牛津贫困与人类发展倡议"制定的"全球多维贫困指数"。有关更多信息，请参见 ophi.org.uk/multidimensional-poverty-index/。
[2] 获得饮用水服务方面不平等的数据也越来越多地来自诸如"多指标集群调查"（MICS）等全国性大规模调查（WHO/UNICEF，日期不详）。来自孟加拉国的"多指标集群调查2013"就是一个例子（BBS/UNICEF Bangladesh，2014）。

其他不平等（例如，按种族划分），土著人民家庭比非土著人民家庭更难享受到经安全管理的饮用水服务（WHO/UNICEF，2016）。越南、尼加拉瓜、玻利维亚和赞比亚等国农村地区的调查数据表明，非贫困家庭与贫困家庭相比，不仅更有可能享用公共资金资助的生活供水基础设施，也更有可能就近享用这些基础设施（Cossio Rojas和Soto Montaño，2011，Huong等，2011；Mweemba等，2011；Paz Mena等，2011；Funder，2012）。并且，非贫困家庭更有可能在旱季从这类基础设施中获益，进行农作物浇灌和牲畜用水，从而对贫困邻居造成损害，影响其家庭获得水的机会[1]（Funder等，2012；Ravnborg和Jensen，2012）。

尽管有公共计划层面的规定，要求提供的水只能用于家庭用途，但违反这些规定带来的潜在经济收益往往超过惩罚的风险。大量研究表明，特别是在农村地区，很难将生活用水和生产用水进行非常明确的区分（HLPE，2015），相反，应该将水视为一种多用途的资源进行管理。因此，水基础设施的开发建设，如果不能在旱季提供足够的水来满足各个家庭的使用需求，甚至不能满足最低限度的生产用水，则很容易加剧而不是减少社会经济的不平等（Araujo等，2008；Gómez和Ravnborg，2011；Funder等，2012；Hellum等，2015）。

### 7.2.2　气候变化背景下的农业用水

气候变化对农村地区产生的主要影响将通过对供水、粮食安全和农业收入的影响来体现。在一些地区，由于气温和降雨量发生变化，而且灌溉用水发生变化，农业生产很可能发生改变。气候变化将对农村地区贫困人群的福祉产生严重影响，包括以女性为户主的家庭，以及那些难以获得现代化的农业投入、基础设施和教育的家庭（IPCC，2014）。

降雨的不稳定性和不可预测性的增加，以及更频繁和持续时间更长的干旱和洪水，将促进对农业用水管理的重视。这一点在干旱地区更加突出，该地区极端的气候变化，而非总降雨量，是限制农业产量的关键因素（Rockström等，2007）。

小规模家庭农场的水资源管理，需要兼顾雨养农业和灌溉农业。全球约80%的农田是雨养的，世界60%的粮食是在雨养农田上生产的。土壤管理是雨养和灌溉农业的基本要素。管理良好的土壤能够吸收和保持水分，并对暴雨引发的侵蚀有更好的恢复力。土壤管理可减少土壤水分蒸发，这已被证明是其他策略（例如雨养农业系统）在干旱期间灌溉的补充（Comprehensive Assessment of Water Management in Agriculture，2007；Rockstrom等，2007）。

来自世界各地不同地区的研究表明，对雨养农业系统进行补充灌溉，不仅可以保障作物的存活，而且每公顷小麦、高粱和玉米等作物的雨养

**气候变化将对农村地区贫困人群的福祉产生严重影响。**

---

[1] 有关这方面的证据也可参见赞比亚和尼加拉瓜的视频报告，www.thewaterchannel.tv/media-gallery/810-media-8-competing-for-water-when-more-water-leads-to-conflict和www.thewaterchannel.tv/media-gallery/839-media-2-competing-for-water-the-challenge-of-local-water-governance。

农业产量也能增加两倍或三倍（Oweis和Hachum，2003；Rockström等，2007；HLPE，2015）。研究还表明，在几个影响农业产量的基本因素当中，水的生产效率最高（Comprehensive Assessment of Water Management in Agriculture，2007），补充灌溉系统可能比全灌溉系统的效率更高（Oweis和Hachum，2003）。因此在消除贫穷和饥饿、减少不平等和提高资源生产力等方面，提高小规模农业从业者补充灌溉能力能发挥很大作用。

加强小规模农业从业者在粮食短缺期间向其农作物提供水的能力，也需要必要的基础设施，用于将水输送给作物，以及采摘、收割或储存农作物。正式承认他们有这样的权利也是很重要的。

在世界上许多地方，经过多代人的努力，农民已经逐步建成了非正规的灌溉系统。现有的技术可以被利用并且正在不断被改进（专栏7.1）。这些系统包括从利用塑料瓶盛水浇灌幼苗的简单滴灌系统，到高架水桶中的水通过管道和滴灌带一直被输送到作物的较复杂系统，

**专栏7.1 促使小型灌溉系统适应中非和西非的气候变化**

联合国粮食及农业组织（FAO）与国际农业发展基金（IFAD）以及国家伙伴合作，正在执行"促使小型灌溉系统适应中非和西非的气候变化"项目，其目的是改善整个地区小规模灌溉系统的可持续性和适应性。该项目的目标是提供工具，促进利益相关者参与到水资源管理过程中，协助政策制定者、小规模农业从业者等能针对小规模灌溉系统做出气候变化适应战略方面的正确决策。

该项目正在科特迪瓦、冈比亚、马里和尼日尔等国实施，并对21个灌溉点的小规模农业项目进行了气候韧性评估。

研究人员调查收集了691个家庭的相关信息。这些家庭的主要生活来源是农业，对他们来说，降雨仍然是作物的主要水源。农民们注意到，过去10年的降水特征发生了变化。由于降雨减少导致的水资源短缺、雨季开始较晚以及洪水和干旱等极端事件的发生等原因，影响了农民的粮食生产能力。事实上：

- 45%的人经历了农作物歉收现象增多；
- 38%的人经历了他们的农业收入下降；
- 17%的人发现灌溉可用水量减少；
- 13%的家庭至少有一个亲戚被迫迁移。

气候变化和极端事件对发展构成了挑战，已经确定了需要为西非和中非地区的农民进行保障的关键方面，以便通过以下方式提高他们适应气候变化的能力：

- 增加投资，建立融资机制，以便为他们提供设备、可持续能源和小规模灌溉技术；
- 改善灌溉和节水措施，增加水资源可利用量；
- 增加农业以外的收入来源；
- 提高灌溉土地土壤肥力，避免土壤退化；
- 增强获取信息和知识的能力；
- 更好地进入和联系当地市场。

资料来源：FAO（即将出版）。

**专栏7.2　萨赫勒地区的100万个蓄水池**

在萨赫勒，气候变化加剧了降雨的不规律性和极端天气事件(包括干旱和洪水)的发生。对最贫困的农村家庭来说，后果可能是毁灭性的，他们难以应对这些冲击，并感受到自己的脆弱性进一步加剧。有效和可持续地管理水资源，比以往任何时候都更加成为提高脆弱社区抗灾韧性的优先事项。

"萨赫勒地区的100万个蓄水池"的目的是促进为脆弱社区，特别是妇女，引入雨水收集和储存系统，方便她们的生活。其目标是使萨赫勒地区的数百万人能够获得安全的饮用水，并有剩余的水量可用于提高他们的家庭农业生产，改善他们的粮食和营养安全状况，并增强他们的抗灾韧性。除了确保在旱季获得清洁的水外，该方案还通过提供有偿工作的方式，促进社区参与蓄水池的建设。当地社区居民在接受蓄水池建设、使用和维护方面的培训后，便有资格从事民用建筑工程和基础设施维护工作，以实现收入多样化和住房条件改善。

它的灵感来自"零饥饿"计划在巴西实施的"100万个蓄水池方案"。

资料来源：FAO（2018b）。

再到水源位于山谷底部而耕作土地位于高地的组织上更为复杂的灌溉体系，这种体系可能还需要结合太阳能抽水机、踏板抽水机或柴油水泵等设备的使用（例如Comprehensive Assessment of Water Management in Agriculture，2007）。

在气候变化背景下，为农村贫困人口开辟与水资源管理相关的新机会，将需要增加对水资源基础设施［例如集水（专栏7.2）或灌溉］的投资转变为改善作物种植和水资源管理的咨询服务、规划和实施干旱应对计划。这些行动加上获得社会保护的更好机会，包括社会保障计划（养老金和保险）以及更有针对性的社会援助方案，可以更好地提高贫困小规模农业从业者及其家庭的经济收入和生产能力。此外，还需要新的方式来解决通常适度的资本需求，以在农场一级进行必要的投资。在互联网迅速普及的背景下，甚至在农村地区，也可以结合传统的广播、书面和面对面等交流方式，这不仅为利用技术信息平台，而且将农民（群体）与遥远但有组织的消费者和投资者群体联系起来（例如，通过众筹平台），开辟了新机会。不让任何人掉队，需要不断地向这类平台提供援助，以确保青年和处境不利的男性、女性能够利用这些平台并从中受益。

**水资源压力可导致农业产量下降，并直接和间接地影响迁徙模式。**

### 7.2.3　农村迁徙

流动是农村社会的普遍现象。传统上，农村家庭将迁徙作为一项管理风险、生计多样化和适应不断变化环境的战略手段。据估计，大约40%的国际汇款被汇至农村地区，这表明国际移民中很大一部分来自农村社区（IFAD，2017）。大约85%的国际难民由发展中国家收容，其中至少有

1/3（撒哈拉以南非洲超过80%）在农村地区（FAO，2018a），这进一步凸显了移徙和被迫流离失所对农村和农业的影响。

农村迁徙与农村的结构性因素密切相关，这些因素往往是农村环境的特征，包括贫穷、粮食不安全和获得收入的机会较少，以及缺乏就业机会和体面的工作条件。城乡间的不平等可能进一步促使人们迁移到城市地区，寻找更好的工作和生活条件，包括获得更好的教育、医疗服务和社会保障等。越来越多的证据表明，由于过度消耗、环境退化和气候变化等因素的综合作用，水资源等自然资源的枯竭可能是移民的主要驱动力（FAO/GWP/Oregon State University，2018）。气候变化带来的威胁加剧可能会给农业和农村地区带来巨大的负面影响，尤其是对生活在贫困中的人们，这种威胁越来越被视为流离失所以及潜在的巨大迁徙流的驱动因素（Stapleton等，2017；FAO，2018a；Rigaud等，2018）。水资源压力可导致农业产量下降，并直接和间接地影响迁移模式。

移民对来源国、过境国和目的地国农村地区的影响各不相同，根据不同的背景，移民对农村的影响可能是积极的，也可能是消极的，背景条件不同影响也随之不同。在原籍农村地区，劳动年龄人口的迁徙，将影响劳动力的供应和剩余人口的组成。与此同时，农村向外移民可以减轻对自然资源的压力，促进更有效的劳动力分配，从而使农业收入提高。对于中低收入过境国的农村地区来说，移民和长期被迫流离失所的群体对地方当局提供的公共服务构成挑战，同时对水等自然资源造成越来越大的压力。

迁徙可以是应对水资源压力的诸多适应策略之一。它可以通过金融汇款为原籍地区的农业和农村发展做出贡献，这些汇款可以帮助克服信贷和保险的缺乏，并促进对适应气候变化生计的投资。例如，在斯里兰卡，农村汇款接收户往往比非移民家庭更容易获得农业投入和更好的设备（如管井和水泵等）（FAO，2018a）。迁徙还可以扩大知识和技能的传播，促进接受社区和派遣社区更可持续地利用自然资源。

不让任何人掉队需要作出努力，使农村地区的人民能够选择继续居住在他们生活的地方，而不是由于无法维持生计而被迫搬迁。为迁徙提供替代办法，包括建立更强大的农村社区，使其更能承受水资源压力和其他环境和非环境风险，以及投资于地方的多样化和促进政策的一致性和协调性。为了应对移民带来的挑战并利用移民带来的机遇，将需要在综合考虑水与移民关系的基础上，制定移民和农村发展的综合政策，增加对移民来源国、过境国和接收国社区的支持，以增强对水相关脆弱性的抵御韧性。

泰国稻田

**尽管水基础设施建设项目通常会带来广泛的社会收益，尤其是在改善电力供应方面，但灌溉面积扩张等其他收益往往主要惠及较大的农业企业。**

### 7.2.4　隐性的小规模灌溉：处理水权和投资

　　世界上只有少数小规模灌溉用水户拥有合法的水权[1]（Ravnborg，2016）。从历史上看，小规模灌溉往往不在官方统计之内（例如，Comprehensive Assessment of Water Management in Agriculture，2007；Kodamaya，2009），直到最近，从灌溉用水实践中学习到的经验才被应用到农业普查设计中[2]，从而开始对小规模灌溉提供更全面的概览。此外，许多小规模用水户不愿意登记他们的用水情况，因为担心会被征收用水费用。然而，这种"隐形"的小规模灌溉可能会把小规模用水户的水安全置于危险之中。因为随着可利用水资源的使用逐渐被农业企业、工业和其他主要用户所接受，许多国家都推出了法律认可的水权制度（Hodgson，2004；2016；Van Koppen等，2004；2007；2014；Pedersen和Ravnborg，2006；HLPE，2013；2015；Ravnborg，2015；2016；Van Eeden等，2016），作为正在进行的水资源改革的一部分。

---

[1] 根据国家的不同，这种正式的水权可以是霍奇森所说的"传统的"，如基于土地的正式水权；或"现代的"，如基于行政或许可的正式水权（Hodgson，2016）。

[2] 作为"世界农业普查计划"的一部分。如需进一步了解，请访问www.fao.org/world-census-agriculture/en/。

现阶段似乎出现了大规模水资源开发项目的（再）激增，如蓄水和跨流域调水基础设施的建设（如Molle等，2009；Crow-Miller等，2017），往往有多方面的效益目标，包括发电和发展农业等。这些基础设施的建设，大多发生在低收入和中等收入国家（Zarf等，2015；Crow-Miller 等，2017），在这些国家，小规模用户的水安全往往面临风险。如果整个规划和执行过程的公共透明度受到限制，这些风险可能会升级。尽管水基础设施建设项目通常会带来广泛的社会收益，尤其是在改善电力供应方面，但灌溉面积扩张等其他收益往往主要惠及较大的农业企业。由于持续获益的群体（例如建筑行业、灌溉面积得以扩大的受益群体、可获取更便宜电力的群体等）和那些支付费用的群体（如农民、牧民和其他失去土地和水资源获得渠道的群体，以及纳税人等）之间的利益不匹配，经常使许多此类投资存在政治方面的争议，更不用说环境成本方面的争议。

不让任何人掉队，需要努力在农村地区保障安全、平等地获取水资源，并为未来水相关投资提供机会，还需要继续努力增加小规模用户灌溉用水需求的可见性，以及更大程度地认可他们对国家粮食安全的贡献。向大规模用户分配水，不论是用于灌溉或其他目的，都不应以牺牲小规模农民的合法需要为代价，不论他们是否有能力证明其用水权利。当前主流的以资源为导向的方法，其基本原则是水资源使用权分配给最有效率和最大的用户，这种方法必须与以用户为导向、以用途为导向的方法结合使用、互相补充，在地域基础上为所有用户分配相同的优先级，而不论用水量的多少，预期用途是什么（如食品安全等）以及水发挥效益方面的考虑等因素。这符合国际上已经承认的一些公约和原则，包括2004年的自愿遵守准则，支持在国家粮食安全的前提下逐步实现粮食充足供给的权利（FAO，2005）和2010年联合国承认的水和卫生设施人权（UNGA，2010）。

对于涉及到公共资源的投资（无论是金融投资还是其他投资），需要高水平的透明度和民主监控才能最大限度地获得这些投资带来的公共效益。未来的水资源基础设施投资计划应以人为本，并结合大规模和小规模的干预措施（Faurès和Santini，2009）。此外，国家和区域的发展方案应特别重视对小规模农业的支持。

## 7.2.5　水质：持续增加的关注

无论是低收入国家还是高收入国家，在农村地区，水质问题都日益受到关注。

在许多国家，目前水污染最大的来源是农业，而在世界范围内，地下水含水层中发现的最常见的化学污染物是来自农业的硝酸盐。农药在水和食物链中积累，对人类产生不良影响，导致了某些广谱和持久性污染的农药（如DDT和许多有机磷酸酯类农药）被广泛禁止。但仍有一些此类杀虫剂在贫困国家被使用，造成当地居民的身体健康受到急性或慢性的影响（FAO/IWMI，2018）。这将农民和农业工人置于暴露风险之中，而他们通常属于人口中较贫困的群体[1]。实际上，这些化学物质或其衍生物质可能通过田间径流，以及在溪流或河流附近准备或清洗喷涂设备，而入渗地下水或进入地表水体，这引起专家、政府和农村居民越来越多的关注（UNDP，2011b；HLPE，2015）。

河流对生态系统健康起着重要作用。许多生活在贫困和水基础设施不足地区的群体（主要是妇女和女童）依靠河流和小溪清洗衣物。孩子们在河里和小溪里游泳，牛在河里喝水。因此，农业、采矿和工业产生的化学污染不仅给生态系统带来风险，而且给人类健康带来风险不管是通过直接的家庭饮水，还是通过作物灌溉和牲畜用水（Turral等，2011；UNDP，2011b；HLPE，2015）。所以，最贫困的农村人口依靠地表水或未经改善的水源来生活，例如浅水井和未受保护的泉水，在获得安全用水方面有掉队的危险。居住在大量使用农药地区附近或下游的农业劳动者也面临类似的风险。

在农村地区，经改善的水源和经安全管理的卫生设施普及率较低（WHO/UNICEF，2017b），这导致农村人口比他们的城市邻居更容易受到粪便污染。举个例子，厄瓜多尔2016年的数据显示，15%城市人口的饮用水源暴露于大肠杆菌污染，而32%的农村人口暴露于大肠杆菌污染（INEC，日期不详）。然而不幸的是，使用经改善水源提供的水并不能保证水不受粪便污染（WHO/UNICEF，2017b）。（在许多情况下）全球和国家层面，缺乏家庭用途的水中存在有毒化学品的数据，不论这些水是由经改善水源还是地表水直接供应。

## 7.3
## 促进有利于贫困人口的多部门协调政策

农业生产将继续在农村社会转型和发展，特别是在消除极端贫困方面发挥关键作用。如上文所述，对水资源和农业方面的任何干预都必须考虑改善农村地区最贫穷和处境最脆弱群体的生计，确保粮食安全、饮用水和卫生设施服务的获取。然而，农业发展本身并不足以消除农村贫困，农业部门的相关人员需要与其他发展主体共同携手合作。

与水资源相关的生态系统，包括湿地、河流、含水层和湖泊等，对确保饮用水、粮食、能源和气候适应能力等方面的商品和服务至关重要。水资源等自然资源以及生态系统服务是所有农业系统的基础。保护生态系统的干预措施，还可以通过保障农村贫困人口的生计以及增强他们对气候变化的适应能力使其获益。将农业政策和环境政策更好地结合起来，是实现可持续发展的先决条件。要取得成功，这种融合需要把农村贫困人口放在首位。

农业、水资源和更广泛的可持续发展方案也需要与确保平等和社会安全的其他措施相结合。例如，社会保护方案可以与旨在改善农业生产和农

---

[1] 具有象征意义的案例包括尼加拉瓜和中美洲其他地区的甘蔗工人（Ravnborg，2013）。

村基础设施发展的行动结合起来，以确保在促进经济增长的同时减少贫穷和饥饿，尤其可以在最贫穷的社区中进行。据估计，为了在2030年之前消除饥饿，在2016—2030年，全球每年需要增加农业投资2650亿美元，其中410亿美元应用于社会保护以惠及农村地区最贫困的人口；1980亿美元用于生产性和包容性生计计划，其中包括水相关内容（FAO/IFAD/WFP，2015b）。

# 难民和被迫流离失所的危机

约旦扎塔利（Zaatari）难民营

联合国难民署 | Murray Burt和Ryan Schweitzer

参与编写者：Eva Mach，Daria Mokhnacheva和Antonio Torres（国际移民组织）；Léo Heller（安全饮用水和卫生设施人权特别报告员）；Alejandro Jiménez（联合国开发计划署斯德哥尔摩国际水资源研究所水治理设施）；Maria Teresa Gutierrez（国际劳工组织）；Amanda Loefen和Rakia Turner（WaterLex）；Dominic de Waal（世界银行）和土耳其水研究所（SUEN）

本章重点介绍形成难民的主要驱动因素，包括武装冲突和迫害以及灾害和气候变化，还描述了向难民和国内流离失所者提供安全饮用水和卫生服务的挑战和可能的应对措施选择。

# 8.1
# 难民和被迫流离失所：一个全球性的挑战

世界正在经历有记录以来最大规模的难民迁徙。截至2017年底，全球因冲突、迫害或侵犯人权等原因而被迫流离失所的人数达到前所未有的6850万人（UNHCR，2018a）。此外，每年平均有2530万人因突发灾害而流离失所（IDMC，2018），随着气候变化的不利影响，这一趋势可能会继续下去。与大型项目和大型活动相关的基础设施建设也导致了受影响人口的非自愿重新安置（Picciotto，2013）。

离开家园的难民和国内流离失所者属于最脆弱和处境最不利的群体，由于他们的种族、宗教、性别、年龄、种姓、阶级、身体或精神状况以及其他条件等各种因素，他们经常面临获得基本供水和卫生设施服务的障碍。流离失所影响着人们的安全和保障、财产、健康和福利、教育和就业机会、性别关系、营养和粮食安全、社会网络、家庭关系和流离失所者的法律权利等各方面。本章使用的几个关键术语的定义见专栏8.1。

## 8.1.1　因战争和迫害而流离失所

在因武装冲突或迫害而流离失所者中，有4000万人是境内流离失所者，他们被迫在自己的国家内流离失所，而2540万难民越过国际边界以获得食物，310万寻求庇护者等待他们的难民地位被确定（UNHCR，2018a）。此外，据估计，有1000多万人被剥夺了国籍和基本权利，例如水、卫生设施、教育、医疗保健、就业和行动自由

**专栏8.1 关键术语的定义**

被迫流离失所，是指人们被迫或不得已离开家园或惯常居住的地方，特别是为了避免武装冲突的影响以及广义暴力、侵犯人权或自然、人为灾害等情况发生（CHR，1998）。

难民是由于迫害、战争或暴力等原因而被迫离开自己的国家的人。难民有充分的理由担忧因种族、宗教、国籍、政治观点或属于某一特定社会群体等原因而受到迫害。难民身份依据各种国际协定得到承认。有些人会被认为是属于某个群体或者是有"初步的认定"，而另一些人则在获得难民身份之前需要接受个人调查。1951年的《公约》（UN，1951）和1967年的《议定书》（UN，1967）提供了对难民的完整法律定义。2017年底接收难民最多的五个国家依次为土耳其、巴基斯坦、乌干达、黎巴嫩和伊朗（UNHCR，2018a）。

寻求庇护者是指在自己国家以外的其他国家寻求庇护，并等待确认其身份的人。与庇护有关的法律程序复杂多变，这对统计、衡量和了解寻求庇护的人口是一项挑战。当庇护申请成功后，此人将获得难民身份。

境内流离失所者是为了避免武装冲突的影响以及广义暴力、侵犯人权或自然或人为灾害等情况发生而被迫逃离家园的人，并且他们没有越过国际公认的国家边界（CHR，1998）。与难民不同，国内流离失所者不受国际法保护，也没有资格获得许多种类的援助，因为他们在法律意义上受到本国政府的保护。在2017年，国内流离失所者最多的三个国家（按降序排列）是哥伦比亚、叙利亚和刚果（金）（UNHCR，2018a）。

无国籍人士是指没有任何国家国籍的人。有些人生来无国籍，但有些人由于各种原因而成为无国籍人士，原因包括主权、法律、技术或行政决定或疏忽等。《世界人权宣言》强调"每个人都有权拥有国籍"（UN，1948，第15条）。2017年无国籍人口最多的国家依次为孟加拉国、科特迪瓦、缅甸、泰国和拉脱维亚（UNHCR，2018a）。

等。2017年，有1620万人因冲突而流离失所（UNHCR，2018a），其中包括1180万在本国境内流离失所者（IDMC，2018）和290万新难民和寻求庇护者（UNHCR，2018a）。

刚果（金）、南苏丹和也门等处于脆弱状态的国家内部旷日持久的冲突正在以前所未有的水平造成人民被迫流离失所，并对全球造成影响。联合国难民事务高级专员办事处（UNHCR）将长期难民状况定义为，同一国籍的2.5万名或更多的难民已流亡5年或更长时间。2/3的难民处于长期难民状态，平均持续时间超过20年（UNHCR，2018a），一些特殊的长期难民现在超过30年，如在埃及的巴勒斯坦难民和在巴基斯坦的阿富汗难民。

从2007年到2017年底，全球被迫流离失所者人数增加了60%，从4270万人增加到6850万人（图8.1）。这些流离失所者中有近1/4生活在难民营或境内流离失所者营地，但绝大多数居住在城市、城镇和村庄（UNHCR，2018a）。这些难民、寻求庇护者、境内流离失所者和无国籍者往往得不到地方或国家政府的正式承认，因此被排除在发展议程之外。

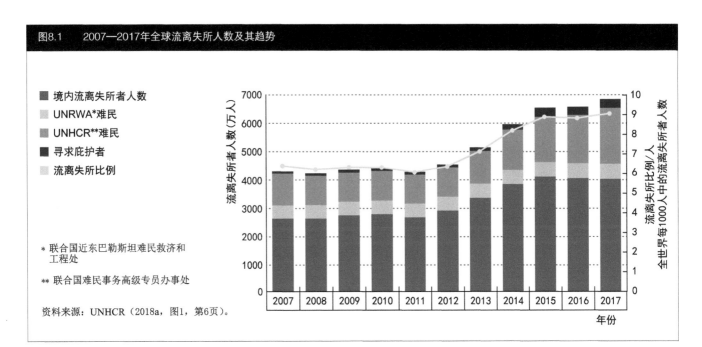

图8.1　2007—2017年全球流离失所人数及其趋势

境内流离失所者人数

UNRWA*难民

UNHCR**难民

寻求庇护者

流离失所比例

\* 联合国近东巴勒斯坦难民救济和工程处

\*\* 联合国难民事务高级专员办事处

资料来源：UNHCR（2018a，图1，第6页）。

流离失所者人数（万人）

全世界每1000人中的流离失所者人数

年份

## 8.1.2　灾害和气候变化造成的流离失所

2017年，118个国家的1880万人因突发自然灾害被迫离开了他们的家园（IDMC，2018）。虽然灾害的发生和严重程度每年可能有很大的不同，但自20世纪70年代以来，因灾害而导致流离失所的总体风险已增加了1倍，这主要是由于人口增长，暴露于自然灾害的机会更多以及更容易受到自然灾害的影响。气候变化与贫困、不平等、城市人口增长、土地利用管理不善和治理不力等因素共同作用，正在不断增加流离失所的风险及其影响。

区域格局表明，大部分灾害导致的流离失所发生在亚洲和太平洋地区，该地区2008—2016年的流离失所人口占总流离失所人口的84%（IDMC，2017）。由于灾害性天气事件引发的灾难，导致了2017年新增的流离失所者95%与气候灾难相关（IDMC，2018），超过了2008—2016年期间新增的流离失所人数，该类型占86%的比例（IDMC，2017）。这些数据还不包括那些由于缓慢发生的事件和压力因素（如长期干旱、海平面上升、沙漠化或生态系统丧失等）而迁徙的人，因为这些迁徙背后的因素往往很复杂。

# 8.2

# 流离失所者被边缘化：主要驱动力

造成流离失所者被边缘化的因素有很多。例如，难民可能因为没有投票资格而被边缘化，无国籍的人可能因为没有身份证明文件而被边缘化。以下各节着重强调被边缘化的主要驱动力是与供水、卫生设施和个人卫生服务相关的情况。

## 8.2.1　水作为流离失所的直接和间接驱动力

与供水有关的脆弱性可能是流离失所的直接和间接驱动因素，也可能与流离失所的规模、持续时间和地点有关，还可能与接收社区支持新增需求的环境缓冲能力有关。预计气候变化将增加干旱的频率和强度，并导致人口流离失所。政府间气候变化专门委员会强调了高温、干旱、洪水、飓风和野火等灾害带来的巨大风险，以及水资源供应和粮食生产能力等方面的脆弱性（IPCC，2014）。不论地理位置如何，贫穷和边缘化人群更容易受到严重缺水或干旱等极端事件的不利影响。例如，2017年越南有63.3万人流离失所，其中许多是由暴风雨引起的，这也是利用政府气候变化模型预测极端天气的实例。这些风暴会不成比例地影响贫困人口、移民或境内流离失所者，他们往往没有收入来支付重建成本，或者无法获得社会服务系统的服务（IDMC，2018）。

在干旱和半干旱气候地区，供水点被作为军事目标的做法将加剧水资源短缺状况，其目的是强迫人民流离失所。例如，在斯里兰卡，一个武装组织关闭了Mavil Oya水库的闸门。该水库为政府控制的东部省份地区数千名农民提供灌溉用水（UN，2011）。2006年7月和8月，黎巴嫩南部的轰炸破坏或摧毁了供水基础设施，导致400万居民中的25%流离失所（Amnesty International，2006）。

## 8.2.2　大规模流离失所后的边缘化驱动力

大规模流离失所给水资源和其他服务造成了压力，包括现有流离失所者和新到达流离失所者在中转地和目的地的卫生设施和个人卫生服务。这可能导致流离失所者被边缘化，并限制了他们获得多种形式的充足服务，如下文所述。

*供水和卫生设施服务水平的不平等*

在难民接收地区，人口的意外快速增长可能会远超现有供水、卫生设施和个人卫生基础设施的服务能力。导致的直接结果是，新到来者（例如难民、境内流离失所者）无法获得服务，只能采取露天排便或将不安全的地表水源作为饮用水等做法。最近的记录发生在哥伦比亚，2018年5—6月，超过44万委内瑞拉人在哥伦比亚注册，边境城镇的供水、卫生设施和个人卫生基础设施无法应对大规模的人流涌入（UNHCR，2018b）。

长期难民状况（即涉及2.5万或更多的难民，流亡5年或更长时间）平均持续超过20年（UNHCR，2004；2018a）。然而，接收国政府拒绝接受这种流离失所的状况往往可能会拖延下去，并坚持难民和境内流离失所者继续住在营地，而这些营地的"临时"或"公共"设施较周围社区的服务水平明显偏低。因此，当与接收社区相比，难民和境内流离失所者得到的供水、卫生设施和个人卫生服务水平较低时，供水、卫生设施和个人卫生服务水平可能会更不平等。例如，约旦难民营的难民每天大约得到35升水（UNHCR，2018c），而约旦政府为安曼以外城镇的公民供水目标是每天100升水（Ministry of Water and Irrigation of Jordan，2015）。

在干旱和半干旱气候地区，供水点被作为军事目标的做法将加剧水资源短缺状况，目的是强迫人民流离失所。

布基纳法索和毛里塔尼亚：马里难民中的家政工人被禁止使用与一般难民相同的厕所，这就迫使他们改为露天排便，从而面临暴力袭击风险。其他社区成员不允许他们参加个人卫生促进会议，并要求他们将获得的任何救济物品转交给他们的"主人"。

肯尼亚和吉布提：难民营和定居点新来的难民，受到在这里生活了数年难民的侮辱和歧视。这种歧视包括限制使用取水点和公共厕所等供水、卫生设施和个人卫生设施的时间。

资料来源：House等（2014）。

**专栏8.3 难民的工作权利**

2016年，一项针对20个接收了全球70%难民人口国家的研究发现，在有关难民合法工作权利的法律、政策和实践方面存在广泛的不一致。工作的权利通常只与难民地位的承认有关，而难民地位是由一个很难驾驭的复杂系统管理的。官僚主义和行政障碍使情况更加复杂，这些障碍可能包括需要为难民提供工作、居留许可，许可发放所需的财政支出，对个体经营难民产生负面影响的登记和银行监督，以及对工资的支付等（Zetter和Ruaudel，2016）。

绝大多数难民在非正式行业工作，条件比正式公民差得多，受剥削程度也大得多。在接收大量难民的脆弱经济条件下，非正式行业可能受到限制，为难民提供的机会也有限。例如，在约旦，大约有66.6万名登记在册的叙利亚难民（约占难民总数的80%）被安置在城市和城镇。这些难民没有工作的权利，没有收入，面临着获得供水、卫生设施和个人卫生服务机会减少的风险（UNHCR，2018a）。

相反的情况也可能发生。难民得到的供水、卫生设施和个人卫生服务质量比附近社区所能得到的要好。例如，在南苏丹的Maban，难民每天能在居所附近获得20升经氯消过毒的自来水，而在接收社区，依然依赖手泵，每天只能获得15升，而且可能来自远离他们居所的地方（UNHCR，2018c）。

*社会歧视*

在接收流离失所者的地区，可能存在足够的供水、卫生设施和个人卫生服务。但是，特殊群体或个人却因其国籍、种族、宗教、性别、政治主张或其他条件而无法获得这些服务。由于社会歧视，这些群体或个人只能获得不安全的供水，并可能被迫进行露天排便，或采取其他不安全的卫生行为（见专栏8.2）。

*经济边缘化*

即使存在足够的供水、卫生设施和个人卫生服务，特定的群体也可能无法获得服务。这种形式的边缘化与法律地位和"工作权利"或"行动自由"直接有关。由于限制性的法律政策，难民和无国籍者在这方面往往是最被边缘化的（见专栏8.3）。

在一些国家，特别是那些对难民和境内流离失所者实行"营地"政策的国家，国际人道主义组织可能会免费提供供水和卫生设施服务。与此同时，当地居民可能将为通过国家或市政系统提供的同样服务付费。在埃塞俄比亚的卡贝拉、肯尼亚的卡库马以及其他一些地区的难民营，就是如此。这可能导致流离失所者与其所在接收社区之间的关系紧张。

*环境退化*

在环境敏感地区接收难民或国内流离失所者，可能导致接收社区认识到可能发生资源的耗竭、退化（例如含水层耗竭、地表水污染和森林砍伐等），或者已经发现这种现象，从而引发双方关系紧张。在这种情况下，对包括供水、粮食、燃料和建筑材料等在内的稀有资源的竞争，可能导致与接收国社区间的冲突，进而使难民或境内流离失所者进一步被边缘化。例如，位于苏丹达尔富尔（Darfur）的境内流离失所者营地抽取地下水，导致含水层水位下降、当地社区牧民水井干涸，引发了进一步的冲突、边缘化和流离失所（Bromwich，2015）。

在其他情况下，由于流离失所人口造成的资源耗竭，可能是可以察觉的，但不是真实的。例如，在肯尼亚的Dadaab营地和也门的各个营地，流传着因为营地供水抽水而对地下水含水层造成不利影响的谣言。然而，详细研究表明，为这些营地供水而抽取的水，实际上对地下水资源没有显著的影响（Zahir，2009；Blandenier，2015）。然而，资源枯竭的看法仍然可能导致接收国与流离失所社区之间的紧张关系，并使流离失所者处于被边缘化的境地。

## 8.3 为流离失所者提供水和卫生设施

### 8.3.1 危机准备和应对行动

*应急计划和准备行动*

各国为应对紧急情况以及为难民及境内流离失所者的到来做好准备，需要加强与流离失所有关的标准、政策制定和机构能力建设，并授权当地行政者对紧急情况作出反应。在考虑到社会、经济和环境挑战的同时，制定专门的供水和卫生设施风险管理计划，可以帮助确保在人口迅速增长的情况下提供充分的服务。成功的应急计划和准备行动也应该包括与可能参与相关应对行动的人道主义行动者的协调准备，通过联合国的协调机制（例如联合国难民事务高级专员办事处的"难民协调"模式、"集群协调"系统），抑或通过对应的国家危机协调系统。增加供水和卫生设施系统的韧性和适应能力，也是这些计划中必须考虑的重要组成部分（见专栏8.4）。

卢旺达：联合国难民事务高级专员办事处和当地政府组建了一个紧急情况预备工作队，在因难民涌入而风险增加时，工作队会召开会议，协调准备行动和应急规划。

科特迪瓦：联合国难民事务高级专员办事处、当地政府和合作伙伴在该国选举前，对边境村庄接待来自利比里亚难民的能力进行了评估。近期官方收集的信息被用于更新的应急计划中，以定义响应策略。

作为联合国难民事务高级专员办事处的"应急响应启动、领导和责任政策"的一部分，已经制订了相关的操作指南。这些指南包括各种风险分析工具和审核程序，工具和程序可用于编制"难民紧急状态应急准备手册"（PPRE），其中确定了最基本备灾行动（MPAs）。这些资料被合并在一个称为"应急准备高警戒清单"（HALEP）的数据库中。

　　　　　　资料来源：卢旺达和科特迪瓦的例子来自联合国难民事务高级专员办事处的
　　　　　　　　　　　　　　　　　　　　　"应急准备高警戒清单"系统的内部文件。

*紧急危机应对行动*

各国和其他有关利益相关方，可受益于与国家和国际人道主义伙伴的密切合作，向流离失所者提供适当服务。紧急应对行动主要包括：

● 及时提供拯救生命的供水、卫生设施和个人卫生服务，包括：饮用水获取、安全的卫生设施（如厕所、沐浴设施、厨房、洗衣和经期卫生管理等）获取、固体废物管理和疾病传播途径控制等。

● 在持续评估的基础上，短期接收区要采取供水、卫生设施和个人卫生服务强化措施，而中期接收区则要采取供水、卫生设施和个人卫生系统强化措施。这些措施包括：提供更多的工作人员、设备和物资，以增加设施，并为流离失所者及其所在社区提供不间断的服务。

● 不断对供水、卫生设施和个人卫生服务和系统进行评估，以监测流离失所对国民服务和接收社区的影响。

专栏8.5突出描述了一个高效的危机应对案例。

## 8.3.2　正在实施状态下的潜在反应

*将难民、寻求庇护者、无国籍人士和境内流离失所者纳入国家体系，并为实现可持续发展目标6制定计划，努力实现供水和卫生设施服务水平均等。*

实现人人享有安全饮用水和卫生设施的可持续发展目标6，意味着将难民、寻求庇护者、无国籍人士和境内流离失所者纳入国家发展计划，并确保为这些人群提供足够的资金。具体地说，各国有责任：

**专栏8.5  土耳其满足受到临时保护的叙利亚人的供水、卫生设施和个人卫生需求**

土耳其是世界上接收难民最多的国家，难民注册人数多达390多万，其中90%以上来自叙利亚（UNHCR，2018e）。在土耳其的360万叙利亚人中，只有178255人居住在位于土耳其东南部的20个国家运营的安置中心，其余人分散居住在全国各地的城镇和村庄，导致许多地区的人口急剧增加（Ministry of the Interior of Turkey，2018）。

图|2018年9月21日，土耳其十大省临时保护范围内叙利亚难民分布情况

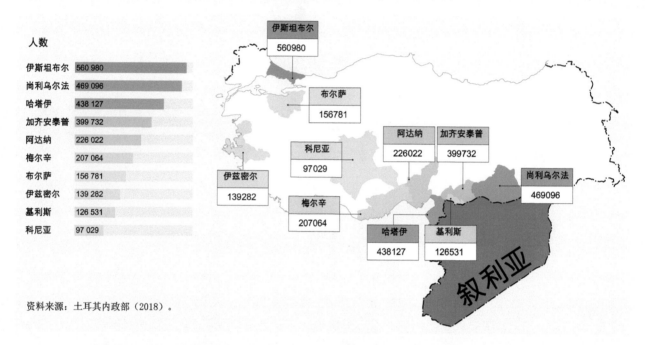

资料来源：土耳其内政部（2018）。

人口的急剧增长使本已稀缺的水资源备受压力，需要更多的行政、技术、财政和人力等资源来维持现有的水基础设施并建设更多的基础设施。土耳其采取了这样一项原则，即人道主义援助必须与开发投资相结合，以便能够对难民流入的规模、范围和长期性作出反应。在已支出的310亿美元中，有5%集中用于安置中心和居住在安置中心以外难民的供水、卫生设施和个人卫生基础设施和服务。在边境省加齐安泰普、尚利乌尔法、基利斯和哈塔伊，新建大坝、水库和管道设施，以提高水处理和污水处理能力。此外，能力建设项目已帮助叙利亚人融入土耳其的社会和经济生活，确保包容的可持续的供水、卫生设施和个人卫生管理，促进区域发展。

由土耳其水研究所（SUEN）提供，部分指标来自经加工的内部文件内容。

- 评估和监测由于流离失所而造成的人口增长对国家供水、卫生设施和个人卫生系统的影响，包括水的获取、水量水质以及卫生设施服务的获取，以便确定必要时增加服务获取需要采取的适当措施。
- 检查和加强有关将难民和境内流离失所者纳入国家供水、卫生设施和个人卫生系统的国家政策，确保他们与国民享有同等水平的供水、卫生设施和个人卫生服务。
- 将难民和境内流离失所者的需求纳入国家与供水、卫生设施和个人卫生有关的战略、倡议和行动计划、国家和地方发展计划，以及实现可持续发展目标6"人人享有安全饮用水和卫生设施"以及其他与供水、卫生设施和个人卫生有关的可持续发展目标的战略和计划。

约旦扎塔利营地的难民

- 将难民和境内流离失所者纳入捐助建议范围和财政支持机制，为难民和接收社区提供足够数量和质量的供水、卫生设施和个卫生服务，并将难民纳入绩效监测范围。与此同时，捐助者和资金提供者（包括人道主义和开发资金）需要承诺为利益相关方（包括水资源部）提供多年的、可预测的资金，以确保能够满足难民、境内流离失所者以及受影响的接收社区的迫切和持续需要，并推动其韧性建设。
- 将难民和境内流离失所者的供水、卫生设施和个人卫生需求纳入国家应对进一步流离失所的相关应急预案，并纳入备灾计划。
- 完善与难民和境内流离失所者的供水、卫生设施和个人卫生服务相关的监测和影响评估，包括将它们纳入国家调查范围，并根据难民、流离失所者供水、卫生设施和个人卫生服务的实现和获取情况，对国家的供水、卫生设施和个人卫生数据和可持续发展目标6目标报告进行分类分析。
- 确保难民和境内流离失所者的供水、卫生设施和个人卫生监测包括能够衡量是否满足安全饮用水和卫生设施的人权标准（可获得性、可利用性、可负担性、可接受性和质量等）的相关指标。
- 通过协调难民和境内流离失所者营地与城市接收地区的服务水平（在城市接收区，可参考国家标准），来消除难民、境内流离失所者与接收社区之间的服务水平不平等。

*消除社会歧视并创造获取方面的平等：使服务水平与周围社区、国家标准相协调*

为了消除社会歧视，创造供水和卫生设施服务方面的平等，各国需

**难民状况不应成为无理限制行动自由的理由，也不应成为污蔑、驱逐和其他形式歧视做法的理由。**

要与利益相关方密切合作，审查和加强国家的法律和政策，以促进难民和境内流离失所者像其他人一样享有供水、卫生设施和个人卫生服务，难民状况不应成为无理限制行动自由的理由，也不应成为污蔑、驱逐和其他形式歧视做法的理由。

此外，从人权的角度看，在非歧视和平等方面，各国需要特别注意那些在行使其安全饮水和卫生设施权利方面历来面临障碍的人，例如难民、境内流离失所者，特别是妇女和儿童。各国有责任确保难民、境内流离失所者，不论他们居住在难民营还是社区，无关他们的居留合法性、国籍或其他可能成为障碍的因素，都有权获得水和适当的卫生设施。

可通过宣传、调解、加强交流或其他类似的干预措施，促进难民、境内流离失所者与接收社区之间的和平共处，来解决安全饮用水和卫生设施获取方面的机会不平等和侵犯人权的社会歧视问题。同所有个体一样，难民、境内流离失所者也应有权获得相关信息，并有机会参与有关其权利的决策过程。

各国应尽量避免为难民和境内流离失所者营地制定相关政策，因为这会导致该群体被边缘化，特别是如果营地位于偏远和资源贫乏地区，供水、卫生设施和个人卫生服务水平不平等会导致与接收社区间的资源竞争加剧，从而让难民和境内流离失所者更加难以进入劳动力市场。相反，应鼓励各国执行将难民和境内流离失所者纳入现有城市和农村社区的政策。

对住在城市和城市周边非正式居住点的难民、境内流离失所者而言，区分不同类型的脆弱人口（难民还是城市贫困人群）是很困难的，而这种区分可能根本没有好处。在许多情况下，要确定"最脆弱"的群体也很困难，甚至是不可能的。因此，干预措施的目的应是改善处境脆弱的更广泛人口（包括难民和城市贫困人群）的供水和卫生设施服务获取状况。

虽然对难民营内服务获取的监测工作已经很好地开展了起来，但是几乎没有关于那些住在难民营外的以及住在接收社区内难民情况的信息。通过调查和其他方法，而不是完全依赖国家提供的数据（这些数据通常不能区分难民和其他人口），往往有助于增加对他们处境的了解。

*确保工作的权利，支持经济增长，以支付供水和卫生设施服务费用*

短期内，难民、境内流离失所者的供水和卫生设施服务的可负担性问题以及水费不公平问题，都可能通过国际人道主义"现金"援助的方式得到解决；长期而言，如果接收国政府给予难民"进入劳动力市场的权利"，使他们能够获得收入，进而就有了能支付这些服务费用的能力。

1951年《关于难民地位的公约》（UN，1951）要求接收国政府承认难民的"工作权利"和"行动自由"。这已经使难民能够获得谋生的机会，并减轻了为他们提供援助的负担。这意味着难民将能够像本国公民一样有能力支付供水和卫生设施服务的费用，这将减少社会紧张局势或歧视，同时促使难民融入其所在接收社区。虽然流离失所者经常被视为问题或威胁，但不论是在经济、文化、社会还是其他方面，他们也可以被视为

**鼓励各国执行将难民和境内流离失所者纳入现有城市和农村社区的政策。**

**在全球范围内，大多数国家对难民的工作权利和行动自由都采取了限制性措施。**

**专栏8.6　支持经济增长的积极案例**

乌干达。承认难民的行动自由和工作权利。有些难民被给予可以维持生计的土地。难民及其接收社区居民共同享有教育、健康和供水、卫生设施和个人卫生服务，难民接收社区的服务水平已得到改善。此外，难民的创业和就业促进了地区的经济发展（UNHCR，2017）。

约旦。目标是为难民提供多达20万份工作许可，从而为难民和约旦人在特定的劳动力市场行业和特定的地点（主要是经济特区）创造新的工作机会，并规范在非正规经济中工作的难民状况（Zetter和Ruaudel，2016）。

土耳其。政府向叙利亚人和其他受临时保护的外国人发放工作许可（Council of Ministers of Turkey，2016）。土耳其就业局组织制定培训方案，改善劳动力市场中特定需求领域的工作资格问题。

埃塞俄比亚。新的"难民营以外"政策，有条件地放松了对难民流动和居住地点的立法限制。国际劳工组织和联合国难民事务高级专员办事处已与埃塞俄比亚难民和返乡事务管理局合作，促进在难民营和周边接收社区开展自营职业（ILO，2018b）。

接收国能从中受益的一个机会。由于流离失所者是"消费者、生产者、买家、卖家、借款人、贷款人和企业家"（Betts和Collier，2017），接收国常常从中获利。例如，索马里难民一直在肯尼亚进行正式和非正式的投资，规模大小不一，从小商贩到房地产、交通、金融、进出口等各行各业的大公司（Abdulsamed，2011）。除了经济上的益处，难民和移民还能给接收社区带来许多社会和文化方面的益处。

在全球范围内，大多数国家对难民的工作权利和行动自由都采取了限制性措施。许多国家保留着严格的露营政策或实行行动限制，从而增加了难民在获得就业和谋生机会方面的困难。然而，也有一些获得进展很好的实例（参见专栏8.6）。

发展行为者可以坚持要求各国政府承认难民的人权，并给予他们与其他居民平等的待遇。然而，这必须与协调难民与其所在社区之间关系的行动同时进行。紧张局面往往是由于接收社区对求职者人数增加对当地劳动力市场造成影响、对环境资源造成影响等方面的合理关注引发的。减轻接收社区的压力和加强难民的自力更生能力是《全球难民契约》的两个关键目标（UNHCR，2018f）。

*确保服务的环境可持续性*

环境可持续性是实现可持续发展目标的必要条件。这将需要实施广泛的干预措施，其中许多措施与水资源综合管理行动、水安全规划制订、环境影响评估开展（以了解流离失所的影响）以及确保健全的环境监测系统（特别是水资源监测）等有关。考虑到长期因素，难民、境内流离失所者以及接收社区可以通过环境可持续和效益成本比高的技术解决方案，可持续地获得供水、卫生设施和个人卫生服务。

在流离失所刚发生时，媒体和政府的关注度都很高，资金来源相

**专栏8.7　太阳能应用前景光明**

自1977年以来，太阳能光伏面板的成本降低了100倍，目前的太阳能电力成本低于1美元每瓦特（ECHO Global Solar Water Initiative, 2017）。尽管如此，目前在人道主义方面采用太阳能的比例仍然很低，主要是由于缺乏技术专长，无法与捐助者和决策者就效益问题开展交流，过度关注短期能实现的效益数值指标，缺乏标准、最佳做法和政策准则等。由欧洲民事保护和人道主义援助行动（ECHO）资助的"全球太阳能水倡议"通过整理和分享关于良好实践的信息、委托研究、提供实施技术资源，以及通过培训提高技术专长，力求解决这些差距问题。

对充裕。然而，这些都会随着时间的推移而减少，因此选择长期运行维护成本最低、环境影响最小的供水、卫生设施和个人卫生技术非常重要。近期，针对难民问题采用了一些技术，包括利用光伏太阳能用于抽水（而不是柴油发电机）、废物再利用以及再循环解决方案（诸如沼气、将废物转化为烹调燃料或肥料以及固体废物的回收利用等）。这些技术有助于减少碳排放、环境影响和运营成本（见专栏8.7）。还可以探索其他一些技术（如第6章所述的分散式废水处理系统），但所有技术解决方案都必须与国家和地方政府协调执行，以确保当地社区具有接管这些系统管理的适应性。虽然有机会在人道主义方面使用创新技术和方法，但仍然需要继续采用"传统"的应急响应方法（例如运水）。

## 8.4
## 脆弱国家和处于脆弱状态的国家

低收入国家的脆弱状态以国家能力薄弱和/或薄弱的国家合法性为特征，公民容易遭受一系列的冲击。世界银行认为，如果一个国家出现过以下情况，那么这个国家就是"脆弱"的：①在过去三年里执行过联合国维和任务；②获得的"治理"分数低于3.2（根据世界银行的国家绩效和机构评估指数评分）（World Bank，日期不详）。

目前有20亿人生活在发展成果受到脆弱性、冲突和暴力等影响的国家。预计到2030年，46%的全球贫困人口可能生活在脆弱和冲突影响状态中。这是由世界银行集团的"脆弱、冲突和暴力小组"提出的，该小组每年发布"世界银行脆弱形势协调清单"（World Bank，日期不详）。脆弱性和冲突可以跨越国界，而冲突的后果，例如被迫流离失所，将进一步阻碍各国和各区域找到他们摆脱贫困的道路。

流离失所的危机可能会迅速升级，南苏丹的情况就说明了这一点。截至2016年底，南苏丹1/4的人口已经被迫离开他们的家园。这意味着总数有330万人，其中包括境内流离失所者190万人以及在邻国的140万难民。南苏丹及其邻国属于世界上最贫穷和最不发达国家之列，它们的资源有限，无法应付与接收流离失所者相关的需要和挑战。在长期遭受复杂人道主义危机的刚果（金），2016年该国东部有130万境内流离失所者。同年，利比亚63万人流离失所，阿富汗有62.3万人，伊拉克59.8万人，也门46.7万人。所有这些国家都被列为脆弱国家

> 必须认识到，对世界许多地区来说，如果不对可持续发展、和平与安全进行大量投资，难民将成为"新常态"。

（UNHCR，2018a）。

海外发展研究所认为，由于风险背景的不同，脆弱国家要求的方法与更具韧性的国家的发展模式有根本的不同（Manuel等，2012）。

其中一个成功的机制是社区驱动开发（CDD），将本地规划决策和开发项目的投资资源控制权交给社区团体。世界银行经常在冲突条件下使用社区驱动开发，其能够快速、灵活、高效地重新建立基本服务，包括健康、洁净的水以及教育等，并帮助重建社区内部以及社区与政府之间的社会资本和信任（Wong and Guggenheim，2018）。

更重要的是，人们必须认识到，对世界许多地区来说，如果不对可持续发展、和平与安全进行大量投资，难民将成为"新常态"。

# 9

# 区域视角

巴西里约热内卢Rocinha贫民窟屋顶的储水箱

联合国欧洲经济委员会 | Chantal Demilecamps

联合国拉丁美洲和加勒比经济委员会 | Andrei Jouravlev

联合国亚洲及太平洋经济社会委员会 | Aida Karazhanova，Ingrid Dispert，Solène Le Doze，
Katinka Weinberger和Stefanos Fotiou

联合国西亚经济社会委员会 | Carol Chouchani Cherfane和Dima Kharbotli

世界水评估计划 | Angela Renata Cordeiro Ortigara和Richard Connor

参与编写者：Shinee Enkhtsetseg（世界卫生组织欧洲区域办事处）；Simone Grego
（联合国教科文组织阿布贾多部门区域办事处）；Abou Amani（联合国教科文组织—政府间
水文计划）和Noeline Raondry Rakotoarisoa（联合国教科文组织—人与生物圈计划）

在努力为所有人提供安全、可负担和可持续的供水和卫生设施服务方面，世界不同地区面临着各不相同的挑战。本章从全球五个主要区域的独特视角突出了主要挑战以及一些潜在应对措施。

# 9.1
# 阿拉伯地区

## 9.1.1　区域背景

阿拉伯地区是世界上水资源最紧张的地区。根据AQUASTAT（日期不详）的最新数据，全世界平均的可再生水资源总量为平均每人每年7453立方米，而在阿拉伯地区仅为每人每年736立方米。由于人口增长和气候变化，人均水资源短缺量一直在增加，并将继续增加。这些趋势导致地下水加剧枯竭、农业生产可耕种土地减少以及因为水资源量不足以支持健康、福利和生计等方面需求而发生人员迁徙等。

2015年，在整个阿拉伯地区，约有5100万人（占总人口的9%）缺乏基本的饮用水服务，其中73%的人口生活在农村地区（图9.1）（WHO/UNICEF，2018b）。

阿拉伯地区的最不发达国家（LDCs）在确保获得基本供水和卫生设施服务方面，特别是在农村地区，存在最大的公平性差距。在毛里塔尼亚，86%的城市人口可以获得基本饮用水服务，而在农村地区只有45%。2015年，也门（城市为85%、农村为63%）和苏丹（城市为73%、农村为51%）的城市和农村获得基本的饮用水服务的差异也很明显（见图9.2）（WHO/UNICEF，2018b），鉴于目前的冲突形势，自冲突以来的情况可能已经进一步恶化。

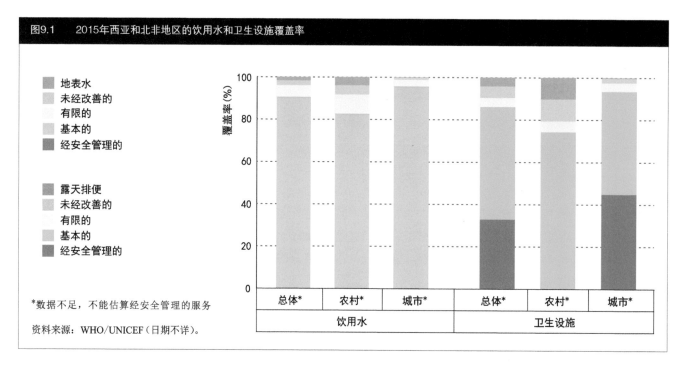

图9.1　2015年西亚和北非地区的饮用水和卫生设施覆盖率

图例：
- 地表水
- 未经改善的
- 有限的
- 基本的
- 经安全管理的

- 露天排便
- 未经改善的
- 有限的
- 基本的
- 经安全管理的

*数据不足，不能估算经安全管理的服务

资料来源：WHO/UNICEF（日期不详）。

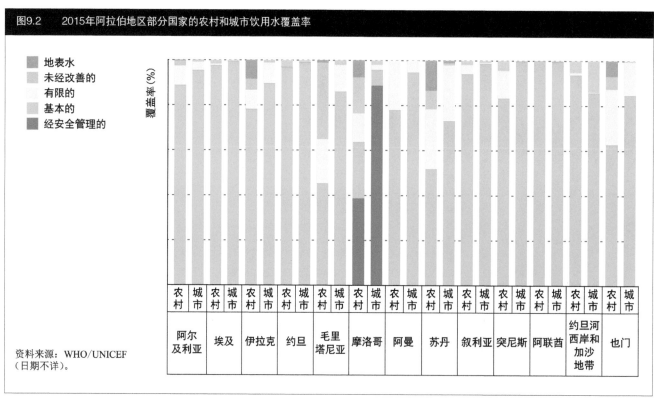

图9.2　2015年阿拉伯地区部分国家的农村和城市饮用水覆盖率

图例：
- 地表水
- 未经改善的
- 有限的
- 基本的
- 经安全管理的

资料来源：WHO/UNICEF（日期不详）。

　　然而，这种情况不仅限于最不发达国家。在摩洛哥，城市地区获得基本供水服务的比例达到96%，而在该国农村地区只有65%（WHO/UNICEF，2018b）。

　　截至2016年底，全世界约有41%的国内流离失所者生活在阿拉伯地区，人数超过1600万。获得人道主义援助是一项重大挑战，其中约有490万人生活在难以进入的地区，其中包括近100万人在被围困地区（UNESCWA/IOM，2017）。

　　截至2016年12月，叙利亚的流离失所者（630万）超过世界上任何其

表9.1 2012—2016年阿拉伯地区因冲突和暴力事件造成的国内流离失所者人数（年末存量）

| 国家 | 2012年 | 2013年 | 2014年 | 2015年 | 2016年 |
|---|---|---|---|---|---|
| 叙利亚 | 3 000 000 | 6 500 000 | 7 600 000 | 6 600 000 | 6 325 978 |
| 苏丹 | 3 000 000 | 2 424 700 | 3 120 000 | 3 264 286 | 3 320 000 |
| 伊拉克 | 2 100 000 | 2 100 000 | 3 276 000 | 3 290 310 | 3 034 614 |
| 也门 | 385 000 | 307 000 | 334 090 | 2 509 068 | 1 973 994 |
| 索马里 | 1 350 000 | 1 100 000 | 1 106 751 | 1 223 000 | 1 106 751 |
| 利比亚 | 50 000 | 59 400 | 400 000 | 500 000 | 303 608 |
| 巴勒斯坦 | 144 500 | 146 000 | 275 000 | 221 425 | 193 277 |

资料来源：UNESCWA/IOM（2017，专栏1，第22页）

他国家，其中许多人遭受了多次流亡（UNESCWA/IOM，2017）。阿拉伯地区的最不发达国家，即索马里、苏丹和也门，由于冲突和暴力造成严重的国内流离失所现象仍然存在。苏丹在阿拉伯最不发达国家中收容了为数最多的流离失所者，截至2016年底有超过330万人（UNESCWA/IOM，2017），如表9.1所示。

此外，2016年，与气候变化影响相关的自然灾害导致阿拉伯地区超过24万人流离失所，其中绝大多数（98%）属于阿拉伯最不发达国家：苏丹12.3万人，索马里7万人，也门3.6万人（UNESCWA/IOM，2017）。这意味着必须特别关注增强这些流离失所者的适应力，以确保不让任何人掉队。

### 9.1.2 在战争和冲突条件下提供安全的用水和卫生设施服务

在伊拉克、利比亚、巴勒斯坦、索马里、苏丹、叙利亚阿拉伯共和国和也门的部分地区，在冲突背景下，当水资源基础设施遭到破坏、毁坏，甚至成为损坏目标时，要确保所有人在缺水条件下获得供水服务的挑战在严重加剧。不仅水库、泵站、水处理设施和管网系统等受到军事冲突和外国军队占领的影响，而且在军事入侵期间也有废水处理设施和灌溉网络等遭到破坏的情况发生。在冲突和被占领期间，供水设施的运行和维护也受到限制，并且已经对用于抽水的燃料供应（例如在也门）、更换部件的进口（例如在巴勒斯坦）、或者雇员进入水设施进行操作（例如在伊拉克）等方面造成了影响。

甚至在也门当前的冲突发生之前，由于人口增长压力和不可持续的生产和消费模式，其首都萨那可预见的将会遭受干旱危机（UNESCWA，2011）。专家预测，"如果目前的趋势继续发展下去，到2025年预计该市420万居民将成为水难民，逃离贫瘠的家园，寻找水源充足的土地。在演变进程中，已经有一些官员考虑将首都迁往沿海地区。还有人建议为争取时间重点关注海水淡化和水资源保护"（Hefez，2013）。事实上，也门遭受了冲突的破坏和战争引发的瘟

**在冲突背景下，当水资源基础设施遭到破坏、毁坏，甚至成为损坏目标时，要确保所有人在缺水条件下获得供水服务的挑战在严重加剧。**

**专栏9.1 约旦扎塔利叙利亚难民营**

扎塔利难民营位于约旦北部水资源匮乏的地区。它最初是为了应对叙利亚难民的突然涌入而匆忙建立的，因此缺乏适当的规划和相应的基础设施。这导致麻疹、疥疮、腹泻、甲型肝炎和其他疾病在其建成后的几个月内暴发，其主要原因是缺乏充足的清洁用水以及糟糕的卫生设施状况（UNESCWA/IOM，2015）。因长期面临水资源短缺的问题，邻近社区同样呈现紧张局势，而现在有限的资源正在被转移并且被不可持续地消耗。

作为回应，国际人道主义组织和非政府组织开始与约旦水资源和灌溉部以及接收社区合作，改善扎塔利难民营和邻近社区获得清洁水供应和卫生设施服务的条件。这包括修复现有水井和新打水井以应对不断增长的用水需求（UNESCWA/IOM，2015）。有关水基础设施工程的详情见下表。

| 项 目 | 项 目 描 述 | 服务的人口 |
|---|---|---|
| 扎塔利难民营 | 新打两口水井，新建与其配套的泵站 | 12万 |
| Tabaqet Fahel水井 | 对水井进行改造和扩建 | 6.3万（每人每天80升） |
| Zabdah水库 | 通过翻新、修补泄漏和安装防水等实现节水 | 2.7万（每人每天80升） |
| Abu Al Basal管线 | 安装2.5千米的管道，以便更好地输送和分配水 | |

资料来源：Mercy Corps（2014，第14页）。

此外，还对区内老化的供水网络和输电线路进行了修复，修复了污水收集基础设施，并扩大了污水处理厂的产能以应对不断增加的废水产生量。在帮助难民的同时，这些集体合作的行动还改善了位于缺水地区接收社区的水基础设施和服务（UNESCWA/IOM，2015）。

疫，加之缺乏安全的卫生设施和个人卫生用水，以及地下水枯竭和水质问题引发的极度缺水，霍乱反复爆发。国际红十字会报告，截至2017年6月，每200名也门人中就有1人被怀疑感染了霍乱，个人卫生和卫生设施缺水后果非常严重（ICRC，2017；OHCHR，2017b）。

数十年来，很大一部分难民长期处于苦难中（见第8.1.1节）。人道主义援助越来越多地交织了为难民营和非正规居住区提供更多永久性供水和卫生设施的发展工作。这有时会引发难民与接收社区间的冲突和紧张关系。这些社区居民往往与人道主义组织所服务人群无法享有平等的水服务。近年来，这一问题得到了政府、捐助者和人道主义机构的进一步关注，形成的共识是，不让任何人掉队意味着要为难民、境内流离失所者以及接收社区服务（见专栏9.1）。

# 9.2
# 亚洲和太平洋地区

如《2030年可持续发展议程》可持续发展目标6所述，实现所有人获得洁净的水和卫生设施仍然是整个亚洲和太平洋地区的一项挑战。

2016年，该地区48个国家中有29个国家由于缺水和不可持续的地下水抽取而成为水资源不安全的地区，估计每年地下水抽取量最大的15个国家中有7个位于亚洲和太平洋地区（ADB，2016年）。农业灌溉需求的增加导致了一些地区严重的地下水资源压力，特别是在亚洲的两个主要粮食产区——中国的华北平原和印度的西北部地区（Shah，2005）。由于供水系统年久失修和收集储存雨水的基础设施不足,该地区的许多大中城市面临着水资源短缺的风险(UNESCAP/UNESCO/ILO/UN Environment/FAO/UN-Water,2018)。大量未经处理的废水排放到地表水体(亚洲和太平洋地区为80%~90%)以及一些地区地表径流中的化学污染物水平较高,严重的水污染导致获取饮用水的状况恶化(UNESCAP,2010)。气候变化加剧了水资源的稀缺性,而灾害使其更加恶化。

尽管在获得安全饮用水方面取得了显著进展,但在2015年,1/10的农村居民和内陆发展中国家30%的人口仍无法获得安全的饮用水(OECD,日期不详)。同年,15亿人无法获得经改善的卫生设施服务(UNESCAP,2017年)。

但是,仍然可以发现巨大的次区域差异。例如,虽然东亚和东南亚城市地区89%的人口可以获得经安全管理的饮用水服务,但在中亚和南亚,这一比例下降到61%(WHO/UNICEF,日期不详)(图9.3)。在北亚、中亚和太平洋地区以及最不发达国家,其进展停滞不前(UNESCAP,2016)。内陆国家正面临着确保所有人获得洁净水和卫生设施的最大困难,2015年,内陆发展中国家30%的人口无法获得安全的饮用水(OECD,日期不详)。

在整个区域的卫生设施方面也存在类似的差异(图9.4)。该地区城市和农村获得经改善的卫生设施的机会不平等:2015年差距约为30%。卫生设施使用方面的改善程度差异很大(WHO/UNICEF,出版时间不详)。自2000年以来,农村获得基本卫生设施的人口比例每年增长0.8%,而城市地区为0.5%(UNESCAP,2017)。这主要是因为,虽然该地区城市人口增长快速(自1950年以来增长了一倍多),但是同时城市积极建设足够的基础设施以满足日益增长的水和卫生设施方面的需求。如图9.3和图9.4所示,农村和城市之间的获取不平等在不同的次区

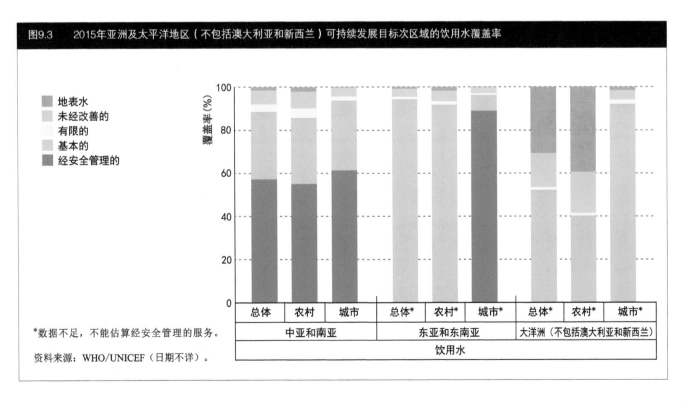

图9.3　2015年亚洲及太平洋地区(不包括澳大利亚和新西兰)可持续发展目标次区域的饮用水覆盖率

*数据不足,不能估算经安全管理的服务。

资料来源:WHO/UNICEF(日期不详)。

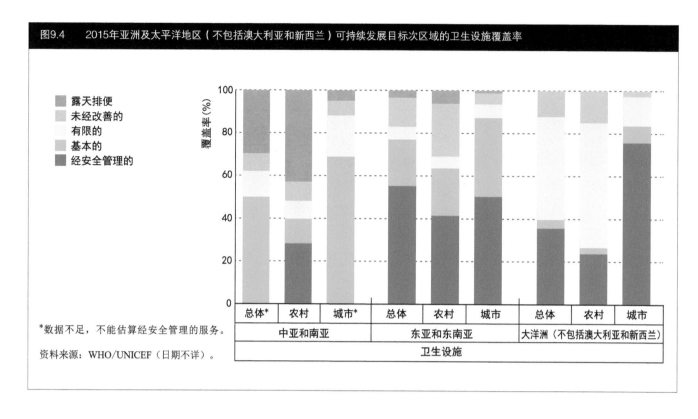

**图9.4　　2015年亚洲及太平洋地区（不包括澳大利亚和新西兰）可持续发展目标次区域的卫生设施覆盖率**

图例：
- 露天排便
- 未经改善的
- 有限的
- 基本的
- 经安全管理的

覆盖率（%）

横轴分组：
中亚和南亚：总体*　农村　城市*
东亚和东南亚：总体　农村　城市
大洋洲（不包括澳大利亚和新西兰）：总体　农村　城市

卫生设施

*数据不足，不能估算经安全管理的服务。

资料来源：WHO/UNICEF（日期不详）。

域中有所不同。在城市内部，贫穷的城市人口往往会落后。

此外，该地区一些次区域的农村，经历了灌溉用水方面的不可持续利用和供应不平等，对农业生产力和减贫产生了影响，因为许多农村贫困人口依赖农业维持生计。

在获得洁净的水和卫生设施方面，该地区也出现了性别方面的问题。在许多国家，妇女和女孩传统上负责生活用水和卫生设施，同时，由于卫生服务在保健和安全方面的缺乏而受到特别的影响（见第2.2节）。

### 9.2.1　亚洲及太平洋地区面临灾害时提供安全的水和卫生设施服务

亚洲和太平洋地区是世界上最容易发生灾害的地区，自然灾害越来越频繁、越来越严重，其灾害风险超过了容灾韧性（UNESCAP，2018）。由于供水和卫生基础设施受损以及水质问题，灾害波及地区的供水、卫生设施和个人卫生服务受到了重大影响。向接收受灾地区流离失所人员的地区提供充足的水和卫生设施服务，也是一项非常重大的挑战。这种流离失所状况在亚洲和太平洋地区特别严重。2017年，菲律宾因台风而流离失所的人数有250万（IDMC，2018）。

灾害给较贫穷的国家和人民带来了不成比例的更大损失，因为这些国家和人民往往缺乏灾后恢复能力和减轻灾害影响的能力。除了打击最贫困的人之外，灾难还可能导致近乎贫困人口（每天生活费为1.90~3.10美元的人）陷入贫困，如图9.5所示（UNESCAP，2018）。在亚洲和太平洋地区的城镇中，超过50%的居民生活在低洼的沿海地区，特别容易受到气候变

> 灾害给较贫穷的国家和人民带来了不成比例的更大损失，因为这些国家和人民往往缺乏容灾韧性和减轻灾害影响的能力。

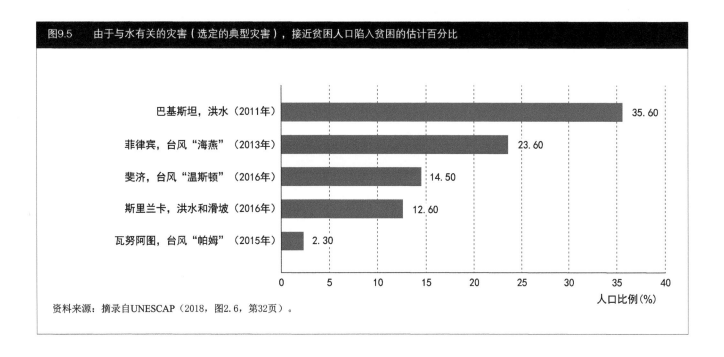

图9.5　由于与水有关的灾害（选定的典型灾害），接近贫困人口陷入贫困的估计百分比

资料来源：摘录自UNESCAP（2018，图2.6，第32页）。

化和自然灾害的影响。灾害还会对国内生产总值（GDP）、入学率和人均健康支出等产生影响（UNESCAP，2018）。联合国亚洲及太平洋经济社会委员会（UNESCAP）对亚洲及太平洋地区19个国家的分析确实表明，该地区的每次灾害都会导致基尼系数增加0.13点（UNESCAP，2018），从而进一步扩大收入差距。

这些事件的影响和损失，因诸如恢复能力、无计划的城市化，以及有利调节水流和水质调节的生态系统退化等原因而进一步恶化。

因此，在气候不确定的未来，提高水和卫生设施服务的韧性是保持发展的关键。努力减少灾害风险、增加相关投资，对于满足当前和未来的需求至关重要。

除了支持亚洲及太平洋地区的会员国全面减少灾害风险之外，联合国亚洲及太平洋经济社会委员会理事会还推动采用基于自然的减轻水灾害风险解决方案（Eco-DRR），以特别针对沿海城市、岛屿和沿海居住区。在沿海地区，红树林和珊瑚礁提供了抵御海啸和风暴的自然防线。它们还可以改善水质，防止咸水泛滥和洪水，同时提供环境、经济和社会等效益。在该地区，基于自然的减轻水灾害风险解决方案被证明是一种有价值的方法：一项在越南的成本效益分析估计，投资12000公顷红树林保护沿海地区比基础设施建设要便宜得多（110万美元对比维护堤防的730万美元）（Tallis等，2008）。

联合国亚洲及太平洋经济社会委员会的"灾害相关统计框架"（UNESCAP，2018）提供了一个综合框架来指导基本统计数据获取。这些数据包括规模相对较小但更常发生的灾害种类，可用于灾害评估和其他应用。当与描述基于社区参与的开发图相结合时，它可以适用于在城市地区采用干净的水和卫生设施，并对那些通常因自然灾害而"掉队"的人能够提供细颗粒水平的充分关注。

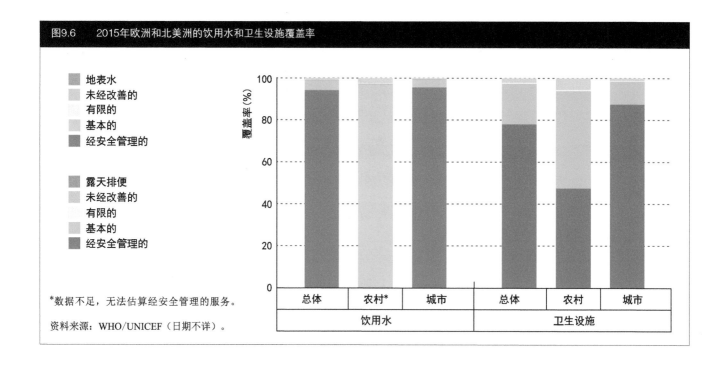

图9.6　2015年欧洲和北美洲的饮用水和卫生设施覆盖率

地表水
未经改善的
有限的
基本的
经安全管理的

露天排便
未经改善的
有限的
基本的
经安全管理的

*数据不足，无法估算经安全管理的服务。

资料来源：WHO/UNICEF（日期不详）。

覆盖率（%）

总体　农村*　城市　　总体　农村　城市
饮用水　　　　　　卫生设施

## 9.3 欧洲和北美洲地区

该地区数百万人经常在不知情的情况下饮用受污染的水。截至2015年，该地区的"掉队者"包括5700万没有自来水入户的人群，以及2100万仍然缺乏基本的饮用水服务的人群。此外，有3600万人无法获得基本的卫生设施，使用不安全、公用或不可持续的卫生设施（WHO/UNICEF，日期不详）。据世界卫生组织估计，由于供水、卫生设施和个人卫生服务不足，每天有14人死于腹泻病（Prüss-Ustün，2016）。在许多国家，尤其是在农村地区，获得经安全管理的卫生设施服务仍然是一项挑战（图9.6）。例如，在中亚地区和高加索地区，72%无法获得基本供水服务的人和95%仍直接使用地表水的人，生活在农村地区（UNECE，日期不详）。

东欧、高加索和中亚地区大部分人口的情况特别严重，同时西欧和中欧以及北美的许多居民也在遭受缺乏或不平等地获得水和卫生设施服务方面的痛苦。不平等往往与社会文化差异、社会经济因素和地理环境等有关（见专栏2.4）。

因此，必须从三个方面改善获取方面的不平等：减少地域差异、解决边缘化群体和生活在脆弱环境中群体所面临的特定障碍，以及降低可负担能力的障碍。

### 9.3.1 《水与健康议定书》：推动在减少获取水和卫生设施的不平等方面取得进展

联合国欧洲经济委员会《水与健康议定书》缔约方和世界卫生组织欧洲区域办事处（UNECE/WHO Europe，1999年）承诺通过加入或批准"协议"来确保公平地获得安全饮用水和适当的卫生设施。"议定"要求其缔约方切实确保每个人都能获得水和卫生设施，特别是"那些处于不利地位或遭受社会排斥的人"（UNECE/WHO Europe，1999，第51条）。

自2011年以来，《水与健康议定书》开发了各种工具并开展了国家一级的活动，以支持各国努力改善公平获取水和卫生设施的机会。

《不让任何人掉队：确保泛欧区域公平获取水和卫生设施的良好实践》一书（UNECE/WHO Europe，2012），为整个泛欧洲区域关于落实公平获取方面的政策和措施提供了良好的经验和教训。

公平获取分数卡（UNECE/WHO Europe，2013）是支持政府（国家、区域和城市）和其他利益相关者建立公平获取的基线衡量标准，是确定优先事项，并探讨应进一步采取的行动，以解决公平性差距问题的一个分析工具。它已经应用于泛欧洲地区的11个国家［亚美尼亚、阿塞拜疆、保加利亚、法国（巴黎大区）、匈牙利、摩尔多瓦共和国、北马其顿、葡萄牙、塞尔维亚、西班牙（卡斯特利翁市）和乌克兰］，其他一些国家也表示有兴趣开展相关应用。根据此类评估的结果（UNECE，日期不详），一些国家（匈牙利、葡萄牙、摩尔多瓦共和国、北马其顿、亚美尼亚、塞尔维亚和其他国家）采取了改善获得水和卫生设施服务公平性的措施。措施具体包括：

- 分析和评估现有的规划、政策和计划（例如在亚美尼亚，对水相关的立法框架进行了审查，以查明在确保公平获取方面立法的障碍）；
- 法律法规和体制改革（例如在塞尔维亚，根据"《水与健康议定书》制定了具体的公平获取目标）；
- 有针对性的投资（例如在北马其顿，对乡村学校的厕所进行了翻新）；
- 实行政策改革（例如在葡萄牙，制定了关于水价的新规定，以及关于一般性和社会收费的强制性规定）。

有关这些和其他举措的更多信息详见专栏9.2、9.3和9.4。迄今为止，在北马其顿（专栏9.3）和亚美尼亚（专栏9.4），出版物《确保公平获取水和卫生设施行动计划制定指导说明》（UNECE/WHO Europe，2016）的使用提供了一种结构式的方法，有助于政府制定和实施确保公平获得水和卫生设施的措施。

**专栏9.2　法国在改善公平获取水和卫生设施机会方面不断取得进展**

2013年，巴黎大区采用公平获取分数卡，对该地区水和卫生设施获取的公平程度进行了详细评估。这次评估揭示了少数人，即无家可归者和流浪社区的问题，并强调主要的挑战是，避免部分人群因无法支付服务费用而被迫断开水网连接（Eau de Paris/SEDIF/SIAAP/OBUSASS/Ministry of Social Afairs and Health，2013）。

在法国，国家一级采取了若干措施来解决准入方面的不平等问题。2014—2019年的第二个"国家家庭卫生设施计划"的目的是通过更好地了解所面临的挑战、改善卫生设施运行、减少特定人群的财务障碍等措施，努力改善家庭卫生设施（涵盖近20%的法国人口）。第三个"国家健康与环境计划2015—2019"（Ministry of Solidarities and Health and Ministry of Ecological Transition and Solidarities，日期不详）的目标是通过采取各种措施，特别是支持公平获取安全的饮用水和卫生设施、推动3.3万个集水区的水安全规划和保护立法，来加强该地区的健康环境动态管理。水的社会定价受法律（Brottes法）提供的实验方案约束，并须向国家水委员会报告（French Parliament，2013）。

**专栏9.3　与地方当局合作，改善北马其顿水和卫生设施的公平获取状况**

2015—2016年，国家公共卫生研究所和非政府组织"人权记者"在3个地区，对公平获取水和卫生设施进行了记分卡式自我评估，在官方统计之外帮助了解确保公平获取方面所面临的挑战。学校缺乏月经卫生管理设施、无家可归者无法获得饮用水和卫生设施服务、宗教场所缺乏厕所等被认为是主要问题，同时发现水和卫生部门面临资金短缺问题。他们与地方当局、区域公共健康中心以及当地媒体密切合作，开展了一场旨在改善这种情况的运动：评估结果不被视为对地方政府的批评，而是作为改善已发现不足的动机，并促进所有人，特别是在公共机构和学校，获得水和卫生设施服务。在一些城市，多所学校的厕所已得到了翻新。

资料来源：National Institute of Public Health/Journalists for Human Rights（2016）。

---

**专栏9.4　亚美尼亚确保水和卫生设施获取公平性的"国家行动计划"**

为了应对在确保水和卫生设施获取公平性方面的主要挑战，2017年8月，亚美尼亚能源基础设施和自然资源部国家水经济委员会正式批准了《2018—2020年国家行动计划》，以确保实现水和卫生设施的公平获取。该行动计划旨在通过改善579个没有集中供水服务农村社区的获取途径、更新立法和体制框架，以确保享有水和卫生设施人权在不同层面保持一致，以及在农村学校建设水和卫生设施系统等措施，努力减少公平性方面的差距。

资料来源：Ministry of Energy Infrastructures and Natural Resources of Armenia（2017）。

---

## 9.4
## 拉丁美洲和加勒比地区

拉丁美洲和加勒比地区国家政府长期以来一直认可供水和卫生设施是保护和改善健康的重要因素（UNECLAC，1985），但在该地区仍有数百万人缺乏足够的饮用水，更严重的是没有安全和适当的设施来处理排泄物。

2015年，拉丁美洲和加勒比地区65%的人口享有经安全管理的饮用水服务，但只有22%的人能够享有经安全管理的卫生设施服务。同年，96%的人口至少享有基本供水服务，86%的人口至少享有基本的卫生设施服务（图9.7）（WHO/UNICEF，2017a）。这意味着在该地区，约有2500万人无法获得基本的供水服务，2.22亿人无法获得经安全管理的饮用水服务。在卫生设施方面，情况要糟糕得多：该地区近8900万人没有获得基本的卫生设施服务，4.95亿人没有获得经安全管理的卫生设施服务（WHO/UNICEF，日期不详）。各国之间存在巨大差异（图9.8），但国家内部也存在差异，多个国家的行政区域之间的水和卫生设施覆盖率差距超过20%甚至30%（WHO/UNICEF，2016）。

那些连基本的供水和卫生设施服务都无法获得的部分社区，必然会被迫采取替代解决方案（例如供水方面：私人水井，非法连接供水网络、供水商，或直接从河流、湖泊和其他水体取水；以及卫生设施方面：简易厕所和露天排便）（Jouravlev，2004）。其中一些选项从单位成本来说是昂贵的，而且不一定能保证水是安全的饮用水。因此，这些"解决方案"与重大的健康风险有关，而在卫生设施方面，这些是水污染的主要来源之一。

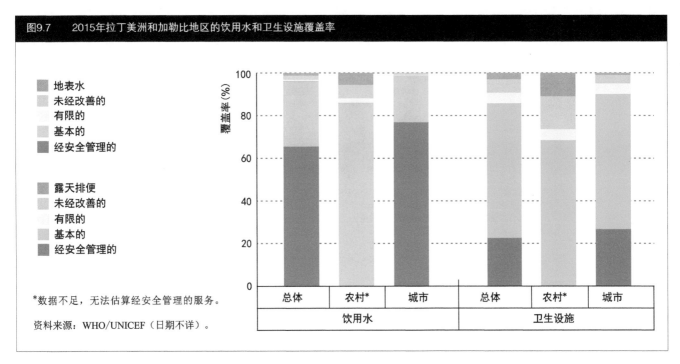

图9.7 2015年拉丁美洲和加勒比地区的饮用水和卫生设施覆盖率

地表水
未经改善的
有限的
基本的
经安全管理的

露天排便
未经改善的
有限的
基本的
经安全管理的

*数据不足,无法估算经安全管理的服务。

资料来源:WHO/UNICEF(日期不详)。

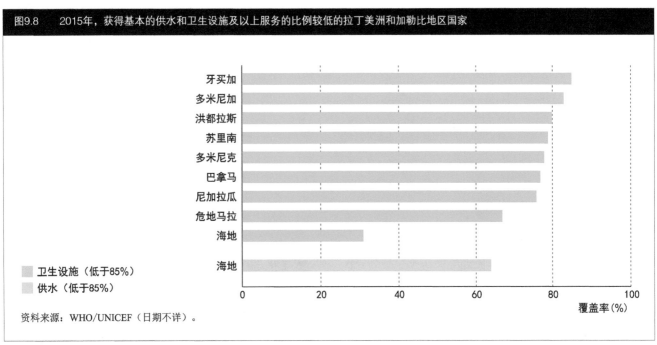

图9.8 2015年,获得基本的供水和卫生设施及以上服务的比例较低的拉丁美洲和加勒比地区国家

卫生设施(低于85%)
供水(低于85%)

资料来源:WHO/UNICEF(日期不详)。

大多数无法获得供水和卫生设施服务的人属于低收入群体,居住在农村地区:

● 虽然自21世纪初以来,该地区的收入分配不均问题已经有所下降,但2016年仍有1.86亿贫困人口,占总人口的近31%,而6100万人或10%的人口生活在赤贫之中(UNECLAC,2018)。图9.9~图9.12显示了不同国家城市和农村地区收入五分位数之间的供水和卫生设施覆盖率差距。收入五分位数之间的服务覆盖率差距随着时间的推移逐渐缩小,卫生设施的差距(平均26%)通常大于供水的差距(13%)。许多无法获得服务的人"集中在城市周边地区,主要是在该地区多个城市的周边贫困地带。事实证明,很难为这些边缘地区提供质量可接受的服务。在努力扩大边缘人口服务方面遇到的主要问题,一方面是高贫困水

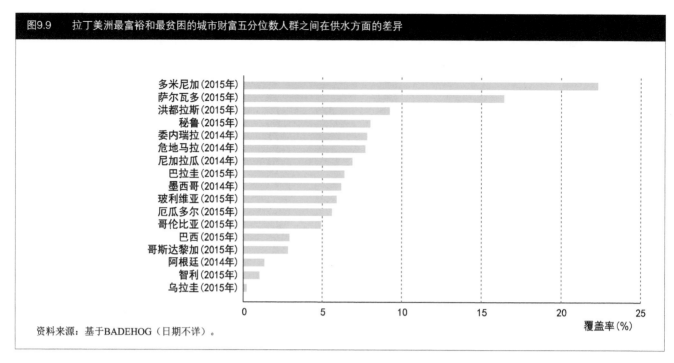

图9.9　拉丁美洲最富裕和最贫困的城市财富五分位数人群之间在供水方面的差异

资料来源：基于BADEHOG（日期不详）。

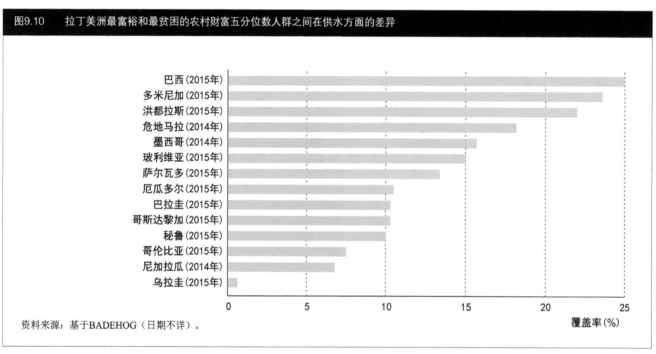

图9.10　拉丁美洲最富裕和最贫困的农村财富五分位数人群之间在供水方面的差异

资料来源：基于BADEHOG（日期不详）。

**由于服务提供者（无论是公共还是私人）的效率低下而导致的成本增加，侵犯了享有水和卫生设施的人权。**

平、低支付能力和文化方面导致的低支付意愿，另一方面是昂贵的建设和运营成本。这些人群经历了爆炸性的增长，并且以无组织的方式发展，在远离现有网络的、地形条件更复杂的地区定居。"（Jouravlev，2004，第14页）。

● 在该地区的国家，农村地区的供水和卫生设施服务覆盖率要明显低于城市地区。在获得基本及以上服务方面，城市和农村地区之间的差异是供水服务的13%和卫生设施服务的22%（WHO/UNICEF，2017a）。此外，农村地区使用的技术解决方案（如水井、化粪池和厕所等）通常无法确保与城市相当的服务质量或功能水平（主要是入户连接）（Jouravlev，2004）。在农村地区，收入五分位数之间的服务覆盖率差距比城市要大得多。土著人民获得水和卫生设施的比例也往往较低（WHO/UNICEF，2016）。农村地区覆盖率较低的几个原因有：农村地区人口密度低，难以

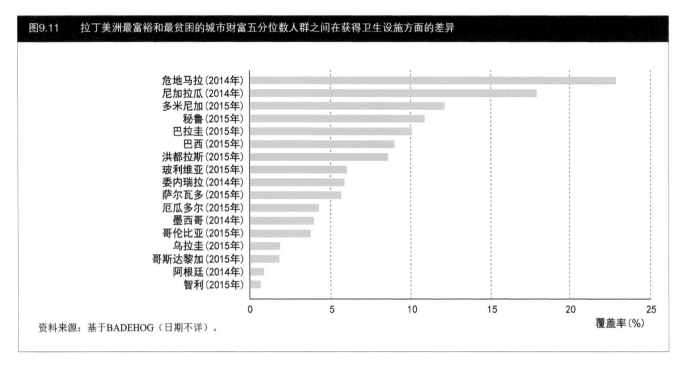

图9.11 拉丁美洲最富裕和最贫困的城市财富五分位数人群之间在获得卫生设施方面的差异

资料来源：基于BADEHOG（日期不详）。

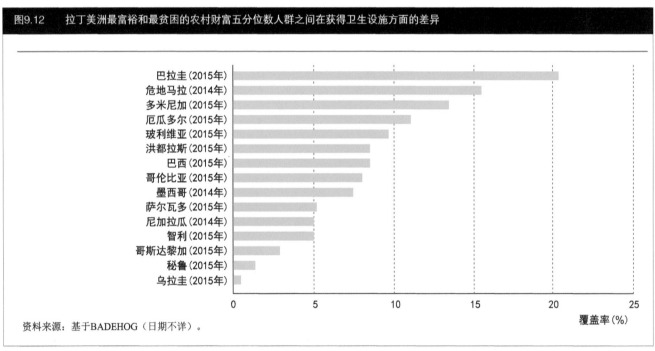

图9.12 拉丁美洲最富裕和最贫困的农村财富五分位数人群之间在获得卫生设施方面的差异

资料来源：基于BADEHOG（日期不详）。

利用规模经济有效地组织提供服务，以及贫困率较高，农村社区的政治影响力和受关注度往往都低于城市人口。

拉丁美洲和加勒比地区供水和卫生设施服务提供的经验表明，为实现水和卫生设施人权以及可持续发展目标6，以下是最低限度的基本原则，以实现不让任何人掉队：

● 有效的服务提供对于满足水和卫生设施的人权至关重要。通过降低服务成本、提高效率可以带来更好的可负担性和更多的使用机会。相反，由于公共或私人服务提供者效率低下而导致的成本增加，侵犯了享有水和卫生设施的人权。一些最常见的低效率形式包括人员过多、腐败、会计操纵和转移价格操纵、债务过多、交易成本高、规模经济损失和范围损失以及特殊利益集团（工会、政治家或投资者等）的干预。简而言之，效率和公平不是相互排斥的，而是互补的（UNECLAC，2010）。

- 该部门的效率是组织和管理服务的一个体现。提高效率的能力主要取决于监管框架、治理、制度控制、政治文化和意愿（UNECLAC，2010）。政府应根据公平合理的回报率、诚信、尽职调查、效率义务以及向消费者转移效率收益等概念，对私人和市政或国有服务提供者实施适当的监管。各国政府在制定、实施和尊重法规和体制框架以及在其关于预算拨款的决定中所表现出的严肃性和谨慎性，充分体现了各国政府对于水和卫生人权的高度重视（UNECLAC，2010）。

- 这些服务成本高昂，而且该地区的收入分布差距全球最大（UN，2013）。因此，贫困人口如果没有得到组织良好的国家支持，就无法行使他们本应享有的水和卫生设施人权，国家支持的形式可以是消费补贴（为贫困人群提供更便宜的水费）和连接补贴（以促进家庭与网络的连接和网络的扩展）。各国政府需要恢复其在供水和卫生方面投资融资的传统作用，特别是将覆盖范围扩大到低收入群体。在这方面，政治优先权极为重要。这些优先事项应该反映在政府预算中，而不仅仅是在对媒体的声明中（Solanes，2007）。

在许多国家，权力的分散化导致部门体制高度分割，服务提供方众多，因而无法达到规模经济要求，也不具备经济可行性；并且因为是由缺乏必要资源和激励机制的市政当局负责，因此无法有效应对水与卫生设施服务的复杂性。权力分散还缩小了服务范围的规模，导致同质化严重，限制了交叉补贴的可能性，助长了"撇奶皮"现象，使低收入群体在服务获得方面更加处于边缘地位。显然，大多数国家必须整合这一领域的产业结构（Jouravlev，2004）。

## 9.5
## 撒哈拉以南非洲地区

---

**周期性和长期性的缺水是非洲发展道路上的一项重大挑战。**

截至2017年中，全球人口接近76亿人，其中17%居住在非洲（13亿人）（UNDESA，2017a）。周期性和长期性的缺水是非洲发展道路上的一项重大挑战。贫困率，也就是每天生活费不足1.90美元2011年国际购买力平价（PPP）的人口比例，从1990年的57%下降到2012年的43%。然而，由于人口增长，贫困人口数量从1990年的2.8亿人增加到2012年的3.3亿人（Beegle等，2016）。此外，脆弱国家的减贫速度最慢，城乡之间以及次区域之间存在着巨大差距。

周期性和长期性的缺水是非洲发展道路上的一项重大挑战。由于缺乏水资源管理基础设施（经济缺水），以及在储存和供应方面、改善饮用水和卫生设施服务方面的短板，是导致持续贫困的直接因素（FAQ，2016）。农业占该地区GDP总额的15%，其中国家层面的数据，从博茨瓦纳和南非的不足3%到乍得的超过50%不等。小规模农场直接雇用约1.75亿人（OECD/FAO，2016）。灌溉严重依赖地下水，有证据表明几个含水层正在枯竭：美国国家航空航天局（NASA）的一项研究（2015）报告指出，2003—2013年，非洲的8个主要含水层很少甚至没有水的补给。

降水和气温特征的变化进一步威胁到水资源供应、农业生产和生态系统平衡。在非洲受威胁的生态系统中，乍得湖呈现出水资源安全与经济发展之间复杂的相互作用，已经导致严重的人道主义危机（专栏9.5）。

在非洲，实现可持续发展目标的供水、卫生设施和个人卫生服务目标仍是另一项难以克服的挑战，因为其获取经安全管理的饮用水、经安全管

**专栏9.5　乍得湖生物圈和遗产（BIOPALT）项目：将环境恢复、跨界资源管理与发展联系起来**

乍得湖流域位于喀麦隆、中非、乍得、尼日尔和尼日利亚的交界处，为4000多万人口提供淡水和生计，同时为多种多样的野生动物提供了栖息地（见图）。

自20世纪60年代初以来，由于降雨和入湖径流（城市径流和农业径流）的变化以及该地区用水量的增加，乍得湖的水面发生了显著变化。这导致水位显著下降和湖面大幅度萎缩，从1963年到2010年减少近90%（Gao等，2011）。除了明显的环境和经济挑战之外，湖泊萎缩被视为区域不安全的原因之一，因为长期的冲突摧毁了生计，使得数百万人流离失所，并且在总体上影响了湖泊周围四个国家（尼日利亚、尼日尔、乍得和喀麦隆）的大部分地区，这四个国家已经在处理水不安全问题（Okpara等，2015）。

这导致世界上最严重的人道主义危机之一。联合国人道主义事务协调办公室，2018年估计，有超过1070万人需要救济援助才能生存，其中72%在尼日利亚。2018年，为应对生活在流域周围的人民所面临的人道主义挑战，所需的资金估计为16亿美元。其中还包括9000万美元用于干预措施，以便为275万人提供安全和公平的用水以及经改善的相关设施，这275万人中许多是国内流离失所者、妇女和儿童（UNOCHA，2018）。

自危机开始以来，各国政府和人道主义组织制定了与发展行为者密切合作的战略，以解决困扰乍得湖问题的结构性原因，其中包括由乍得湖流域委员会发起并由非洲开发银行资助的"乍得湖流域系统恢复和韧性加强计划"（PRESIBALT）（LCBC，2016）。

图　乍得湖：流域和人口

资料来源：Lemoalle和Margin（2014，图6，第43页）。

在"乍得湖流域系统恢复和韧性加强计划"框架中，联合国教科文组织目前正在实施乍得湖生物圈和遗产项目。该项目旨在加强乍得湖流域委员会成员国保护和可持续管理乍得湖流域跨界水文、生物和文化资源的能力，从而为减少贫困和促进和平做出贡献（UNESCO，日期不详）。

该项目的重点是对水资源等跨界资源进行联合管理，这将有助于解决在水和卫生设施获取方面的歧视和不平等问题。项目将通过一系列行动来实现，其中包括利用联合国教科文组织从潜在冲突到合作潜力（PCCP）[1]的方法，开展决策者、专家和当地社区在跨界水资源管理方面的能力建设。特别是，在整个项目实施期间（不仅仅是培训），社区组织的参与将有助于确保那些通常已经掉队的当地社区直接加强能力，并从项目成果中受益。

---

[1] www.unesco.org/new/en/pccp.

理的卫生设施和洗手设施的比例在世界范围是最低的（图9.13）。在2015年，撒哈拉以南非洲地区只有24%的人口能够获得安全的饮用水（WHO/UNICEF，2017a）。但是，各国之间存在很大差异（图9.14）。

在2015年，撒哈拉以南非洲地区获得基本的卫生设施服务的平均比例仅为28%。缺乏基本的卫生设施服务的人群要么只能使用有限的卫生设施（两个及以上家庭共用经改善卫生设施的比例为18%），要么使用未经改善的卫生设施，如没有平板或平台的坑式厕所、悬挂式厕所或桶式厕所（31%），要么露天排便（23%）。撒哈拉以南非洲地区只有三个国家有数据，可以用来估算获得经安全管理的卫生设施的人口比例：塞内加尔（24%），索马里（14%）和尼日尔（9%）（WHO/UNICEF，2017a）。

在38个有数据的非洲国家中，34个国家不到50%的人口在家里有基本的洗手设施（图9.15）。在撒哈拉以南非洲地区，所有拥有基本洗手设施的人口的3/5生活在城市地区（WHO/UNICEF，2017a）。

预计到2050年，全世界超过一半的人口增长将发生在非洲（超过13亿人，全球22亿人）（UNDESA，2017a）。人口增长尤其发生在城市地区，如果没有适当的规划，这可能会导致贫民窟的急剧增加。目前，有1.89亿贫民窟居民居住在撒哈拉以南非洲地区（全世界共有8.83亿贫民窟居民）。即使各国在2000—2015年期间城市贫民窟的生活条件稳步改善，新住房建设的速度也远远落后于城市人口增长的速度（UN，2018b）。

然而，由于对能源、食品、就业和教育等的需求也将增加，为不断增长的人口提供水、卫生设施和个人卫生服务并不是非洲面临的唯一挑战，因为对能源、食品、就业和教育等的需求也将增加。人口增长也可以被视为一种机遇，因为"人口压力可以激发创造力"（Boserup，1965）。但是，教育仍然是非洲大陆的挑战，因为五个成年人中就有超过两个仍然是文盲（Beegle等，2016），而且学校教育质量常常很低。在2016年，虽然全球约有85%的小学教师接受过培训，但撒哈拉以南非洲地区的这一比例仅为61%（UN，2018b）。如果机会平等、适当的教育和培训能得到保障，人口不断增长可能带来的智力贡献能够帮助非洲走上实现可持续发展目标的道路。

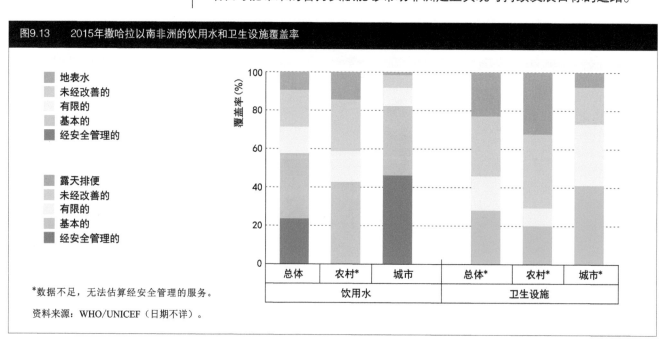

图9.13　2015年撒哈拉以南非洲的饮用水和卫生设施覆盖率

*数据不足，无法估算经安全管理的服务。

资料来源：WHO/UNICEF（日期不详）。

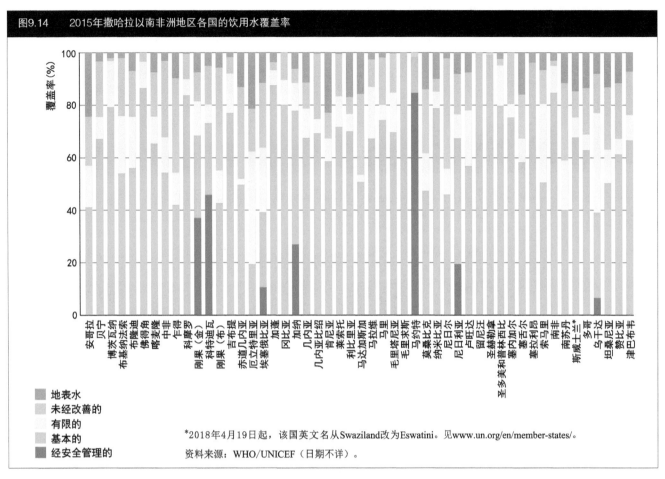

图9.14　2015年撒哈拉以南非洲地区各国的饮用水覆盖率

图例：
- 地表水
- 未经改善的
- 有限的
- 基本的
- 经安全管理的

*2018年4月19日起，该国英文名从Swaziland改为Eswatini。见www.un.org/en/member-states/。

资料来源：WHO/UNICEF（日期不详）。

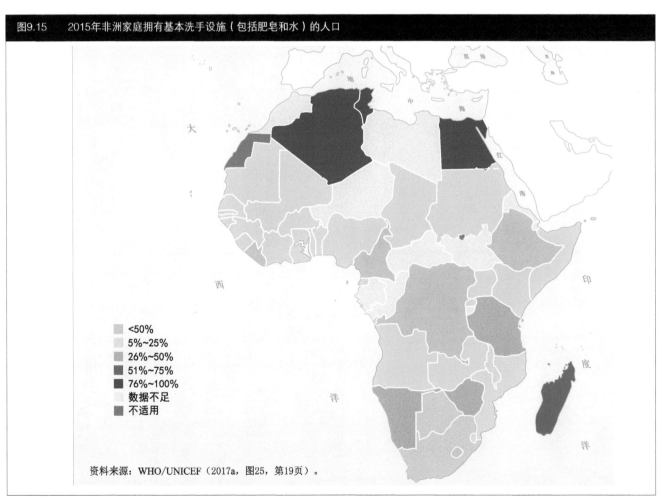

图9.15　2015年非洲家庭拥有基本洗手设施（包括肥皂和水）的人口

图例：
- <50%
- 5%~25%
- 26%~50%
- 51%~75%
- 76%~100%
- 数据不足
- 不适用

资料来源：WHO/UNICEF（2017a，图25，第19页）。

# 10

# 包容性发展的战略和应对方案

世界水评估计划 | Richard Connor，Stefan Uhlenbrook，Michela Miletto和Engin Koncagül
联合国人权事务高级专员办事处 | Rio Hada
其他参与编写者：Neil Dhot（国际私营水运营商联合会）；Tamara Avellán（联合国大学材料
通量和资源综合管理研究所）和Nidhi Nagabhatla（联合国大学水资源环境和健康研究所）

考虑到本报告中提出的挑战和机遇，本章描述了一系列战略和应对方案，可直接从技术、经济、知识和治理角度应对这些挑战。

## 10.1
# 引言

本报告的前几章通过技术、社会、治理和经济的方法，研究了实现普遍获得供水和卫生设施以及改善整体水资源管理等方面面临的挑战和机遇（第2~5章）。并针对城市和农村地区的弱势群体（第6~7章）、难民和被迫流离失所人群（第8章）以及不同区域（第9章）等方面，进一步阐述了这些挑战。

在这些改进选项的基础上，本章试图解决几个基本问题，即：为实现"不让任何人掉队"与水相关目标，需要做什么（以及为什么不能回避），由谁去做以及如何去做等。

## 10.2
# 加强供水和改善水的可获得性

水的可利用性可以分为两个截然不同但不可分割的方面。第一个涉及供水，对应可从地表和地下水源以及非常规来源，可以可持续地提取的水量。这包括海水淡化、水再利用和再循环、雨水和雾水收集等。提高所有主要用水部门（包括农业、能源、工业、市政和家庭等）的用水效率也可以大大降低总体需求，从而为其他用户（包括生态系统）释放水资源。第二个涉及可获得性，包括了从水源输送水并将其以足量和适合其预期用途的水质提供给不同的用户。

> 在所有类型的水文系统中，甚至在水资源相对丰沛的地方，都有改善水资源可获得性的需求。

改善水资源管理，对于经历长期或经常性缺水（需求超过可持续供应量，或供应受到污染、土地退化或其他因素影响）的地区尤其重要和紧迫，但可以说，在所有类型的水文系统中，甚至在水资源相对丰沛的地方，都有改善水资源可获得性的需求。改善可获得性的障碍本质上通常具有社会、经济属性[1]。尽管供水和水的可获得性对于确保所有人的水安全至关重要，但水资源的可获得性在历史上较少受到媒体（和有争议的政治）的关注。然而，从"不让任何人掉队"，实现供水和卫生设施人权的角度来看，克服水资源可获得性的挑战与解决水的供应和稀缺性问题相比，同等紧迫、重要，在许多具体情况下甚至更加紧迫、重要。

从技术角度来看，为处境不利和边缘化群体解决缺乏饮用水供应和卫生服务的潜在对策，可能取决于当地的物质条件以及人力资源、机构能力等因素，在不同地方有显著差别（见第2章、第3章和第4章）。事实上，尽管在规模庞大的高密度城市社区通过资源共享和规模经济为大规模集中供水、卫生设施和个人卫生基础设施提供了机会，但同时，在规模较小的城市居住区（见第6章），包括难民营（见第8章），已证实成本较低的分散式的供水和卫生设施系统是成功的解决方案。对于低密度的农村地区居民来说，共享设施可以提供更便宜的家庭服务替代方案，目标是使这些设施更靠近人们的居所，同时保证并保持其安全性和可靠性（见第7章）。

因此，在选择最合适的供水、卫生设施和个人卫生技术方面，基本原则不是在"最佳实践"中选择，而是基于当前和预期未来的社会经济环境，在"最适合"中进行选择。并且，为了选择"最适合"，在决策过程初始阶段以及整个实施和运营阶段，必须让不同的用户群体参与进来。

这并不一定意味着，不应该在考虑更广泛现实的情况下处理每个具体案例。例如，城乡综合规划可以在水资源管理（如水源保护）、人、卫生设施和个人卫生服务和其他水服务方面产生效益，并在粮食和能源安全、生计和就业机会等方面共同获益（WWAP/UN-Water，2018）。应对农村贫困人口面临的挑战，特别是在气候变化背景下的水资源管理方面，需要增加对水基础设施（如集水、灌溉等）的投资、改善作物咨询和水管理咨询服务以及规划和实施干旱准备计划等。这些行动加上更好地获得社会保障，包括社会保障计划（养老金和保险）以及更有针对性的社会援助计划，将提高贫困小规模农业从业者家庭的经济和生产能力（见第7章）。

## 10.3
## 解决投资缺口

有证据表明，如果将更广泛的宏观经济效益考虑在内，供水、卫生设施和个人卫生的投资回报率可能相当高，全球改善卫生设施的平均收益成本比为5.5，改善饮用水为2.0（Hutton和Andres，2018）。然而，供水和卫生设施仍然严重缺乏资金支持。一项研究表明，为满足供水、卫生设施和个人卫生相关的可持续发展目标6.1和6.2要求（Hutton和Varughese，2016），年投资将在目前水平的基础上增加三倍（达到1140亿美元）。值得注意的是，这一估算投资不包括持续的运营和维护成本，也不包括实现可持续发展目标6其他子目标相关的环境水质、水资源利用效率、生态系统、水资源综合管理和实施手段所需的投资。

---

[1] "可获得性"或"不可获得性"的概念在某种程度上与"经济缺水"的概念相似，"由此，可获得性不是受资源可利用量的限制，而是受人力、机构和财政等因素对资源分配到不同用户组的限制"。

资金不足和缺乏有效的融资机制给弱势群体和边缘化群体实现水、卫生设施和个人卫生目标制造了障碍。

资金不足和缺乏有效的融资机制给弱势群体和边缘化群体实现供水、卫生设施和个人卫生目标制造了障碍。如第5章所述，大型供水、卫生设施和个人卫生提供商理论上可以开展商业融资，但实际上，供水、卫生设施和个人卫生投资只占私营部门融资的一小部分，而私营部门融资的主要方向是交通运输和能源基础设施。对于小型服务提供商和家庭来说，商业融资可能更难获得，他们不得不依靠其他手段，如赠款或小额融资（如果有的话）。

通过提高系统效率也能在一定程度上弥补投资缺口，可以更有效地利用已有资金，并显著降低总体成本。但是，针对易受损群体的定向补贴和公平的收费结构，仍将是成本回收和供水、卫生设施和个人卫生服务投资的重要来源。

对发展中国家而言，国际捐助界的支持仍然相当重要，但不能成为主要的资金来源。官方发展援助中与供水、卫生设施和个人卫生相关的部分，在过去几年中稳定在其总承诺的5%左右，未来不太可能大幅度增加（UN，2018a）。官方发展援助特别有助于动员其他来源的投资，例如商业和混合融资，包括私营部门。但是，各国政府有责任大幅增加用于扩大供水、卫生设施和个人卫生服务的公共资金数额。国内公共资金的这种增加也有助于形成良好的经济环境，促进其他来源的外来投资，包括商业、可偿还融资。此外，国内公共资金对于降低水相关基础设施的投资风险至关重要，这些项目往往需要大量的前期投入，而且投资回收期较长。在许多情况下，这将需要进行改革，以提高该部门及其公用设施服务的效率，并提高其整体信誉（例如通过确保公用设施服务能够在成本回收的基础上进行运作）。必要的改革包括技术措施（例如分配系统、减少不收费用水、计量等）以及非技术、治理相关措施等。

在水领域中，"私有化"这一表达产生了一个术语问题，因为它用于定义两个截然不同的概念。第一个是指向将水作为产品销售的商业公司颁发水许可证。第二个是指将公共的饮用水或污水处理服务，部分或全部授予一个企业，而这个企业是在经授权的公共权力机构控制下运营。在这两种情况下，私营公司和私营水务经营者必须保障用户享有水和卫生设施服务的人权。在供水和卫生设施服务私有化方面实施良治（见第4章），确保主体责任落在指定的官员身上至关重要，无论业务是否外包。无论是否私有化，往往管理薄弱是水和卫生设施运营失败的根本原因。如果通过公共权力进行适当监管，私有化可以提供额外的手段来提高整体系统效率，并为更多人（理想情况下所有人）带来更多的水和经改善的卫生设施服务。私有化还可以落实责任制，为用户设计服务，建立适当的规则体系以保护人类健康和环境，以及保障充分的投资。但是，在建立这样一个项目之前，公共管理当局应该回答以下问题：①公用事业运营现有资产时是否处境困难（例如服务不力，缺乏合格的工作人员并进行持续的维护）？②公共事业是否面临重要的投资计划挑战，例如基础设施的扩张或现有基础设施的重建？如果是，该计划涵盖了整个体系还是仅仅涵盖其中一部分？③公用事业是否面临财务限制（例如难以设定收费事项或难以发债）？根据答案，公共当局将能够确定是否存在政府和社会资本合作的领域，以及哪种形式的社会资本合作可以最好地满足需求（例如特许经营、抵押、租赁、建设+经营—转让等）。

但是，单靠增加资金和投资并不一定能确保供水、卫生设施和个人卫生服务覆盖所有处境最不利的人群。实际上，如第5章和第9.4节所述，对供水、卫生设施和个人卫生基础设施的投资常常不能覆盖最贫困的人口、家庭和社区。因此，必须适当设计补贴形式，使其公正透明并有针对性；必须适当设计税收结构，以实现成本回收和经济方面高效的目标，同时还要考虑每个特定目标人群的公平性、可负担性和适当的服务水平（见第5章）。

## 10.4
## 知识和能力发展

为制定有效的政策，需要更多关于最贫困和最弱势群体的知识和信息，并在当地、社区层面实施"最适合"的水、卫生设施和个人卫生解决方案。

科学研究、发展和创新，对于支持明智决策至关重要。旨在改善所有人，特别是脆弱和弱势群体的水、卫生设施和个人卫生服务的技术解决方案需要进一步改进。虽然在设计公平的税收结构和提高可负担性方面取得了一些进展并且有利于（而不是不公正对待）贫困和处境不利的人群，但是仍需要在经济方面进一步研究和分析供水、卫生设施和个人卫生服务，以支持包容性是有益的。例如，改进的供水、卫生设施和个人卫生服务的巨大长期效益已被充分的记录（如降低儿童患病率，提高教育和劳动力参与度，以及改善特别是女孩和妇女在学校和工作场所的环境），但还需要进一步地研究经济模型，以有力地评估当地乃至全国范围内的所有效益。

为制定有效的政策，需要更多关于最贫困和最弱势群体的知识和信息，并在当地、社区层面实施"最适合"的供水、卫生设施和个人卫生解决方案。在这方面，已证实当地和传统的知识是非常有价值的。不幸的是，居住在非正规城市和城郊定居点（贫民窟）的居民常常地位缺失（见第6.2节）。极度贫穷的农村社区在人口普查过程中常常不被恰当或公平地纳入，甚至被有意地遗忘。收集和记录居民和社区的基础数据可以产生新的信息，有助于更好地了解需求、资源和能力，从而使当地的众多利益相关方能够影响政府决策，并公开参与供水、卫生设施和个人卫生解决方案的设计和实施，而这个解决方案应是技术上最合适的、经济上可负担的、社会层面可接受的。

同样重要的是，要认识到在农村和城市环境中，穷困人群和弱势群体所面临的现实和挑战有很大不同（见第6章和第7章）。预计未来绝大多数人口增长将发生在发展中国家的大城市和较小城市，城市化加速对于为新居民提供安全、可靠和可负担的供水和卫生服务以及保持与已提供给现有用户的服务水平相同，提出了巨大挑战。然而，尽管有时金融资源受到严重限制，但这种快速的城市化增长也为实施适合当地的供水、卫生设施和个人卫生解决方案创造了机会，而不必复制在大多数发达国家城市占主导地位的、规模更大、通常投资更多的、资本密集型的集中式供水、卫生设施和个人卫生服务系统。

虽然可持续发展的挑战将越来越多地集中在城市，但农村地区在政策和总体支持方面也不应该"掉队"。农村贫困人口占极端贫困人口总数的近80%[1]，其中绝大多数生活在南亚和撒哈拉以南非洲（World Bank，2016a），在制定政策和计划时，绝对不能再忽略或故意忽视他们。弱势

---

[1] 极端贫困的国际贫困线为每天1.90美元2011年购买力平价。

农村社区的信息和能力建设需求与上述城市贫困人口的信息和能力建设需求相似，但也应包括与水资源分配和水权保障相关的知识，这些知识是改善生计、扩大经济基础所需的，能使其不局限于自给自足的农业、畜牧业和渔业。除经济状况外，还需要考虑贫困城市、农村社区之间社会结构和主要社会网络的差异。

进展监测是知识和能力发展的另一个重要方面，其价值不仅仅是获得可持续发展目标6.1和6.2的进展，还能提供有价值的信息，判断有关改进供水、卫生设施和个人卫生服务所采用的政策和技术解决方案是否正有助于实现特定目标，如果没有，还可以采取哪些措施来提升效果。分类数据（关于性别、年龄、收入群体、种族、地理分布等）和社会包容性分析，是判断哪些群体有最大"掉队"风险并进行原因分析的关键工具。信息和通信技术的使用，可以通过收集公民数据极大地促进进展监测，并改善对知识的总体获取。然而，尽管全球2/3的人口使用互联网，但在非洲和南亚，互联网接入比例却要小很多（Poushter，2016；We are Social and Hootsuite，2018）（见序言3.viii部分）。

除了以上这些方面的努力外还需要提高机构能力，以协助和促进政策改革、公民在适当的层级参与决策以及政策落地实施。需要通过职业、技术和学术培训等手段支持人的能力开发，特别是在地方和社区一级，已经在为实现可持续发展目标6.1和6.2方面取得进展而努力。

## 10.5 治理

本报告的几个章节强调了以社区为基础的措施在解决水资源和卫生设施"让人掉队"根本问题方面的重要性。如第4章所述，实施良治试图摆脱等级权力结构，同时接受责任制、透明度、合法性、公众参与、公正和效率等概念，这些原则符合基于人权的方法。包容、合作的治理需要政府机构的介入，以及非国家行为主体积极参与伙伴关系和对话。但是，为了使政策的制定和（尤其是）实施在社区层面真正有效，中央或国家政府需要创造一个有利的制度环境，以实现参与性治理。这其中包括：具有足够能力和权威的机构，按照已有规范进行监督和执行；利益相关方可以通过论坛提出建设性意见或表达看法。这种制度变革不仅是可能的，而且已经在发生，正如亚美尼亚（见专栏9.4）和乍得湖流域（见专栏9.5）的案例所示。

治理结构需要保证公平、公正地为所有人分配水资源。可以建立水资源分配机制，以实现不同的社会经济政策目标，如保障粮食、能源安全以及促进工业增长等，但首先要确保有足够的水以及适当的水质来满足每个人的基本需要（用于家庭和生活目的）。如第4章和第7章所强调的，土地所有权的不平等可以转化为水资源获取和受益的不平等。例如，在一些国家，妇女不平等的继承权和土地所有权可能直接导致水分配方面的歧视。为确保农村地区安全、平等地获得水资源，需要继续努力提高小规模用户对灌溉用水的认识，并进一步承认他们对国家粮食安全的贡献。

在"地方到全球"系列的另一端，国际社会仍然坚定地致力于《2030年可持续发展议程》。在水方面"不让任何人掉队"意味着，要实现可持续发展目标6，特别是要实现目标6.1（饮用水）和6.2（卫生设

> 治理结构需要保证公平、公正地为所有人分配水资源。

施）。国际社会有责任向国家和地方政府及执行政策的其他行动者提供指导、援助和支持，向所有人（尤其是最贫穷和最弱势群体）提供供水、卫生设施和个人卫生服务，同时监测并报告进展情况。

水冲突是一个术语，用于描述在水资源使用者之间，因其在获取、使用水资源及其服务方面的不同或相反利益导致的水资源争议。这些使用者可以是国家、团体或个人。尽管历史上出现了各种各样的水冲突，但很少有传统战争的主要起因是水方面的（Gleick，1993）。由于一系列原因，水往往成为紧张局势的根源和冲突的起因（见序言，第1.v节）。另一方面，水，或者更具体地说，对水资源和水系统的联合管理可以成为国家、团体或个人之间合作的机会。跨界水资源合作可以成为促进各国之间合作的重要工具，从而反过来支持和平与稳定、经济繁荣和环境可持续性（专栏10.1）。

水与移民之间的联系越来越受到关注（Miletto等，2017），尽管这尚未完全纳入国际移民政策（Mach和Richter，2018）。

> 由于武装冲突或突发自然灾害而导致的被迫流离失所，使人们在获取供水、卫生设施和个人卫生服务方面处于极端脆弱的境地。

由于武装冲突或突发自然灾害而导致的被迫流离失所，使人们在获取供水、卫生设施和个人卫生服务方面处于极端脆弱的境地。加强发展援助（侧重于预防、降低风险和避免危机的长期措施）与人道主义援助（当危机发生时解决问题）之间的协调一致，将大大有益于应对这一挑战。

难民和国内流离失所者面临的与供水、卫生设施和个人卫生有关的挑战需要特别注重政治反应。如第8章所述，应急计划和危机应对行动都是必要的，以确保难民和流离失所者能够获得经安全管理的供水、卫生设施和个人卫生服务。在对难民营提供相关服务的情况下，服务水平与周围社区、国家标准的协调，对于与社会歧视进行斗争和形成平等获取至关重要。这不应被视为额外的负担，而应该是一个机会，因为向难民营提供供水、卫生设施和个人卫生服务的共同、合作的努力，也有助于改善当地社区的水基础设施和服务（见专栏9.1）。

**专栏10.1 跨界水资源的冲突预防与合作**

水与和平问题高级别小组指出，跨界水合作可以成为促进各国之间合作的重要工具（Global High-Level Panel on Water and Peace，2017）。考虑到所有用户和水的各种用途，在跨界流域实施真正的水资源综合管理，支持区域一体化，可以为社会所有成员提供远远超出水服务范围的福利。这些福利包括和平与稳定、经济繁荣和环境可持续。当用于应对水和其他资源不对称、不平衡的可利用性和获取途径的适应策略时，它还可以帮助解决移民危机。

运营协议涵盖的跨界流域面积百分比，已被用作衡量在跨界条件下实施综合水资源管理的合作程度的指标（可持续发展目标6.5.2指标；UNECE/UNESCO，2018）。运营协议和监督其实施的联合机构非常多样化。没有普遍适用的解决方案或"一个适用所有情况的模型"，因为解决方案应根据特定情况进行定制。在86个国家中，运营协议覆盖的跨界河流、湖泊流域面积的平均百分比为64%。基于63个国家，含水层比例为47%（UN，2018a）。

各国报告称，在达成协议的过程中遇到了一些障碍，包括"沿岸国家间缺乏政治意愿和权力不对称；国家法律、体制和行政框架支离破碎；缺乏财政、人力和技术能力；数据可利用性差，特别是与跨界含水层及其边界相关的数据"（UN，2018a，第13-14页）。因此，要实现可持续发展目标6.5，即到2030年将所有跨界流域纳入运营协议，就需要在应对相关挑战方面加快实施。

为了实现平等，各国有义务优先考虑特别容易受到歧视或排斥的个人和群体。

水资源综合管理仍然是支持良好水资源治理的核心范例，如第1章所述，基于人权的方法可以为理解和实施水资源综合管理提供有益的视角，重点是责任制、广泛参与和非歧视原则。基于人权的方法在水资源综合管理中增加了平等和不歧视、资源和利益的公平分配以及加强责任制和补救措施等关键要素。基于人权的方法旨在寻找那些在发展进程中"掉队"的群体和个人，确定他们的哪些权利受到侵犯或无法实现，倾听他们的声音，还要了解某些群体无法主张其权利的原因。基于人权的方法确定有责任采取行动的人以及根据国际法他们作为责任承担者的义务，并努力加强责任承担者履行义务的能力和权利持有人主张和行使其权利的能力。私营企业和供水服务提供者也有责任尊重所有的人权，并确保其活动不会侵犯人民享有水和卫生设施的人权。

妇女在水管理和保护方面发挥着关键作用，因为妇女在家庭和社区层面与水有着独特的关系。在家庭里女性是儿童的主要影响因素。因此，她们可以传播水资源保护和可持续利用的重要性，从而支持后代明智地评估和管理水资源。妇女和女孩也可以通过参与水经济来增加交流机会，因为解决水部门中僵化的性别定位是一个关键性的问题，对于生活在脆弱环境中的社区更是如此（Thompson等，2017）。

参与实现在非歧视性和平等基础上的水和卫生设施人权的所有行为者，都有特定的义务和责任。

## 10.6 实现水和卫生设施人权的角色和责任

### 10.6.1 国家的义务

《经济、社会及文化权利国际公约》第2条第1款要求，各国采取措施逐步实现经济、社会和文化权利，并表明"这些步骤应该是经深思熟虑的、具体的、有针对性的，应尽可能清晰地履行公约认可的义务"（CESCR，1990，第2段）。

人权将个人定义为有权获得供水和卫生设施的权利持有人，并强调责任承担者必须保证所有人都可以获得水、卫生设施和个人卫生服务，并且可以最大化地利用其可用资源。根据《经济、社会和文化权利国际公约》，缔约国必须尊重、保护和实现人权。关于水方面人权的第15号一般性意见（CESCR，2002b）明确了这些义务：

● 尊重：各国不得阻止人民享有其水和卫生设施人权，不得支持、延续和强化歧视和侮辱行为。

● 保护：各国必须防止第三方干涉人民享有水和卫生设施的人权，预见并补救侵权行为。

● 实现：各国有责任确保每个人都能最大化地利用其可用资源，享受水和卫生设施人权。

为了实现平等，各国有义务优先考虑特别容易受到歧视或排斥的个人和群体。不歧视和平等原则承认，人们由于固有特性或因为歧视行为的结果，面临着不同的障碍，有着不同的需求，因此需要不同的支持或

对待方式。人权法有时要求缔约国采取积极行动，以减少或消除导致或使歧视永久化的相关因素。

根据《国际人权法》，各国有义务尊重其他国家享有水和卫生设施的人权，避免采取干扰享受这些权利的行动，并防止本国公民和公司侵犯其他国家的这些权利。此外，各国应促进其他国家实现水相关权利，例如通过提供水资源、金融和技术援助以及在需要时提供必要的援助，其方式应符合公约和其他人权标准、可持续发展要求以及文化和谐的要求。

## 10.6.2 非国家行为者的责任

国家承担着保护个人和社区免受非国家行为者侵权的主要责任。但是，非国家行为者也有人权责任，可能要对侵犯人权负责（HRC，2014）。例如，**尊重人权的企业责任**[1]意味着公司应该尽职尽责，以避免侵犯他人的人权，并识别、预防和解决确实发生的任何危害（OHCHR，2011）。非政府组织和国际组织可以在提供服务方面发挥重要作用，他们需要在这种努力中确保实质性的平等和责任。

---

[1] 正如《消除歧视和水与卫生设施获取方面的不平等》（UN-Water，2015，第26页）所指出的那样，"责任"与"义务"有着不同的含义，责任意味着尊重权利目前不是国际人权法总体上直接施加给公司的义务，尽管其内容可能会在国内法中得到反映。在几乎所有与公司责任相关的自愿和软性法律文书中，这是公认的全球预期行为标准。请参阅：联合国"保护、尊重和补救"商业与人权框架（HRC，2008）。

在会议中分享观点

### 10.6.3　国际合作

联合国、国际贸易和金融机构以及发展合作伙伴等国际组织，必须确保其政策和行动符合尊重人权的要求。呼吁国际组织确保将他们的援助投向最无法实现水和卫生设施权利的国家或地区。评估表明，在国际层面，只有一半的发展援助用于卫生设施和饮用水方面，针对的是全球70%未获得生活服务的地区（WHO，2012）。此外，尽管发展合作资源的总体可利用量日益增加，但为满足世界对水和卫生设施的需求，将需要更有针对性地增加对这些领域的投资（UNGA，2016，第22段）。这还需要将人权框架纳入发展合作伙伴的投资政策、方案设计及实施过程中（UNGA，2017，第84段）。

基于人权方法的一个重要因素，就是加强国家作为义务承担者的能力，以及权利持有者理解和主张其水和卫生设施权利的能力。当资源不足时，各国必须要求提供外部或国际的援助（CESCR，1990），金融机构可能会对不符合人权的措施提出援助条件。促进国家对发展所有权的掌控，对于获得国际援助支持项目的长期可持续性和责任制至关重要（HRC，2010）。发展伙伴可以支持现有的国家行动计划，以减少在水和卫生设施获取方面的差距，并加强责任承担者履行其义务的能力（HRC，2011c）。但是，各国仍然是确保在平等基础上逐步实现所有人享有水和卫生设施人权的主要责任承担者，并且最终有义务尊重、保护和实现这些权利。

# 11

# 前进的方向

肯尼亚马赛村寨集的妇女和男子

世界水资源评估计划 I Richard Connor，Stefan Uhlenbrook和Engin Koncagül

《2030年可持续发展议程》及其可持续发展目标标志着一个普遍性的新时代。联合国的193个会员国已经承诺，致力于在公正、公平、开放和包容的社会环境中消除贫困，并在所有方面实现可持续发展，在其中，每个人，特别是那些处于最脆弱状况的群体的水和卫生设施相关需求，需要得到满足。实现安全饮用水和卫生设施的人权，是实现所有可持续发展目标的基础。

水与粮食和能源安全、人道主义危机、经济发展和环境可持续性的更广泛决策之间的联系，往往仍未被承认或了解甚少。然而，在日益全球化的今天，与水有关决策的影响会跨越国界并影响到每个人。极端事件的加剧、环境的退化（包括水的可利用量减少和水质变差）、人口的增长、快速的城市化、不可持续和不公平的生产和消费模式（国家内部和国家之间）、已发生的和潜在的混乱以及前所未有的迁徙潮流等，这些人类正在面临的相互关联的压力，常常通过对水的影响打击最困难的弱势群体。而且，随着对有限水资源的需求增加以及气候变化的影响变得更加严重，发生不同竞争用途之间以及不同用水者之间的冲突可能性也越来越大。但是，合作和多部门联合的水资源干预措施，可能产生的结果要好于分别采取行动的结果总和，例如，水资源、能源、环境、贫困关系中的共同利益要大于对成本和权势的考量。在这方面，基于人权的水资源综合管理方法提供了一个更加全面的以人为本的途径，以应对"不让任何人掉队"的呼吁。

实现《2030年议程》的进展，要求在各个层级重新谈判权力关系，所有已经"掉队"或有"掉队"风险的群体都能公平地参与和被代表，还需要有新的伙伴关系，以改变经济、社会和政治进程，指导水资源管理，推动提供安全、经济的供水和卫生设施服务。

那些"掉队"群体，需要在政治和其他决策过程中有适当的代表，要么直接地自己代表自己，要么借助有被代表者明确的授权的民间社会组织。这就是为什么公众意识和社区赋权对于实现安全饮用水和卫生设施的人权至关重要。为处于不利地位的人们，特别是对于距离权力中心最远的群体，提供积极参与确定和实施自己的水资源管理解决方案的机会，可以带来更具韧性的社区。

年轻的因纽特人在加拿大渥太华的一个仪式上进行表演

实施良治，重点关注行动责任、诚信和透明度，以建立信任并赋予最弱势群体以权力，对于成功地实施水相关政策至关重要。适当的监管和法律框架，包括激励和强制惩罚措施并施（"胡萝卜加大棒"）的方法，对取得进展也很重要。对于水管理及其他相关部门来说，为更好地指导决策和实践，需要不断地丰富水资源和与水相关问题方面的基于证据的知识，并不断强化知识分析和能力建设。充足的财政支持和公平有效的财政资源管理是政治支持的最终体现，对于实现安全饮用水和卫生设施的人权以及实现变革性的《2030年议程》至关重要。

尽管这些对策通常适用于几乎所有的情况，但解决弱势群体面临的不平等问题，仍需要有针对性的解决方案，这些解决方案应考虑到处境脆弱的人和社区的日常现实。生活在极端贫困中的人面临的挑战和缺乏的机会，在不同群体之间可能大相径庭。例如，同样是每天生活费用低于1.90美元的群体，生活在城市居民区和农村社区相比，其生活水平差别可能就很大。除了社会经济和环境条件之外，还可能因为他们居住的区域、国家和地区，他们所属的"群体"（包括性别），他们可能拥有（或缺乏）的来自大家庭或其他社交网络的支持程度，以及其他一些因素，导致了进一步的区别。供水和卫生设施政策需要区分不同的人口，并且需要

> 除非在政策和实践中明确、有效地解决排斥和不平等问题，否则水资源干预措施将继续无法惠及最需要和最有可能受益的人。

采取具体的行动来解决每个问题，因此需要可靠的分类数据，以量身定制解决方案。

克服实现水和卫生设施人权的金融挑战是完全可能的，但重要的是确定最适合的服务水平，而这个服务水平对处境不利的群体来说是可负担的和可持续的。人口密度将极大地影响低收入城市地区供水和卫生设施系统的资金投入和运营成本。例如，分散式污水处理系统的实施，可适用于中等密度的城郊地区，并且一旦人口密度达到临界值（经济上可行），就能促使最终使用管网系统。鉴于资源稀缺，政府应鼓励服务提供商提高效率、降低成本，从而使服务更加可负担。财务业绩的改善也有助于吸引更多的外部资金来源。处理后的废水再利用，以及废水处理过程中的有用副产品的再利用，可以为服务提供商带来补充的收入来源，并为当地企业和就业创造新的机会。

变革需要真正的参与过程，引入和重视新的和多样化的声音，以便人们（包括那些"掉队"者）作为权利拥有者，可以实质地影响决策。这需要通过改变各个层级水相关机构的态度和规范，来改变根深蒂固的和无意识的偏见和歧视。它还要求承认，各个国家是确保在非歧视的基础上实现所有人享有安全饮用水和卫生设施人权的主要责任承担者。

## 结语

不同群体的人，可能因为不同的原因而"掉队"。受歧视、被排除在外、被边缘化、根深蒂固的权力不对等以及物质上的不平等，是保障人人获得安全饮用水和卫生设施这一人权,实现《2030年议程》与水相关目标的主要障碍之一。政策设计不合理、落实不到位、资金不足和使用不当、政策漏洞等加剧了获取安全饮用水和卫生设施方面持续存在的不平等。除非在政策和实践层面，明确而负责任地应对排斥、不平等等问题，否则与水相关的解决方案仍将以失败告终，无法惠及最需要和最可能受益的人群。

改善水资源管理，确保人人获得安全、可负担的饮用水和卫生设施服务，是消除贫困、构建和平繁荣社会、确保实现可持续发展路上"不让任何人掉队"的重要条件。只要同心协力，这些目标一定可以实现。

# 参考文献

Abdulsamed, F. 2011. *Somali Investment in Kenya*. Briefing Paper. London, Chatam House. www.chathamhouse.org/publications/papers/view/109621.

Abbott, K. W. and Snidal, D. 2000. Hard and soft law in international governance. *International Organization*, Vol. 54, No. 3, pp. 421–456.

ADB (Asian Development Bank). 2016. *Asian Water Development Outlook: Strengthening Water Security in Asia and the Pacific*. Manila, ADB. www.adb.org/sites/default/files/publication/189411/awdo-2016.pdf.

Alabaster, G. 2015. *Lake Victoria Water and Sanitation Initiative*. UN-Habitat. Unpublished Progress Report.

Almeida, M., Butler, D. and Friedler, E. 1999. At-source domestic wastewater quality. *Urban Water*, Vol. 1, pp. 49–55. doi.org/10.1016/S1462-0758(99)00008-4.

Altieri, M. and Nicholls, C. 2008. Los impactos del cambio climático sobre las comunidades campesinas y de agricultores tradicionales y sus respuestas adaptativas [Climate change impacts on peasant and traditional farmer communities and their adaptation responses]. *Revista de Agroecología*, (Murcia, Spain), Vol. 3, pp. 7–28. (In Spanish.)

Alvaredo, F., Chancel, L., Piketty, T., Saez, E. and Zucman, G. 2018. *World Inequality Report 2018*. Executive Summary. World Inequality Lab. wir2018.wid.world/files/download/wir2018-full-report-english.pdf.

Amnesty International. 2006. *Israel/Lebanon: Deliberate Destruction or "Collateral Damage"? Israeli Attacks on Civilian Infrastructure*. London, Amnesty International. www.amnesty.org/en/documents/MDE18/007/2006/en/.

Amnesty International/WASH United. 2015. *Recognition of the Human Rights to Water and Sanitation by UN Member States at the International Level: An Overview of Resolutions and Declarations that Recognise the Human Rights to Water and Sanitation*. Amnesty International/WASH United. www.amnesty.org/download/Documents/IOR4013802015english.pdf.

Andrés, L., Biller, D. and Herrera Dappe, M. 2014. *Infrastructure Gap in South Asia: Infrastructure Needs, Prioritization, and Financing*. Policy Research Working Papers Series No. 7032. Washington, DC, World Bank. documents.worldbank.org/curated/en/504061468307152462/pdf/WPS7032.pdf.

Andrés, L. and Fuente, D. 2017. *Scoping Study for Subsidies in Water*. Washington, DC, World Bank. Unpublished.

Andrés, L. and Naithani, S. 2013. *Mechanisms and Approaches in Basic Service Delivery for Access and Affordability*. Washington, DC, World Bank. Unpublished.

Anh, N. V., Ha, T. D., Nhue, T. H., Heinss, U., Morel, A., Moura, M. and Schertenleib, R. 2002. Decentralized wastewater treatment – new concept and technologies for Vietnamese conditions. *5th Specialised Conference on Small Water and Wastewater Treatment Systems*, Istanbul, Turkey, 24–26 September 2002.

APF/OHCHR (Asia Pacific Forum of National Human Rights Institutions/Office of the United Nations High Commissioner for Human Rights). 2013. *The United Nations Declaration on the Rights of Indigenous Peoples: A Manual for National Human Rights Institutions*. Geneva/Sydney, APF/ OHCHR. www.ohchr.org/documents/issues/ipeoples/undripmanualfornhris.pdf.

AQUASTAT. n.d. AQUASTAT website. Food and Agriculture Organization of the United Nations (FAO). www.fao.org/nr/water/aquastat/water_use/index.stm. (Accessed 24 May 2018).

Araujo, M. C., Ferreira, F. H., Lanjouw, P. and Özler, B. 2008. Local inequality and project choice: Theory and evidence from Ecuador. *Journal of Public Economics*, Vol. 92, No 5–6, pp. 1022–1046.

Asano, T. and Levine, A. D. 1996. Wastewater reclamation, recycling and reuse: Past, present, and future. *Water Science and Technology*, Vol. 33, No. 10-11, pp. 1–14. doi.org/10.1016/0273-1223(96)00401-5.

Atashili, J., Poole, C., Ndumbe, P. M., Adimora A. A. and Smith, J. S. 2008. Bacterial vaginosis and HIV acquisition: A meta-analysis of published studies. *AIDS*, Vol. 22, No. 12, pp. 1493–1501. doi.org/10.1097/QAD.0b013e3283021a37.

Bache, I. and Flinders, M. (eds.). 2004. *Multi-level Governance*. Oxford, UK, Oxford University Press.

Bäckstrand, K., Khan, J., Kronsell, A. and Lövbrand, E. 2010. The promise of new modes of environmental governance. K. Bäckstrand, J. Khan, A. Kronsell and E. Lövbrand (eds.), *Environmental Politics and Deliberative Democracy: Examining the Promise of New Modes of Governance*. Cheltenham, UK, Edward Elgar.

BADEHOG (House Survey Data Bank). n.d. Digital Repository, Economic Commission for Latin America and the Caribbean. repositorio.cepal.org/handle/11362/31828.

Baker, K. K., Padhi, B., Torondel, B., Das, P., Dutta, A., Sahoo, K. C., Das, B., Dreibelbis, R., Caruso, B., Freeman, M. C., Sager, L. and Panigrahi, P. 2017. From menarche to menopause: A population-based assessment of water, sanitation, and hygiene risk factors for reproductive tract infection symptoms over life stages in rural girls and women in India. *Plos One*, Vol. 12, No. 12, e0188234. doi.org/10.1371/journal.pone.0188234.

Baker, K. K., Story, W. T., Walser-Kuntz, E., and Zimmerman, M. B. 2018. Impact of social capital, harassment of women and girls, and water and sanitation access on premature birth and low infant birth weight in India. *Plos One*, Vol. 13, No. 10, e0205345. journals.plos.org/plosone/article?id=10.1371/journal.pone.0205345.

Banerjee, P., Chaudhury, S. B. R. and Das, S. K. (eds.). 2005. *Internal Displacement in South Asia: The Relevance of the UN's Guiding Principles*. New Delhi/Thousand Oaks, Calif., Sage Publications.

Barber, M. and Jackson, S. 2014. Autonomy and the intercultural: Interpreting the history of Australian Aboriginal water management in the Roper River Catchment, Northern Territory. *Journal of the Royal Anthropological Institute*, Vol. 20, No. 4, pp. 670–693.

Barnard, S., Routray, P., Majorin, F., Peletz, R., Boisson, S., Sinha, A. and Clasen, T. 2013. Impact of Indian total sanitation campaign on latrine coverage and use: A cross-sectional study in Orissa three years following programme implementation. *Plos One*, Vol. 8, No. 8, e71438. doi.org/10.1371/journal.pone.0071438.

BBS/UNICEF Bangladesh (Bangladesh Bureau of Statistics/United Nations Children's Fund). 2014. *Bangladesh Multiple Indicator Cluster Survey 2012-2013, Progotir Pathey: Final Report*. Dhaka, BBS/UNICEF. microdata.worldbank.org/index.php/catalog/2533.

Beegle, K., Christiaensen, L., Dabalen, A. and Gaddis, I. 2016. *Poverty in a Rising Africa*. Washington, DC, The World Bank. openknowledge. worldbank.org/bitstream/handle/10986/22575/9781464807237.pdf?sequence=10&isAllowed=y.

Betts, A. and Collier, P. 2017. *Refuge: Transforming a Broken Refugee System*. UK, Penguin Books.

Bhattacharya, S., and Banerjee, A. 2015. Water privatization in developing countries: Principles, implementations and socio-economic consequences. *World Scientific News*, No. 4, pp. 17–31. www.worldscientificnews.com/wp-content/uploads/2012/11/WSN-4-2015-17-31.pdf.

Bimbe, N., Brownlee, J., Gregson, J. and Playforth, R. 2015. *Knowledge Sharing and Development in a Digital Age*. IDS Policy Briefing No. 87, Brighton, UK, Institute of Development Studies (IDS).

Blandenier, L. 2015. *Recharge Quantification and Continental Freshwater Lens Dynamics in Arid Regions: Application to the Merti Aquifer (Eastern Kenya)*. PhD Thesis presented at the Centre for Hydrogeology and Geothermics, University of Neuchâtel. Neuchâtel, Switzerland.

Boelens, R. and Zwarteveen, M. 2005. Anomalous water rights and the politics of normalization. D. Roth, R. Boelens and M. Zwarteveen, *Liquid Relations, Contested Water Rights and Legal Complexity*. New Brunswick, NJ, Rutgers University Press.

Bonnet, M., Witt, A. M., Stewart, K. M., Hadjerioua, B. and Mobley, M. 2015. *The Economic Benefits of Multipurpose Reservoirs in the United States-Federal Hydropower Fleet*. Oak Ridge, Tenn., Oak Ridge National Laboratory.

Boserup, E. 1965. *The Conditions of Agricultural Growth: The Economics of Agrarian Change under Population Pressure*. Chicago, Aldine.

Branche, E. 2015. *Multipurpose Water Uses of Hydropower Reservoirs. Sharing the Water Uses of Multipurpose Hydropower Reservoirs: The SHARE Concept*. Le Bourget du Lac Cedex, France, EDF/World Water Council (WWC). www.hydroworld.com/content/dam/hydroworld/online-articles/documents/2015/10/MultipurposeHydroReservoirs-SHAREconcept.pdf.

Brocklehurst, C. and Fuente, D. 2016. Detailed review of a recent publication: Increasing block tariffs perform poorly at targeting subsidies to the poor. *WaSH Policy Research Digest*, Issue No. 5, December 2016: Water tariffs and subsidies, pp. 1–4. Chapel Hill, NC, The Water Institute at the University of North Carolina (UNC).

Bromwich, B. 2015. Nexus meets crisis: A review of conflict, natural resources and the humanitarian response in Darfur with reference to the water–energy–food nexus. *International Journal of Water Resources Development*, Vol. 31, pp. 375–392.

Budhathoki, S. S., Bhattachan, M., Castro-Sánchez, E., Sagtani, R. A., Rayamajhi, R. B., Rai, P. and Sharma, G. 2018. Menstrual hygiene management among women and adolescent girls in the aftermath of the earthquake in Nepal. *BMC Women's Health*. Vol. 1, No. 18. doi.org/10.1186/s12905-018-0527-y.

Burek, P., Satoh, Y., Fischer, G., Kahil, M. T., Scherzer, A., Tramberend, S., Nava, L. F., Wada, Y., Eisner, S., Flörke, M., Hanasaki, N., Magnuszewski, P., Cosgrove, B. and Wiberg, D. 2016. *Water Futures and Solution: Fast Track Initiative (Final Report)*. IIASA Working Paper. Laxenburg, Austria, International Institute for Applied Systems Analysis (IIASA). pure.iiasa.ac.at/13008/.

Burger, C. and Jansen, A. 2014. Increasing block tariff structures as a water subsidy mechanism in South Africa: An exploratory analysis. *Development Southern Africa*, Vol. 31, No. 4, pp. 553–562. doi.org/10.1080/0376835X.2014.906915.

CAP-Net. n.d. *Indigenous People and IWRM*. Training course. campus.cap-net.org/en/course/indigenous-people-and-iwrm/.

Cap-Net/WaterLex/UNDP-SIWI WGF (United Nations Development Programme and Stockholm International Water Institute Water Governance Facility)/Redica. 2017. *Human Rights-Based Approach to Integrated Water Resources Management: Training Manual and Facilitator's Guide*. www.watergovernance.org/resources/human-rights-based-approach-integrated-water-resources-management-training-manual-facilitators-guide/.

Carter, R. C., Harvey, E. and Casey, V. 2010. *User Financing of Rural Handpump Water Services*. IRC Symposium 2010: Pumps, Pipes, and Promises. UK, WaterAid. www.ircwash.org/sites/default/files/Carter-2010-User.pdf.

Castaneda Aguilar, R. A., Doan, D. T. T., Newhouse, D. L., Nguyen, M. C., Uematsu, H., Wagner de Azevedo, J. P. 2016. *Who are the Poor in the Developing World?* Policy Research working paper; no. WPS 7844. Washington, DC, World Bank Group. documents.worldbank.org/curated/en/187011475416542282/Who-are-the-poor-in-the-developing-world.

Castro, J. E. 2013. Water is not (yet) a commodity: Commodification and rationalization revisited. *Human Figurations*, Vol. 2, No. 1.

CEDAW (Convention on the Elimination of All Forms of Discrimination against Women). 1979. www.un.org/womenwatch/daw/cedaw/text/econvention.htm#intro.

CESCR (Committee on Economic, Social and Cultural Rights). 1990. *General Comment No. 3: The Nature of States Parties' Obligations (Art. 2, Para 1, of the Covenant)*. Fifth session, E/1991/23.

_____. 2002a. *General Comment No. 15 (2002). The Right to Water (Arts. 11 and 12 of the International Covenant on Economic, Social and Cultural Rights)*. Twenty-ninth session, E/C.12/2002/11. Economic and Social Council, United Nations.

_____. 2002b. *Substantive Issues Arising in the Implementation of the International Covenant on Economic, Social and Cultural Rights*.

Comment No. 15. Twenty-ninth session. E/C.12/2002/11. New York, United Nations. www.undocs.org/e/c.12/2002/11.

____. 2009. *General Comment No. 20: Non-Discrimination in Economic, Social, and Cultural Rights (Art. 2, Para. 2, of the International Covenant on Economic, Social and Cultural Rights)*. Forty-second session, E/C. 12/GC/20. Economic and Social Council, United Nations. undocs.org/E/C.12/GC/20.

Chen, J., Shi, H., Sivakumar, B. and Peart, M. R. 2016. Population, water, food, energy and dams. *Renewable and Sustainable Energy Reviews*, Vol. 56, pp. 18–28. doi.org/10.1016/j.rser.2015.11.043.

CHR (United Nations Commission on Human Rights). 1998. Report of the Representative of the Secretary-General Mr. Francis M. Deng, submitted pursuant to Commission Resolution 1997/39. Addendum: Guiding Principles on Internal Displacement. E/CN.4/1998/53/Add. www.un-documents.net/gpid.htm.

____. 2005. Economic, Social and Cultural Rights: Realization of the Right to Drinking Water and Sanitation – Report of the Special Rapporteur, El Hadji Guissé. Fifty-seventh session, E/CN.4/Sub.2/2005/25. Economic and Social Council, United Nations. repository. un.org/handle/11176/362459.

Clementine, M., Pizarro, D. M., Prereira Weiss, L. and Vargas-Ramirez, M. 2016. *How to Provide Sustainable Water Supply and Sanitation to Indigenous Peoples*. The Water Blog, The World Bank. blogs.worldbank.org/water/reaching-last-mile-latin-america-and-caribbean-how-provide-sustainable-water-supply-and-sanitation.

COHRE/AAAS/SDC/UN-Habitat (Centre on Housing Rights and Evictions, Right to Water Programme/American Association for the Advancement of Science/Swiss Agency for Development and Cooperation/United Nations Human Settlements Programme). 2007. *Manual on the Right to Water and Sanitation: A Tool to Assist Policy Makers and Practitioners Develop Strategies for Implementing the Human Right to Water and Sanitation*. Geneva, COHRE. www.worldwatercouncil.org/fileadmin/wwc/Programs/Right_to_Water/ Pdf_doct/RTWP__20Manual_RTWS_Final.pdf.

Comprehensive Assessment of Water Management in Agriculture. 2007. *Water for Food, Water for Life: A Comprehensive Assessment of Water Management in Agriculture*. London/Colombo, Earthscan/International Water Management Institute (IWMI). www.iwmi.cgiar. org/assessment/files_new/synthesis/Summary_SynthesisBook.pdf.

Conseil d'État. 2017a. *Conseil d'État, 31 juillet 2017, Commune de Calais, Ministre d'État, Ministre de l'Intérieur, [Conseil d'État, 31 July 2017, Municipality of Calais, Minister of State, Interior Minister]* Nos. 412125, 412171. www.conseil-etat.fr/Decisions-Avis-Publications/ Decisions/Selection-des-decisions-faisant-l-objet-d-une-communication-particuliere/Conseil-d-Etat-31-juillet-2017-Commune-de-Calais-Ministre-d-Etat-ministre-de-l-Interieur. (In French.)

____. 2017b. *Conditions d'accueil des migrants à Calais : le Conseil d'État rejette les appels du ministre de l'intérieur et de la commune.* [Conditions of accommodation of migrants in Calais: The Conseil d'État rejects appeals made by the Interior Minister and the municipality] www.conseil-etat.fr/Actualites/Communiques/Conditions-d-accueil-des-migrants-a-Calais. (In French.)

Contzen, N. and Marks, S. 2018. Increasing the regular use of safe water kiosk through collective psychological ownership: A mediation analysis. *Journal of Environmental Psychology*, Vol. 57, pp. 45–52. doi.org/10.1016/j.jenvp.2018.06.008.

Cooke, B. and Kothari, U. E. 2001. *Participation: The New Tyranny?* New York, Zed Books.

Cossio Rojas, V. and Soto Montaño, L. 2011. *Relación entre acceso al agua y nivel de bienestar a nivel de hogares en Tiraque-Bolivia* [Relation between Access to Water and Well-Being at the Household Level in Tiraque, Bolivia]. Reporte de Investigación Nro. 1. Cochabamba, Bolivia, Centro Agua, Universidad Mayor de San Simón. (In Spanish.)

Council of Ministers of Turkey. 2016. Geçici koruma sağlanan yabancıların çalişma izinlerine dair yönetmelik [Regulation on work permits for foreigners under temporary protection]. *Official Gazette* (Ankara), Decision No. 2016/8375, decided by the Council of Ministers on 11 January 2016. www.resmigazete.gov.tr/eskiler/2016/01/20160115-23.pdf. (In Turkish.)

CRED/UNISDR (Centre for Research on the Epidemiology of Disasters/The United Nations Office for Disaster Risk Reduction). 2015. *The Human Cost of Weather-Related Disasters 1995-2015*. Brussels/Geneva, CRED/UNISDR. www.unisdr.org/2015/docs/climatechange/ COP21_WeatherDisastersReport_2015_FINAL.pdf.

Crook, R. C. 2003. Decentralisation and poverty reduction in Africa: The politics of local–central relations. *Public Administration Development*, Vol. 23, No. 1, pp. 77–88. doi.org/10.1002/pad.261.

Crow, B. and Odaba, C. 2009. *Scarce, Costly and Uncertain: Water Access in Kibera, Nairobi*. Santa Cruz, Calif., Center for Global, International and Regional Studies, University of California-Santa Cruz. escholarship.org/uc/item/8c10s316.

Crow-Miller, B., Webber, M. and Molle, F. 2017. The (re)turn to infrastructure for water management? *Water Alternatives*, Vol. 10, No. 2, pp. 195–207.

CRPD (Convention on the Rights of Persons with Disabilities). 2006. www.un.org/development/desa/disabilities/convention-on-the-rights-of-persons-with-disabilities.html.

Cutter, S. L. 2017. The forgotten casualties redux: Women, children, and disaster risk. *Global Environmental Change*, Vol. 42, pp. 117–121. doi.10.1016/j.gloenvcha.2016.12.010.

Danilenko, A., Van den Berg, C., Macheve, B. and Moffitt, L. J. 2014. *The IBNET Water Supply and Sanitation Blue Book 2014: The International Benchmarking Network for Water and Sanitation Utilities Databook*. Washington, DC, World Bank.

Dashora, Y., Dillon, P., Maheshwari, B., Soni, P., Dashora, R., Davande, S., Purohit, R. C. and Mittal, H. K. 2017. A simple method using farmers' measurements applied to estimate check dam recharge in Rajasthan, India. *Sustainable Water Resources Management*, Vol. 4, No. 2, pp. 301–316. doi.org/10.1007/s40899-017-0185-5.

De Albuquerque, C. 2014. *Realising the Human Rights to Water and Sanitation: A Handbook by the UN Special Rapporteur Catarina de Albuquerque*. Portugal, Human Rights to Water and Sanitation UN Special Rapporteur. www.ohchr.org/en/issues/waterandsanitation/

srwater/pages/handbook.aspx.

De la O Campos, A. P., Villani, C., Davis, B. and Takagi, M. 2018. *Ending Extreme Poverty in Rural Areas – Sustaining Livelihoods to Leave no one Behind.* Rome, Food and Agriculture Organization of the United Nations (FAO). www.fao.org/3/CA1908EN/ca1908en.pdf.

De Londras, F. 2010. Dualism, domestic courts, and the rule of international law. M. Sellers and J. Maxeiner (eds.), *Ius Gentium: Comparative Perspectives on Law and Justice.* Dordrecht, The Netherlands, Springer.

Denevan, W. 1995. 2 prehistoric agricultural methods as models for sustainability. *Advances in Plant Pathology,* Vol. 11, pp. 21–43. doi.org/10.1016/S0736-4539(06)80004-8.

Dillon, P. 2005. Future management of aquifer recharge. *Hydrogeology Journal,* Vol. 13, No. 1, pp. 313–316. doi.org/10.1007/s10040-004-0413-6.

Dillon, P., Pavelic, P., Page, D., Beringen, H. and Ward, J. 2009. *Managed Aquifer Recharge: An Introduction.* National Water Commission Waterlines Report Series No. 13. Canberra, Commonwealth Scientific and Industrial Research Organization (CSIRO).

Dodson, L. L. and Bargach, J. 2015. Harvesting fresh water from fog in rural Morocco: Research and impact Dar Si Hmad fogwater project in Aït Baamrane. *Procedia Engineering,* Vol. 107, pp. 186–193. doi.org/10.1016/j.proeng.2015.06.073.

Duarte, J., Jaureguiberry, F. and Racimo, M. 2017. *Sufficiency, Equity and Effectiveness of School Infrastructure in Latin America According to TERCE.* Santiago, Oficina Regional de Educación para América Latina y el Caribe (OREALC/UNESCO Santiago). https://publications. iadb.org/bitstream/handle/11319/8158/Sufficiency-Equity-and-Effectiveness-of-School-Infrastructure-in-Latin-America-according-to-TERCE.PDF?sequence=8.

Eau de Paris/SEDIF/SIAAP/OBUSASS/Ministry of Social Affairs and Health (Eau de Paris/Syndicat des eaux d'Ile-de-France/Syndicat interdépartemental pour l'assainissement de l'agglomération parisienne/OBUSASS/Ministry of Social Affairs and Health). 2013. *Assessing Progress in Achieving Equitable Access to Water and Sanitation. Pilot Project in the Greater Paris Urban Area (France). Report.* www. unece.org/fileadmin/DAM/env/water/activities/Equitable_access/Country_report_Pilot_project_Greater_Paris_urban_area_rev.pdf.

ECHO (European Civil Protection and Humanitarian Aid Operations) Global Solar Water Initiative. 2017. *Humanitarian Reponse: The Future is Solar.* ECHO Global Solar Water Initiative online publication. views-voices.oxfam.org.uk/wp-content/uploads/2017/03/Project-flyer_Solar-blog.pdf.

ECO (Environmental Commissioner of Ontario). 2017. *The 2017 Environmental Protection Report. Good Choices Bad Choices: Environmental Rights and Environmental protection in Ontario.* Toronto, Canada, ECO. eco.on.ca/reports/2017-good-choices-bad-choices/.

Economic and Social Rights Centre. 2016. *State of Water and Sanitation Service Provision Performance in Mombasa County. Community Score Card.* Nairobi, Economic and Social Rights Centre (Hakijamii). www.hakijamii.com/wp-content/uploads/2016/05/Final-Community-Report-Card-Report.pdf.

ECOSOC (Economic and Social Council of the United Nations). 2018. *The Disaster-Related Statistics Framework: Results of the Work of the Expert Group on Disaster-related Statistics in Asia and the Pacific.* Seventy-fourth session of the United Nations Economic and Social Commission of Asia and The Pacific (UNESCAP). www.unescap.org/sites/default/files/E74_24E%5B1%5D_0.pdf.

EcoWatch. 2018. *How Water Scarcity Shapes the World's Refugee Crisis.* www.ecowatch.com/refugee-crisis-water-shortage-2535042186. html.

EESC (European Economic and Social Committee). 2017. *Impact of Digitalisation and the On-Demand Economy on Labour Markets and the Consequences for Employment and Industrial Relations.* Brussels, European Union. www.eesc.europa.eu/resources/docs/qe-02-17-763-en-n.pdf.

Estache, A. and Kouassi, E. 2002. *Sector Organization, Governance, and the Inefficiency of African Water Utilities.* World Bank Policy Research Working Paper No. 2890. Washington, DC, World Bank. https://ssrn.com/abstract=636253.

FAO (Food and Agriculture Organization of the United Nations). 2005. *Voluntary Guidelines to Support the Progressive Realization of the Right to Adequate Food in the Context of National Food Security.* Rome, FAO. www.fao.org/3/a-y7937e.pdf.

_____. 2011. *The State of Food and Agriculture. Women in Agriculture: Closing the Gender Gap for Development.* Rome, FAO. www.fao. org/3/a-i2050e.pdf.

_____. 2014. *The State of Food and Agriculture: Innovations in Family Farming.* Rome, FAO. www.fao.org/3/a-i4040e.pdf.

_____. 2016. *Coping with Water Scarcity in Agriculture: A Global Framework for Action in a Changing Climate.* Rome, FAO. www.fao.org/3/a-i6459e.pdf.

_____. 2017a. *Migration, Agriculture and Climate Change: Reducing Vulnerabilities and Enhancing Resilience.* Rome, FAO. www.fao.org/3/I8297EN/i8297en.pdf.

_____. 2017b. *The State of Food and Agriculture: Leveraging Food Systems for Inclusive Rural Transformation.* Rome, FAO. www.fao.org/3/a-i7658e.pdf.

_____. 2018a. *The State of Food and Agriculture. Migration, Agriculture and Rural Development.* Rome, FAO. www.fao.org/state-of-food-agriculture/en/.

_____. 2018b. *Climate Change Adaptation, Social Protection and Resilience. Cisterns for the Sahel.* Rome, FAO. www.fao.org/3/ca0882en/CA0882EN.pdf.

_____. Forthcoming. *Adapting Irrigation to Climate Change (AICCA) in West and Central Africa.* Project report validated by country counterparts.

_____. n.d. Gender and Land Rights Database. www.fao.org/gender-landrights-database/data-map/statistics/en/?sta_id=1161.

FAO/GWP/Oregon State University (Food and Agriculture Organization of the United Nations/Global Water Partnership/Oregon State University). 2018. *Water Stress and Human Migration: A Global, Georeferenced Review of Empirical Research*. Land and Water Discussion Paper No. 11. Rome, FAO. www.fao.org/3/I8867EN/i8867en.pdf.

FAO/IFAD/UNICEF/WFP/WHO (Food and Agriculture Organization of the United Nations/International Fund for Agricultural Development/ United Nation Children's Fund/World Food Programme/World Health Organization). 2017. *The State of Food Security and Nutrition in the World 2017: Building Resilience for Peace and Food Security*. Rome, FAO. www.fao.org/3/a-I7695e.pdf.

_____. 2018. *The State of Food Security and Nutrition in the World 2018: Building Climate Resilience for Food Security and Nutrition*. Rome, FAO. www.fao.org/3/I9553EN/i9553en.pdf.

FAO/IFAD/WFP (Food and Agriculture Organization of the United Nations/International Fund for Agricultural Development/World Food Programme). 2012. *Rural Women and the Millennium Development Goals*. Fact sheet. fao.org/docrep/015/an479e/an479e.pdf.

_____. 2015a. *The State of Food Insecurity in the World. Meeting the 2015 International Hunger Targets: Taking Stock of Uneven Progress*. Rome, FAO. www.fao.org/3/a-i4646e.pdf.

_____. 2015b. *Achieving Zero Hunger: The Critical Role of Investments in Social Protection and Agriculture*. Rome, FAO. www.fao.org/3/a-i4951e.pdf.

FAO/IWMI (Food and Agriculture Organization of the United Nations/International Water Management Institute). 2018. *More People, More Food, Worse Water? A Global Review of Water Pollution from Agriculture*. Rome/Colombo, FAO/IWMI. www.fao.org/3/ca0146en/CA0146EN.pdf.

Faurès, J. M. and Santini, S. (eds.). 2009. *Water and the Rural Poor: Interventions for Improving Livelihoods in Sub-Saharan Africa*. Rome, FAO. www.fao.org/docrep/pdf/010/i0132e/i0132e.pdf.

Ferrant, G., Maria Pesando, L. and Nowacka, K. 2014. *Unpaid Care Work: The Missing Link in the Analysis of Gender Gaps in Labour Outcomes*. OECD Development Centre. www.oecd.org/dev/development-gender/Unpaid_care_work.pdf.

Flint Water Advisory Task Force. 2016. *Flint Water Advisory Task Force: Final Report*. Office of Governor Rick Snyder, State of Michigan. www.michigan.gov/documents/snyder/FWATF_FINAL_REPORT_21March2016_517805_7.pdf.

Foa, R. 2015. *Creating an Inclusive Society: Evidence from Social Indicators and Trends*. Presented at the Expert Group Meeting on "Social Development and Agenda 2030", 23 October 2015, New York. www.un.org/esa/socdev/egms/docs/2015/sd-agenda2030/RobertoFoaPaper.pdf.

Fonseca, C. and Pories, L. 2017. *Financing WASH: How to Increase Funds for the Sector while Reducing Inequalities*. Position paper for the Sanitation and Water for All Finance Ministers Meeting. Briefing Note. The Hague, the Netherlands, IRC/water.org/Ministry of Foreign Affairs/Simavi. www.ircwash.org/resources/financing-wash-how-increase-funds-sector-while-reducing-inequalities-position-paper.

Foster, V. and Briceño-Garmendia, C. (eds.). 2010. *Africa's Infrastructure : A Time for Transformation*. Africa Development Forum. Washington, DC, World Bank. documents.worldbank.org/curated/en/246961468003355256/pdf/521020PUB0EPI1101Official0Use0Only1.pdf.

Franks, T. and Cleaver, F. 2007. Water governance and poverty: A framework for analysis. *Progress in Development Studies*, Vol. 7, No. 4, pp. 291–306. doi.org/10.1177/1464993407007700402.

French Parliament. 2013. Loi n° 2013-312 du 15 avril 2013 visant à préparer la transition vers un système énergétique sobre et portant diverses dispositions sur la tarification de l'eau et sur les éoliennes (1) [Law Nr. 2013-312 of 15 April 2013 aiming to prepare the transition towards a lower energy use and setting out several provisions for water and wind energy tariffs (1)]. *Journal Officiel de la République Française* (Paris), Vol. 0089, 16 April 2013, p. 6208. www.legifrance.gouv.fr/eli/loi/2013/4/15/DEVX1234078L/jo/texte. (In French.).

Fuente, D., Gakii Gatua, J., Ikiara, M., Kabubo-Mariara, J., Mwaura, M. and Whittington, D. 2016. Water and sanitation service delivery, pricing, and the poor: An empirical estimate of subsidy incidence in Nairobi, Kenya. *Water Resources Research*, Vol. 52, No. 6, pp. 4845–4862. doi.10.1002/ 2015WR018375.

Funder, M., Bustamante, R., Cossio Rojas, V., Huong, P. T. M., Van Koppen, B., Mweemba, C., Nyambe, I., Phuong, L. T. T. and Skielboe, T. 2012. Strategies of the poorest in local water conflict and cooperation. Evidence from Vietnam, Bolivia and Zambia. *Water Alternatives*, Vol. 5, No. 1, pp. 20–36.

Gao, H., Bohn, T., Podest, E. and McDonald, K. 2011. On the causes of the shrinking of Lake Chad. *Environmental Research Letters*, Vol. 6.

Geere, J.-A. L., Hunter, P. R. and Jagals, P. 2010. Domestic water carrying and its implications for health: A review and mixed methods pilot study in Limpopo Province, South Africa. *Environmental Health*, Vol. 9, No. 1, pp. 1–13. doi.org/10.1186/1476-069X-9-52.

Gikas, P. and Tchobanoglous, G. 2009. The role of satellite and decentralized strategies in water resources management. *Journal of Environmental Management*, Vol. 90, No. 1, pp. 144–152. doi.org/10.1016/j.jenvman.2007.08.016.

Gillot, S., De Clercq, B., Defour, D., Simoens, F., Gernaey, K. and Vanrolleghem, P. A. 1999. *Optimisation of Wastewater Treatment Plant Design and Operation Using Simulation and Cost Analysis.*

Gleick, P. H. 1993. Water and conflict: Freshwater resources and international security. *International Security*, Vol. 18, No. 1, pp. 79–112. doi.10.2307/2539033.

Global High-Level Panel on Water and Peace. 2017. *A Matter of Survival (Report)*. Geneva, Geneva Water Hub. www.genevawaterhub.org/resource/matter-survival.

Goksu, A., Trémolet, S., Kolker, J. and Kingdom, B. 2017. *Easing the Transition to Commercial Finance for Sustainable Water and Sanitation*. Working paper. Washington, DC, World Bank. openknowledge.worldbank.org/handle/10986/27948.

Gómez, L. and Ravnborg, H. M. 2011. *Power, Inequality and Water Governance: The Role of Third Party Involvement in Water-Related Conflict and Cooperation*. CGIAR Systemwide Program on Collective Action and Property Rights (CAPRi) Working Paper No. 101. Washington, DC, International Food Policy Research Institute (IFPRI).

Gon, G., Restrepo-Méndez, M. C., Campbell, O. M. R., Barros, A. J. D., Woodd, S., Benova, L. and Graham, W. J. 2016. Who delivers without water? A multi country analysis of water and sanitation in the childbirth environment. *Plos One*, Vol. 11, No. 8, e0160572. doi.org/10.1371/journal.pone.0160572.

Grönwall, J. 2016. Self-supply and accountability: To govern or not to govern groundwater for the (peri-) urban poor in Accra, Ghana. *Environmental Earth Sciences*, Vol. 75, Art. 1163. doi.org/10.1007/s12665-016-5978-6.

Grönwall, J., Mulenga, M. and McGranahan, G. 2010. *Groundwater, Self-Supply and Poor Urban Dwellers: A Review with Case Studies of Bangalore and Lusaka*. Human Settlements Working Paper No.26. London, International Institute for Environment and Development (IIED). pubs.iied.org/10584IIED/.

Gross, M. J., Albinger, O., Jewett, D. G., Logan, B. E., Bales, R. C. and Arnold, R. G. 1995. Measurement of bacterial collision efficiencies in porous media. *Water Research*, Vol. 29, No. 4, pp. 1151–1158. doi.10.1016/0043-1354(94)00235-Y.

Gupta, J. and Van der Zaag, P. 2008. Interbasin water transfers and integrated water resources management: Where engineering, science and politics interlock. *Physics and Chemistry of the Earth*, Parts A/B/C, Vol. 33, No. 1–2, pp. 28–40. doi.org/10.1016/j.pce.2007.04.003.

GWP (Global Water Partnership). 2000. *Integrated Water Resources Management*. GWP Technical Advisory Committee (TAC) Background Paper No. 4. Stockholm, GWP. www.gwp.org/globalassets/global/toolbox/publications/background-papers/04-integrated-water-resources-management-2000-english.pdf.

_____. n.d. *The Need for an Integrated Approach*. GWP website. www.gwp.org/en/About/why/the-need-for-an-integrated-approach/.

Habermas, J. 1975. *Legitimation Crisis*. Boston, USA, Beacon Press.

Hassan, F. 2011. *Water History for our Times, IHP Essays on Water History Vol. 2*. Paris, UNESCO. unesdoc.unesco.org/images/0021/002108/210879e.pdf.

Healy, A., Danert, K., Bristow, G. and Theis, S. 2018. *Perceptions of Trends in the Development of Private Boreholes for Household Water Consumption: Findings from a Survey of Water Professionals in Africa*. RIGSS Working Paper. Cardiff, UK, Cardiff University. www.cardiff.ac.uk/__data/assets/pdf_file/0009/1094769/Perceptions_of_trends_in_the_development_of_private_boreholes_for_household_water_consumption.pdf.

Heffez, A. 2013. How Yemen chewed itself dry: Farming qat, wasting water. *Foreign Affairs*, July 2013. www.foreignaffairs.com/articles/139596/adam-heffez/how-yemen-chewed-itself-dry.

Hejazi, M., Edmonds, J., Chaturvedi, V., Davies, E. and Eom, J. 2013. Scenarios of global municipal water-use demand projections over the 21st century. *Hydrological Sciences Journal*, Vol. 58, No. 3, pp. 519–538. doi.org/10.1080/02626667.2013.772301.

Hellum, A., Kameri-Mbote, P. and Van Koppen, B. (eds.). 2015. *Water is Life: Women's Human Rights in National and Local Water Governance in Southern and Eastern Africa*. Harare, Weaver Press.

Helmreich, B. and Horn, H. 2009. Opportunities in rainwater harvesting. *Desalination*, Vol. 248, No. 1-3, pp. 118–124. doi.10.1016/j.desal.2008.05.046.

Hirschman, A. O. 1970. *Exit, Voice, and Loyalty*. Cambridge, Mass., Harvard University Press.

HLPE (High Level Panel of Experts on Food Security and Nutrition of the Committee on World Food Security). 2013. *Investing in Smallholder Agriculture for Food Security*. Report by the High Level Panel of Experts on Food Security and Nutrition of the Committee on World Food Security. Rome. www.fao.org/fileadmin/user_upload/hlpe/hlpe_documents/HLPE_Reports/HLPE-Report-6_Investing_in_smallholder_agriculture.pdf.

_____. 2015. *Water for Food Security and Nutrition. A Report by the High Level Panel of Experts on Food Security and Nutrition of the Committee on World Food Security*. Rome. www.fao.org/3/a-av045e.pdf.

HLPW (High-Level Panel on Water). 2018. *Making Every Drop Count: An Agenda for Water Action*. Outcome Document. sustainabledevelopment.un.org/content/documents/17825HLPW_Outcome.pdf.

Hodgson, S. 2004. *Land and Water – The Rights Interface*. FAO Legislative Study No. 84. Rome, Food and Agriculture Organization of the United Nations (FAO). www.fao.org/3/a-y5692e.pdf.

_____. 2016. *Exploring the Concept of Water Tenure*. FAO Land and Water Discussion Paper No. 10. Rome, Food and Agriculture Organization or the United Nations (FAO). www.fao.org/3/a-i5435e.pdf.

House, S., Cavill, S. and Ferron, S. 2017. Equality and non-discrimination (EQND) in sanitation programmes at scale, Part 1 of 2. *Frontiers of CLTS: Innovations and Insights*, No. 10, Brighton, UK, Institute of Development Studies (IDS).

House, S., Ferron, S., Sommer, M. and Cavill, S. 2014. *Violence, Gender and WASH: A Practitioner's Toolkit – Making Water, Sanitation and Hygiene Safer through Improved Programming and Services*. London, WaterAid/SHARE.

HRC (Human Rights Council). 2008. *Promotion and Protection of All Human Rights, Civil, Political, Economic, Social and Cultural Rights, Including the Right to Development. Protect, Respect and Remedy: A Framework for Business and Human Rights*. Report of the Special Representative of the Secretary-General on the issue of human rights and transnational corporations and other business enterprises, John Ruggie. Eight session, 7 April 2008, A/HRC/8/5. www2.ohchr.org/english/bodies/hrcouncil/docs/8session/A-HRC-8-5.doc.

_____. 2009. *Promotion and Protection of all Human Rights, Civil, Political, Economic, Social and Cultural Rights, including the Right to Development*. Report of the independent expert on the issue of human rights obligations related to access to safe drinking water and sanitation, Catarina de Albuquerque. Twelfth session, 1 July 2009, A/HRC/12/24. https://documents-dds-ny.un.org/doc/UNDOC/GEN/

G09/144/37/PDF/G0914437.pdf?OpenElement.

_____. 2010. *Joint Report of the Independent Expert on the Question of Human Rights and Extreme Poverty, Magdalena Sepúlveda Cardona, and the Independent Expert on the Issue of Human Rights Obligations related to Access to Safe Drinking Water and Sanitation, Catarina de Albuquerque.* Fifteenth session, 22 July 2010, A/HRC/15/55. https://documents-dds-ny.un.org/doc/UNDOC/GEN/G10/154/51/PDF/G1015451.pdf?OpenElement.

_____. 2011a. *Guiding Principles on Business and Human Rights: Implementing the United Nations "Protect, Respect and Remedy" Framework.* Report of the Special Representative of the Secretary General on the issue of human rights and transnational corporations and other business enterprises, John Ruggie. Seventeenth session. 21 March 2011, A/HRC/17/31, www.ohchr.org/Documents/Issues/Business/A-HRC-17-31_AEV.pdf.

_____. 2011b. *Human Rights and Transnational Corporations and Other Business Enterprises.* Seventeenth session, 6 July 2011, A/HRC/RES/17/4, https://documents-dds-ny.un.org/doc/RESOLUTION/GEN/G11/144/71/PDF/G1114471.pdf?OpenElement.

_____. 2011c. *Report of the Special Rapporteur on the Human Right to Safe Drinking Water and Sanitation, Catarina de Albuquerque.* Eighteenth session, 4 July 2011, A/HRC/18/33. www2.ohchr.org/english/bodies/hrcouncil/docs/18session/A-HRC-18-33_en.pdf.

_____. 2013. *Report of the Special Rapporteur on the Human Right to Safe Drinking Water and Sanitation, Catarina de Albuquerque.* Twenty-fourth session, 11 July 2013, A/HRC/24/44. www.ohchr.org/EN/HRBodies/HRC/RegularSessions/Session24/Documents/A-HRC-24-44_en.pdf.

_____. 2014. *Common Violations of the Human Rights to Water and Sanitation.* Report of the Special Rapporteur on the human right to safe drinking water and sanitation, Catarina de Albuquerque. Twenty-seventh session, 30 June 2014, A/HRC/27/55. www.ohchr.org/en/hrbodies/hrc/regularsessions/session27/documents/a_hrc_27_55_eng.doc.

_____. 2015. *Report of the Special Rapporteur on the Human Right to Safe Drinking Water and Sanitation.* Thirtieth Session, 5 August 2015. A/HRC/30/39. undocs.org/A/HRC/30/39.

_____. 2016a. *The Human Rights to Safe Drinking Water and Sanitation.* Resolution adopted by the Human Rights Council on 29 September 2016, Thirty-third session, A/HRC/RES/33/10. https://digitallibrary.un.org/record/850266?ln=en.

_____. 2016b. *Report of the Special Rapporteur on the Human Right of Safe Drinking Water and Sanitation.* Thirty-third Session, 27 July 2016, A/HRC/33/49. ap.ohchr.org/documents/dpage_e.aspx?si=A/HRC/33/49.

_____. 2018a. *Report of the Special Rapporteur on the Human Right to Safe Drinking Water and Sanitation on his Mission to Mongolia.* Thirty-ninth Session, 18 July 2018. A/HRC/39/55/Add.2. undocs.org/A/HRC/39/55/Add.2.

_____. 2018b. *Report of the Special Rapporteur on the Issue of Human Rights Obligations relating to the Enjoyment of a Safe, Clean, Healthy and Sustainable Environment.* Thirty-seventh Session, 3 August 2018, A/HRC/37/59. undocs.org/A/HRC/39/55.

HRI (International Human Rights Instruments). 1994. *Compilation of General Comments and General Recommendations adopted by Human Rights Treaty Bodies. General Comment No. 18: Non-Discrimination.* Thirty-seventh session, 29 July 1994, HRI/GEN/1/Rev. 1. undocs.org/HRI/GEN/1/Rev.1.

Huong, P. T. M., Phuong, L. T. T., Skielboe, T. and Ravnborg, H. M. 2011. *Poverty and Access to Water and Water Governance Institutions in Con Cuong District, Nghe An Province, Vietnam – Report on the Results from a Household Questionnaire Survey.* DIIS Working Paper 2011, No. 04. Copenhagen, Danish Institute for International Studies (DIIS). www.diis.dk/en/research/poverty-and-access-to-water-and-water-governance-institutions-in-con-cuong-district-nghe-an.

Hutton, G. 2012a. *Global Costs and Benefits of Drinking-Water Supply and Sanitation Interventions to Reach the MDG Target and Universal Coverage.* WHO/HSE/WSH/12.01. Geneva, World Health Organization (WHO). www.who.int/water_sanitation_health/publications/2012/globalcosts.pdf.

_____. 2012b. *Monitoring 'Affordability' of Water and Sanitation Services after 2015: Review of Global Indicator Options.* Working paper. Submitted to the United Nations Office of the High Commissioner for Human Rights, Geneva. https://washdata.org/file/425/download.

Hutton, G. and Andrés, L. 2018. *Counting the Costs and Benefits of Equitable WASH Service Provision.* Working paper. Washington, DC, World Bank.

Hutton, G., Rodriguez, U-P., Winara, A., Nguyen, V. A., Phyrum, K., Chuan, L., Blackett, I. and Weitz, A. 2014. Economic efficiency of sanitation interventions in Southeast Asia. *Water Sanitation and Hygiene for Development,* Vol. 4, No. 1, pp. 23–36. doi.org/10.2166/washdev.2013.158.

Hutton, G. and Varughese, M. 2016. *The Costs of Meeting the 2030 Sustainable Development Goal Targets on Drinking Water, Sanitation and Hygiene.* Water and Sanitation Program (WSP): Technical Paper. Washington, DC, The World Bank. www.worldbank.org/en/topic/water/publication/the-costs-of-meeting-the-2030-sustainable-development-goal-targets-on-drinking-water-sanitation-and-hygiene.

IAWJ (International Association of Women Judges). 2012. *Stopping the Abuse of Power through Sexual Exploitation: Naming, Shaming, and Ending Sextortion.* Washington, DC, IAWJ. www.iawj.org/wp-content/uploads/2017/04/Corruption-and-Sextortion-Resource-1.pdf.

ICCPR (International Covenant on Civil and Political Rights). 1966. www.ohchr.org/en/professionalinterest/pages/ccpr.aspx.

ICID (International Commission on Irrigation and Drainage). 2005. *Experiences in Interbasin Water Transfers for Irrigation, Drainage or Flood Management (3rd Draft 15 August 2005).* Unpublished report.

ICOLD (International Commission on Large Dams). n.d. *World Register of Dams. General Synthesis.* www.icold-cigb.net/GB/world_register/general_synthesis.asp.

ICESCR (International Covenant on Economic, Social and Cultural Rights). 1967. treaties.un.org/doc/Treaties/1976/01/19760103%2009-57%20PM/Ch_IV_03.pdf.

ICRC (International Committee of the Red Cross). 2017. *Yemen: ICRC President Visits Country; 600,000 Cholera Cases Expected by End 2017*. Press Release, 23 July 2017. intercrossblog.icrc.org/blog/peter-maurer-visits-yemen-cholera.

ICWE (International Conference on Water and the Environment). 1992. *The Dublin Statement on Water and Sustainable Development*. Adopted on 31 January 1992. Dublin. www.un-documents.net/h2o-dub.htm.

IDB (Inter-American Development Bank). 1999. *Spilled Water. Institutional Commitment in the Provision of Water Services*. Washington, DC, IDB. publications.iadb.org/handle/11319/331.

IDMC (Internal Displacement Monitoring Centre). 2017. *Global Report on Internal Displacement (GRID) 2017*. Geneva, IDMC. www.internal-displacement.org/global-report/grid2017/.

_____. 2018. *Global Report on Internal Displacement (GRID) 2018*. Geneva, IDMC. www.internal-displacement.org/global-report/grid2018/.

IEA (International Energy Agency). 2016. *Water Energy Nexus: Excerpt from the World Energy Outlook 2016*. Paris, IEA Publications. www.iea.org/publications/freepublications/publication/WorldEnergyOutlook2016ExcerptWaterEnergyNexus.pdf.

_____. 2017. *Energy Access Outlook 2017: From Poverty to Prosperity*. Paris, IEA Publications. www.iea.org/publications/freepublications/publication/WEO2017SpecialReport_EnergyAccessOutlook.pdf.

IFAD (International Fund for Agricultural Development). 2015. *Land Tenure Security and Poverty Reduction*. Rome, IFAD. www.ifad.org/documents/38714170/39148759/Land+tenure+security+and+poverty+reduction.pdf/c9d0982d-40e4-4e1e-b490-17ea8fef0775.

_____. 2017. *Sending Money Home: Contributing to the SDGs, One Family at a Time*. Rome, IFAD. www.ifad.org/documents/38714170/39135645/Sending+Money+Home+-+Contributing+to+the+SDGs%2C+one+family+at+a+time.pdf/c207b5f1-9fef-4877-9315-75463fccfaa7.

IIPFWH (International Indigenous Peoples' Forum on World Heritage). n.d. *Indigenous Peoples' Involvement in World Heritage*. IIPFWH website. iipfwh.org/indigenous-involvement-in-world-heritage/.

Ikeda, J. and Arney, H. 2015. *Financing Water and Sanitation for the Poor: The Role of Microfinance in Addressing the Water and Sanitation Gap*. Learning Note. Washington, DC, Water and Sanitation Program (WSP), World Bank. www.findevgateway.org/library/financing-water-and-sanitation-poor-role-microfinance-institutions-addressing-water-and.

ILO (International Labour Organization). 1957. *Indigenous and Tribal Populations Convention (No. 107)*. Geneva, ILO. www.ilo.org/dyn/normlex/en/f?p=NORMLEXPUB:12100:0::NO:12100:P12100_INSTRUMENT_ID:312252:NO.

_____. 1989. *Indigenous and Tribal Populations Convention (No. 169)*. Geneva, ILO. www.ilo.org/dyn/normlex/en/f?p=NORMLEXPUB:12100:0::NO::P12100_ILO_CODE:C169.

_____. 2015. *The Future of Work Centenary Initiative*. ILC 104/2015, Report I. Geneva, ILO. www.ilo.org/ilc/ILCSessions/104/reports/reports-to-the-conference/WCMS_369026/lang--en/index.htm.

_____. 2016. *Sustainable Development Goals: Indigenous Peoples in Focus*. Geneva, ILO. www.ilo.org/wcmsp5/groups/public/---ed_emp/---ifp_skills/documents/publication/wcms_503715.pdf.

_____. 2017a. *Labour Force Estimates and Projections (LFEP) 2017: Key Trends*. LFEP Brief. Geneva, ILO. www.ilo.org/ilostat-files/Documents/LFEPbrief.pdf.

_____. 2017b. *Indigenous Peoples and Climate Change: From Victims to Change Agents through Decent Work*. Geneva, ILO. www.ilo.org/wcmsp5/groups/public/---dgreports/---gender/documents/publication/wcms_551189.pdf.

_____. 2017c. *WASH@Work: A Self-Training Handbook*. Geneva, ILO. www.ilo.org/wcmsp5/groups/public/---ed_dialogue/---sector/documents/publication/wcms_535058.pdf.

_____. 2017d. *Understanding the Drivers of Rural Vulnerability: Towards Building Resilience, Promoting Socio-Economic Empowerment and Enhancing the Socio-Economic Inclusion of Vulnerable, Disadvantaged and Marginalized Populations for an Effective Promotion of Decent Work in Rural Economies*. Employment Working Paper No. 214. Geneva, ILO. www.ilo.org/employment/Whatwedo/Publications/working-papers/WCMS_568736/lang--en/index.htm.

_____. 2018a. *Employment Intensive Investment Programme (EIIP): Creating Jobs through Public Investment*. Geneva, ILO. www.ilo.org/wcmsp5/groups/public/---ed_emp/---emp_policy/---invest/documents/publication/wcms_619821.pdf.

_____. 2018b. *Market Systems Analysis for Refugee Livelihoods in Jigjiga, Ethiopia*. Geneva, ILO. www.ilo.org/empent/Projects/refugee-livelihoods/market-assessments/WCMS_630984/lang--en/index.htm.

INEC (Instituto Nacional de Estadística y Censos). n.d. *Medición de los indicadores ODS de Agua, Saneamiento e Higiene (ASH) en el Ecuador* [Measuring SDG Indicators on Water, Sanitation and Hygiene (WASH) in Ecuador]. www.ecuadorencifras.gob.ec/documentos/web-inec/EMPLEO/2017/Indicadores%20ODS%20Agua,%20Saneamiento%20e%20Higiene/Presentacion_Agua_2017_05.pdf. (In Spanish.)

IPCC (Intergovernmental Panel on Climate Change). 2014. *Climate Change 2014. Synthesis Report*. Contribution of Working Groups I, II and III to the Fifth Assessment Report to the Intergovernmental Panel on Climate Change. Geneva, IPCC. www.ipcc.ch/report/ar5/syr/.

IWA (International Water Association). 2014. *Specific Water Consumption for Households for Capitals Cities in Liters/Capita/Day in 2010–2014*. IWA website. waterstatistics.iwa-network.org/graph/19.

IWA/UN-Habitat (International Water Association/United Nations Human Settlements Programme). 2011. *Water Operators Partnerships: Building WOPs for Sustainable Development in Water and Sanitation*. London/Nairobi, IWA/UN-Habitat. mirror.unhabitat.org/pmss/(X(1)S(0ksnuwnk52i4kekhnol4zmy0))/getElectronicVersion.aspx?nr=2851&alt=1.

Jackson, S., Tan, P. L., Mooney, C., Hoverman, S. and White, I. 2012. Principles and guidelines for good practice in Indigenous engagement in water planning. *Journal of Hydrology*, Vol. 474, pp. 57–65. doi.org/10.1016/j.jhydrol.2011.12.015.

Jeuland, M. A., Fuente, D. E., Ozdemir, S., Allaire, M. C. and Whittington, D. 2013. The long-term dynamics of mortality benefits from improved water and sanitation in less developed countries. *Plos One*, Vol. 8, No. 10, pp. e74804. doi.org/10.1371/journal.pone.0074804.

Jewett, D. G., Logan, B. E., Arnold, R. G. and Bales, R. C. 1999. Transport of *Pseudomonas fluorescens* strain P17 through quartz sand columns as a function of water content. *Journal of Contaminant Hydrology*, Vol. 36, No. 1–2, pp. 73–89. doi.org/10.1016/S0169-7722(98)00143-0.

Jiménez, A., Cortobius, M. and Kjellén, M. 2014. *Working with Indigenous Peoples in Rural Water and Sanitation: Recommendations for an Intercultural Approach*. Stockholm, Stockholm International Water Institute (SIWI). www.watergovernance.org/wp-content/uploads/2015/06/2014-Recomendations-report-web.pdf.

Jiménez, A., Molina, M. F. and Le Deunff, H. 2015. Indigenous peoples and industry water users: Mapping the conflicts worldwide. *Aquatic Procedia*, Vol. 5, pp. 69–80. doi.org/10.1016/j.aqpro.2015.10.009.

Jiménez, A. and Pérez-Foguet, A. 2010. Building the role of local government authorities towards the achievement of the right to water in rural Tanzania. *Natural Resources Forum*, Vol. 34, No. 2, pp. 93–105. doi.org/10.1111/j.1477-8947.2010.01296.x.

Jiménez Fernández de Palencia, A. and Pérez-Foguet, A. 2011. Implementing pro-poor policies in a decentralized context: The case of the rural water supply and sanitation program in Tanzania. *Sustainability Science*, Vol. 6, No. 1, pp. 37–49.

Johnson, B. R., Hiwasaki, L., Klaver, I. J., Ramos-Castillo, A. and Strang, V. (eds.). 2012. *Water, Cultural Diversity and Global Environmental Change: Emerging Trends, Sustainable Futures?* UNESCO/Springer SBM, Jakarta/Dordrecht, Netherlands. unesdoc.unesco.org/images/0021/002151/215119e.pdf.

Jones, H., Parker, K. J. and Reed, R. 2002. *Water Supply and Sanitation Access and Use by Physically Disabled People: A Literature Review*. Loughborough, UK, Water, Engineering and Development Centre, Loughborough University. wedc-knowledge.lboro.ac.uk/docs/research/WEJY3/Literature_review.pdf.

Jouravlev, A. 2004. *Drinking Water Supply and Sanitation Services on the Threshold of the XXI Century*. Serie Recursos Naturales e Infraestructura No.74. Santiago, United Nations Economic Commission for Latin America and the Caribbean (UNECLAC). repositorio.cepal.org/handle/11362/6454.

Khandker, S., Khalily, B. and Khan, Z. 1995. *Grameen Bank: Performance and Sustainability*. World Bank Discussion Paper No. 306. Washington, DC, World Bank. documents.worldbank.org/curated/en/893101468741588109/Grameen-Bank-performance-and-sustainability.

Kodamaya, S. 2009. *Recent Changes in Small-scale Irrigation in Zambia: The Case of a Village in Chibombo District*. Project report for 2008 of the Vulnerability and Resilience of Social-Ecological Systems. Tokyo, Research Institute for Humanity and Nature. www.chikyu.ac.jp/resilience/files/ReportFY2008/ResilienceProject_Report2009_10.pdf.

Kolsky, P. J., Perez, E. and Tremolet, S. C. M. 2010. *Financing On-Site Sanitation for the Poor: A Six Country Comparative Review and Analysis*. Water and Sanitation Program Working Paper. Washington, DC, World Bank. documents.worldbank.org/curated/en/165231468341112439/Financing-on-site-sanitation-for-the-poor-a-six-country-comparative-review-and-analysis.

Komives, K., Foster, V., Halpern, J. and Wodon, Q. 2005. *Water, Electricity, and the Poor: Who Benefits from Utility Subsidies?* Washington, DC, World Bank. documents.worldbank.org/curated/en/606521468136796984/Water-electricity-and-the-poor-who-benefits-from-utility-subsidies.

Kwame, Y. F. 2018. *Youth for Growth: Transforming Economies through Agriculture*. Chicago, Ill., The Chicago Council on Global Affairs. www.thechicagocouncil.org/publication/youth-growth-transforming-economies-through-agriculture.

LCBC (Lake Chad Basin Commission). 2016. *Programme for the Rehabilitation and Strengthening of the Resilience of Socio-ecologic Systems of the Lake Chad Basin (PRESIBALT): National Coordination of Cameroon Commissioned!* Press Release, 28 October 2016. www.cblt.org/en/news/programme-rehabilitation-and-strengthening-resilience-socio-ecologic-systems-lake-chad-basin.

Lemoalle J. and Magrin G. 2014. *Le développement du lac Tchad : Situation actuelle et futurs possibles* [The Development of Lake Chad : Current Situation and Possible Futures]. Marseille, France, Institut de Recherche pour le Développement (IRD). www.documentation.ird.fr/hor/fdi:010063402. (In French.)

Libralato, G., Volpi Ghirardini, A. and Avezzù, F. 2012. To centralise or to decentralise: An overview of the most recent trends in wastewater treatment management. *Journal of Environmental Management*, Vol. 94, No. 1, pp. 61–68. doi.org/10.1016/j.jenvman.2011.07.010.

Lienert, J. and Larsen, T. A. 2006. Considering user attitude in early development of environmentally friendly technology: A case study of NoMix toilets. *Environmental Science & Technology*, Vol. 40, No. 16, pp. 4838–4844. doi.org/10.1021/es060075o.

Lim, S. S., Vos, T., Flaxman, A. D., Danaei, G., Shibuya, K. et al. 2012. A comparative risk assessment of burden of disease and injury attributable to 67 risk factors and risk factor clusters in 21 regions, 1990–2010: A systematic analysis for the Global Burden of Disease Study 2010. *The Lancet*, Vol. 380, No. 9859, pp. 2224–2260. doi.org/10.1016/S0140-6736(12)61766-8.

Mach, E. 2017. *Water and Migration: How Far would you go for Water?* Caritas in Veritate Foundation. www.environmentalmigration.iom.int/sites/default/files/Paper_in%20print.pdf.

Mach, E. and Richter, C. 2018. *Water and Migration: Implications for Policy Makers*. The 2018 High-level Political Forum Blog. sustainabledevelopment.un.org/hlpf/2018/blog#20mar.

Maheshwari, B., Varua, M., Ward, J., Packham, R., Chinnasamy, P., Dashora, Y., Dave, S., Soni, P., Dillon, P., Purohit, R., Hakimuddin, Shah, T., Oza, S., Singh, P., Prathapar, S., Patel, A., Jadeja, Y., Thaker, B., Kookana, R., Grewal, H., Yadav, K., Mittal, H., Chew, M. and Rao, R. 2014. The role of transdisciplinary approach and community participation in village scale groundwater management: Insights from Gujarat and Rajasthan, India. *Water*, Vol. 6, No. 11, pp. 3386–3408. doi.org/10.3390/w6113386.

Manuel, M., King, M. and McKechnie, A. 2011. *Getting Better Results from Assistance to Fragile States*. ODI Briefing Papers. London,

Overseas Development Institute (ODI). www.odi.org/sites/odi.org.uk/files/odi-assets/publications-opinion-files/7297.pdf.

Mara, D. D. and Alabaster, G. 2008. A new paradigm for low-cost urban water supplies and sanitation in developing countries. *Water Policy*, Vol. 10, No. 2, pp. 119–129.

Massoud, M. A., Tarhini, A. and Nasr, J. A. 2009. Decentralized approaches to wastewater treatment and management: Applicability in developing countries. *Journal of Environmental Management*, Vol. 90, No. 1, pp. 652–659. doi.org/10.1016/j.jenvman.2008.07.001.

Mata-Lima, H., Alvino-Borba, A., Pinheiro, A., Mata-Lima, A. and Almeida, J. A. 2013. *Impactos dos desastres naturais nos sistemas ambiental e socioeconômico: O que faz a diferença?* [Impacts of Natural Disasters on Environmental and Socio-Economic Systems: What Makes the Difference?] *Ambiente & Sociedade* (São Paulo, Brazil), Vol.16, No. 3. dx.doi.org/10.1590/S1414-753X2013000300004. (In Portuguese.)

Mayntz, R. 1998. *New Challenges to Governance Theory*. Jean Monnet Chair Papers. Florence, Italy, European University Institute (EUI).

MCRC (Michigan Civil Rights Commission). 2018. *The Flint Water Crisis: Systemic Racism Through the Lens of Flint. One Year Later: An Update on the Recommendations of the Michigan Civil Rights Commission*. (March 26, 2018). MCRC. www.michigan.gov/documents/mdcr/Flint_Water_Update_620973_7.pdf.

_____. n.d. *MCRC Executive Summary – Flint Water Crisis Report*. www.michigan.gov/documents/mdcr/MCRC_EXECUTIVE_SUMMARY_RECOMMENDATIONS_031617_554730_7.pdf.

MDHHS (Michigan Department of Health and Human Services). 2018. *Blood Lead Level Test Results for Selected Flint Zip Codes, Genesee County, and the State of Michigan*. Executive Summary. MDHHS. www.michigan.gov/documents/flintwater/2018-08-29_Monthly_Executive_Blood_Lead_Report_Final_637980_7.pdf.

Mekonnen, M. M. and Hoekstra, A. Y. 2016. Four billion people facing severe water scarcity. *Science Advances*, Vol. 2, No. 2. doi.org/10.1126/sciadv.1500323.

Ménard, C., Jiménez, A. and Tropp, H. 2018. Addressing the policy-implementation gaps in water services: The key role of meso-institutions. *Water International*, Vol. 43, No. 1, pp. 13–33. doi.org/10.1080/02508060.2017.1405696.

Menocal, A. R., Taxell, N., Stenberg Johnsøn, J., Schmaljohann, M., Guillan Montero, A., De Simone, F., Dupuy, K. and Tobias, J. 2015. *Why Corruption Matters: Understanding Causes, Effects and How to Address them*. Evidence paper on corruption. London, UK Department for International Development (DFID) and UKAid. assets.publishing.service.gov.uk/government/uploads/system/uploads/attachment_data/file/406346/corruption-evidence-paper-why-corruption-matters.pdf.

Mercandalli, S. and Losch, B. (eds.). 2017. *Rural Africa in Motion. Dynamics and Drivers of Migration South of the Sahara*. Rome, Food and Agriculture Organization of the United Nations/Centre de Coopération Internationale en Recherche Agronomique pour le Développement (FAO/CIRAD).

Mercy Corps. 2014. *Tapped Out: Water Scarcity and Refugee Pressures in Jordan*. Portland, Oreg., Mercy Corps. www.mercycorps.org/sites/default/files/MercyCorps_TappedOut_JordanWaterReport_March204.pdf.

Metcalfe, C., Murray, C., Collins, L. and Furgal, C. 2011. Water quality and human health in indigenous communities in Canada. *Global Bioethics*, Vol. 24, No. 1–4, pp. 91–94. doi.org/10.1080/11287462.2011.10800705.

Migiro, K. and Mis, M. 2014. *Feature – Kenyan Women Pay the Price for Slum Water "Mafias"*. Online article. Reuters. in.reuters.com/article/women-cities-kenya-water/feature-kenyan-women-pay-the-price-for-slum-water-mafias-idINKCN0JA0P620141126.

Miletto, M., Caretta, M. A., Burchi, F. M. and Zanlucchi, G. 2017. *Migration and its Interdependencies with Water Scarcity, Gender and Youth Employment*. WWAP. Paris, UNESCO. unesdoc.unesco.org/images/0025/002589/258968E.pdf.

Ministry of Energy Infrastructures and Natural Resources of Armenia. 2017. *Development of an Action Plan for the Provision of Equitable Access to Water Supply and Sanitation in Armenia Country Report*. www.unece.org/fileadmin/DAM/env/water/activities/Equitable_access/Country_Report___Final_Action_Plan__29_05.2017_FINAL.pdf.

Ministry of Interior of Turkey. 2018. *Migration Statistics, Temporary Protection*. Website. Directorate General of Migration Management, Ministry of Interior, Republic of Turkey. www.goc.gov.tr/icerik6/temporary-protection_915_1024_4748_icerik.

Ministry of Solidarities and Health/Ministry of Ecological Transition and Solidarities of France. n.d. Santé Environnement : 3e Plan National 2015 > 2019 [Health Environment: 3rd National Plan 2015 > 2019]. Paris, French Republic. solidarites-sante.gouv.fr/IMG/pdf/pnse3_v_finale.pdf. (In French.)

Ministry of Water and Irrigation of Jordan. 2015. *National Water Strategy 2016–2025*. Ministry of Water and Irrigation, Hashemite Kingdom of Jordan. www.mwi.gov.jo/sites/en-us/Hot%20Issues/Strategic%20Documents%20of%20%20The%20Water%20Sector/National%20Water%20Strategy(%202016-2025)-25.2.2016.pdf.

Molle, F., Mollinga, P. and Wester, P. 2009. Hydraulic bureaucracies and the hydraulic mission: Flows of water, flows of power. *Water Alternatives*, Vol. 2, No. 3, pp. 328–349.

Munoz Boudet, A. M., Buitrago, P., Leroy De La Briere, B., Newhouse, D. L., Rubiano Matulevich, E. C., Scott, K., Suarez Becerra, P. 2018. *Gender Differences in Poverty and Household Composition through the Life-Cycle: A Global Perspective*. Policy Research Working Paper; No. WPS 8360. Washington, DC, World Bank Group. documents.worldbank.org/curated/en/135731520343670750/Gender-differences-in-poverty-and-household-composition-through-the-life-cycle-a-global-perspective.

Mweemba, C. E., Funder, M., Nyambe, I. and Van Koppen, B. 2011. *Poverty and Access to Water in Namwala District, Zambia – Report on the Results from a Household Questionnaire Survey*. DIIS Working Paper 2011, No. 19. Copenhagen, Danish Institute for International Studies (DIIS). doi.10.13140/RG.2.1.4078.2880.

Nagabhatla, N and Metcalfe, C. M. (eds.). 2018. *Multifunctional Wetlands: Pollution Abatement and Other Ecological Services from Natural and Constructed Wetlands*. Springer International Publishing.

NASA (National Aeronautics and Space Administration). 2015. *Global Groundwater Basins in Distress*. NASA Earth Observatory website. earthobservatory.nasa.gov/images/86263/global-groundwater-basins-in-distress.

National Institute of Public Health of Republic of Macedonia/Journalists for Human Rights. 2016. *Achieving the Human Right to Water and Sanitation: Introduction, Availability, Methodology of Work*. www.unece.org/fileadmin/DAM/env/water/activities/Equitable_access/PDF_ACHIEVING_THE_HUMAN_RIGHT_TO_WATER_AND_SANITATION__1_.pdf.

Navaneethan, U., Al Mohajer, M. and Shata, M. T. 2008. Hepatitis E and pregnancy: Understanding the pathogenesis. *Liver International*, Vol. 28, No. 9. doi.org/10.1111/j.1478-3231.2008.01840.x.

Ng'ethe, V. 2018. *Nairobi's Water Supply: 2 Claims about Losses & High Prices in Slums Evaluated*. Africa Check. africacheck.org/reports/nairobis-water-2-claims-losses-high-cost-slums-evaluated/.

Niasse, M. 2017. *Coordinating Land and Water Governance for Food Security and Gender Equality*. Global Water Partnership Technical Committee (TEC) Background Papers No. 24. Stockholm, Global Water Partnership (GWP).

Oakley, S. M., Gold, A. J. and Oczkowski, A. J. 2010. Nitrogen control through decentralized wastewater treatment: Process performance and alternative management strategies. *Ecological Engineering*, Vol. 36, No. 11, pp. 1520–1531. doi.10.1016/j.ecoleng.2010.04.030.

OECD (Organisation for Economic Co-operation and Development). 2011. *Water Governance in OECD Countries: A Multi-Level Approach*. OECD Studies on Water. Paris, OECD. www.oecd-ilibrary.org/environment/water-governance-in-oecd-countries_9789264119284-en.

_____. 2012. *OECD Environmental Outlook to 2050: The Consequences of Inaction*. Paris, OECD Publishing. doi.org/10.1787/9789264122246-en.

_____. 2015. *OECD Principles on Water Governance*. Paris, OECD. www.oecd.org/governance/oecd-principles-on-water-governance.htm.

_____. 2016. *Mitigating Droughts and Floods in Agriculture: Policy Lessons and Approaches, OECD Studies on Water*. OECD Publishing, Paris. dx.doi.org/10.1787/9789264246744-en.

_____. n.d. OECD Data. data.oecd.org/.

OECD/FAO (Organisation for Economic Co-operation and Development/Food and Agriculture Organization of the United Nations). 2016. *OECD–FAO Agricultural Outlook 2016–2025*. Paris, OECD Publishing. www.fao.org/3/a-i5778e.pdf.

OHCHR (Office of the High Commissioner for Human Rights). 2011. *Guiding Principles on Business and Human Rights: Implementing the United Nations "Project, Respect and Remedy" Framework*. New York, United Nations. www.ohchr.org/Documents/Publications/GuidingPrinciplesBusinessHR_EN.pdf.

_____. 2017a. *France must provide Safe Drinking Water and Sanitation for Migrants in the "Calais Jungle", say UN Rights Experts*. Geneva, United Nations. ohchr.org/en/NewsEvents/Pages/DisplayNews.aspx?NewsID=22240&LangID=E.

_____. 2017b. *Mandates of the Special Rapporteur on the Right of Everyone to the Enjoyment of the Highest Attainable Standard of Physical and Mental Health and the Special Rapporteur on the Human Rights to Safe Drinking Water and Sanitation*. Geneva, United Nations.

_____. 2018. *France urged by UN Experts to take Effective Measures to bring Water and Sanitation Services to Migrants*. Press release, 4 April 2018. Geneva, United Nations. www.ohchr.org/en/NewsEvents/Pages/DisplayNews.aspx?NewsID=22917&LangID=E.

_____. n.d. Special Rapporteur on the human rights to safe drinking water and sanitation. Resolutions. www.ohchr.org/EN/Issues/WaterAndSanitation/SRWater/Pages/Resolutions.aspx.

OHCHR/CESR (Office of the High Commissioner for Human Rights/Center for Economic and Social Rights). 2013. *Who will be Accountable? Human Rights and the Post-2015 Development Agenda*. Geneva/New York, OHCHR/CESR. www.ohchr.org/Documents/Publications/WhoWillBeAccountable.pdf.

OHCHR/UN-Habitat/WHO (Office of the High Commissioner for Human Rights/United Nations Human Settlements Programme/World Health Organization). 2010. *The Right to Water*. Fact Sheet No. 35. Geneva, OHCHR. www.ohchr.org/Documents/Publications/FactSheet35en.pdf.

Ojwang, R. O., Dietrich, J., Anebagilu, P. K., Beyer, M. and Rottensteiner, F. 2017. Rooftop rainwater harvesting for Mombasa: Scenario development with image classification and water resources simulation. *Water*, Vol. 9, No. 5, Art. 359. doi.10.3390/w9050359.

Okpara, U. T., Stringer, L. C., Dougill, A. J. and Bila, M. D. 2015. Conflicts about water in Lake Chad: Are environmental, vulnerability and security issues linked? *Progress in Development Studies*, Vol. 15, No. 4, pp. 308–325. doi.org/10.1177/1464993415592738.

Ostry, J. D., Berg, A. and Tsangarides, C. G. 2014. *Redistribution, Inequality, and Growth*. Discussion Note. International Monetary Fund (IMF). Research Department. www.imf.org/external/pubs/ft/sdn/2014/sdn1402.pdf.

Otterpohl, R., Braun, U. and Oldenburg, M. 2004. Innovative technologies for decentralised water-, wastewater and biowaste management in urban and peri-urban areas. *Water Science and Technology*, Vol. 48, No. 11–12, pp. 23–32. doi.10.2166/wst.2004.0795.

Oweis, T. Y. and Hachum, A. Y. 2003. Improving water productivity in the dry areas of West Asia and North Africa. J. W. Kijne, R. Barker and D. J. Molden (eds.), *Water Productivity in Agriculture: Limits and Opportunities for Improvement*. Comprehensive Assessment of Water Management in Agriculture Series, No. 1. Wallingford, UK, CAB International.

Pacific Institute. n.d. *Water Conflict*. Pacific Institute website. www.worldwater.org/water-conflict/.

Pahl-Wostl, C., Gupta, J. and Petry, D. 2008. Governance and the global water system: A theoretical exploration. *Global Governance*, Vol. 14, No. 4, pp. 419–435.

Pani Haq Samiti Vs. Brihan Mumbai Municipal Corporation. 2012. *Public Interest Litigation No. 10 of 2012*. Mumbai, India, Bombay High Court. www.ielrc.org/content/e1407.pdf.

Parliament of Kenya. 2016. The Community Land Act. *Kenya Gazette Supplement No. 148 (Acts No. 27)*. Republic of Kenya.

Patel, S. and Baptist, C. 2012. Editorial: Documenting by the undocumented. *Environment and Urbanization*, Vol. 24, No. 1, pp. 3–12. doi.org/10.1177/0956247812438364.

Patwardhan, A. 2017. *This Incredible Innovation is lifting a Huge Weight off Women's Shoulders in Maharashtra's Villages*. The Better India, 2 June 2017. www.thebetterindia.com/103278/incredible-innovation-lifting-huge-weight-off-womens-shoulders-maharashtras-villages/.

Paydar, Z., Cook, F., Xevi, E. and Bristow, K. 2010. An overview of irrigation mosaics. *Irrigation and Drainage*, Vol. 60, No. 4, pp. 454–463. doi.org/10.1002/ird.600.

Paz Mena, T., Gómez, L., Rivas Hermann, R. and Ravnborg, H. M. 2011. *Pobreza y acceso al agua e instituciones para la gobernanza del agua en el municipio de Condega, Nicaragua – Informe sobre los resultados de una encuesta a hogares* [Poverty, Access to Water and Water Governance Institutions in the Municipality of Condega, Nicaragua – Report on the Results of a Household-Level Survey]. DIIS Working Paper 2011, No. 2. Copenhagen, Danish Institute for International Studies (DIIS). www.diis.dk/files/media/documents/publications/nicaragua_final_diis_wp_2011_02.pdf. (In Spanish.)

PBL Netherlands Environmental Assessment Agency. 2018. The Geography of Future Water Challenges. The Hague, BPL Netherlands Environmental Assessment Agency. www.pbl.nl/node/64678.

Pedersen, C. A. and Ravnborg, H. M. 2006. *Water Reform – Implications for Rural Poor People's Access to Water*. DIIS Brief. Copenhagen, Danish Institute for International Studies (DIIS).

Peter-Varbanets, M., Zurbrügg, C., Swartz, C. and Pronk, W. 2009. Decentralized systems for potable water and the potential of membrane technology. *Water Research*, Vol. 43, No. 2, pp. 245–265. doi.10.1016/j.watres.2008.10.030.

Piattoni, S. 2010. *The Theory of Multi-Level Governance: Conceptual, Empirical, and Normative Challenges*. Oxford, UK, Oxford University Press.

Picciotto, R. 2013. Involuntary resettlement in infrastructure projects: A development perspective. G. K. Ingram and K. L. Brandt (eds.), *Infrastructure and Land Policies*. Cambridge, Mass., Lincoln Institute of Land Policy. www.lincolninst.edu/sites/default/files/pubfiles/involuntary-resettlement-in-infrastructure-projects_0.pdf.

Pierre, J. (ed.). 2000. *Debating Governance: Authority, Steering, and Democracy*. Oxford, UK, Oxford University Press.

Poushter, J. 2016. *Smartphone Ownership and Internet Usage Continues to Climb in Emerging Economies. But Advanced Economies still have Higher Rates of Technology Use*. Pew Research Center. assets.pewresearch.org/wp-content/uploads/sites/2/2016/02/pew_research_center_global_technology_report_final_february_22__2016.pdf.

Prüss-Ustün, A., Wolf, J., Corvalán, C., Bos, R. and Neira, M. 2016. *Preventing Disease through Healthy Environments: A Global Assessment of the Burden of Disease from Environmental Risks*. Geneva, World Health Organization (WHO). www.who.int/quantifying_ehimpacts/publications/preventing-disease/en/.

Purushothaman, S., Tobin, T., Vissa, S., Pillai, P., Silliman, S. and Pinheiro, C. 2012. *Seeing Beyond the State: Grassroots Women's Perspectives on Corruption and Anti-Corruption*. New York, United Nations Development Programme (UNDP). www.undp.org/content/dam/undp/library/Democratic%20Governance/Anti-corruption/Grassroots%20women%20and%20anti-corruption.pdf.

Qadir, M., Jiménez, G. C., Farnum, R. L., Dodson, L. L. and Smakhtin, V. 2018. Fog water collection: Challenges beyond technology. *Water*, Vol. 10, No. 4, pp. 372. doi.org/10.3390/w10040372.

Qadir, M., Sharma, B. R., Bruggeman, A., Choukr-Allah, R. and Karajeh, F. 2007. Non-conventional water resources and opportunities for water augmentation to achieve food security in water scarce countries. *Agricultural Water Management*, Vol. 87, No. 1, pp. 2–22. doi.org/10.1016/j.agwat.2006.03.018.

Rapsomanikis, G. 2015. *The Economic Lives of Smallholder Farmers: An Analysis based on Household Data from Nine Countries*. Rome, Food and Agriculture Organization of the United Nations (FAO). www.fao.org/3/a-i5251e.pdf.

Ravnborg, H. M. 2013. *Pesticides and International Environmental Governance*. DIIS Policy Brief. Copenhagen, Danish Institute or International Studies (DIIS). www.diis.dk/files/media/publications/import/extra/pb2013_pesticides-international-governance_hmr_web.pdf.

____. 2015. Water competition, water governance and food security. I. Christoplos and A. Pain (eds.), *New Challenges to Food Security: From Climate Change to Fragile States*. London and New York, Routledge.

____. 2016. Water governance reform in the context of inequality: Securing rights or legitimizing dispossession? *Water International*, Vol. 41, No. 6, pp. 928–943. doi.org/10.1080/02508060.2016.1214895.

Ravnborg, H. M. and Jensen, K. M. 2012. The water governance challenge: The discrepancy between what is and what should be. *Water Science and Technology: Water Supply*, Vol. 12, No. 6, pp. 799–809. dx.doi.org/10.2166/ws.2012.056.

Razzaque, J. 2002. *Human Rights and the Environment: Developments at the National Level, South Asia and Africa*. Background Paper No. 4, presented at Joint UNEP-OHCHR Expert Seminar on Human Rights and the Environment, 14–16 January 2002, Geneva.

Rheingans, R., Kukla, M., Faruque, A. S., Sur, D., Zaidi, A. K., Nasrin, D., Farag, T. H., Levine, M. M. and Kotloff, K. L. 2012. Determinants of household costs associated with childhood diarrhea in 3 South Asian settings. *Clinical Infectious Diseases*, Vol. 55, Supplement 4, S327–S335. doi.10.1093/cid/cis764.

Ribot, J. C., Agrawal, A. and Larson, A. M. 2006. Recentralizing while decentralizing: How national governments reappropriate forest resources. *World Development*, Vol. 34, No. 11, pp. 1864–1886. doi.org/10.1016/j.worlddev.2005.11.020

Rigaud, K. K., De Sherbinin, A., Jones, B., Bergmann, J., Clement, V., Ober, K., Schewe, J., Adamo, S., McCusker, B., Heuser, S. and Midgley, A. 2018. *Groundswell: Preparing for Internal Climate Migration*. Washington, DC, World Bank. www.worldbank.org/en/news/infographic/2018/03/19/groundswell---preparing-for-internal-climate-migration.

Rights and Resources Initiative. 2017. *Securing Community Land Rights: Priorities and Opportunities to Advance Climate & Sustainable Development Goals*. Washington, DC, Rights and Resources Initiative. rightsandresources.org/wp-content/uploads/2017/09/Stockholm-Priorities-and-Opportunities-Brief-Factsheet.pdf.

Rockström, J., Habitu, N., Oweis, T. Y. and Wani, S. 2007. Managing water in rainfed agriculture. Comprehensive Assessment of Water Management in Agriculture, *Water for Food, Water for Life: A Comprehensive Assessment of Water Management in Agriculture*. London/Colombo, EarthScan/International Water Management Institute (IWMI).

Ronayne, M. 2005. *The Cultural and Environmental Impact of Large Dams in Southeast Turkey*. Fact-Finding Mission Report. Galway, Ireland/London, National University of Ireland/the Kurdish Human Rights Project (KHRP).

Roser, M. and Ortiz-Ospina, E. 2018. *Global Extreme Poverty*. Our World in Data. ourworldindata.org/extreme-poverty.

Ryan, C. and Elsner, P. 2016. The potential for sand dams to increase the adaptive capacity of East African drylands to climate change. *Regional Environmental Change*, Volume 16, No. 7, pp. 208–2096. doi.org/10.1007/s10113-016-0938-y.

Satterthwaite, D. 2012. What happens when slum dwellers put themselves on the map. Editorial note. *Environment and Urbanization*, Vol. 24, No. 1. www.iied.org/what-happens-when-slum-dwellers-put-themselves-map.

SEI (Stockholm Environment Institute). 2013. *Sanitation Policy and Practice in Rwanda: Tackling the Disconnect*. Policy Brief. Stockholm, SEI.

Shah. T. 2005. Groundwater and human development: Challenges and opportunities in livelihoods and environment. *Water, Science & Technology*, Vol. 51, No. 8, pp. 27–37.

Smets, H. 2009. Access to drinking water at an affordable price in developing countries. M. El Moujabber, L. Mandi, G. Trisorio-Liuzzi, I. Martín, A. Rabi and R. Rodríguez (eds.), *Technological Perspectives for Rational Use of Water Resources in the Mediterranean Region*. Bari, Italy, Mediterranean Agronomic Institute (CIHEAM), pp. 57–68. (Options Méditerranéennes: Série A. Séminaires Méditerranéennes; n. 88).

\_\_\_\_. 2012. Quantifying the affordability standard. M. Langford and A. F. S. Russell (eds.), *The Human Right to Water: Theory, Practice and Prospects*. Cambridge, UK, Cambridge University Press, pp. 225–275.

Sobrevila, C. 2008. *The Role of Indigenous Peoples in Biodiversity Conservation: The Natural but often forgotten Partners*. Washington, DC, World Bank. documents.worldbank.org/curated/en/995271468177530126/The-role-of-indigenous-peoples-in-biodiversity-conservation-the-natural-but-often-forgotten-partners.

SOIL (Sustainable Organic Integrated Livelihoods). n.d. *About SOIL*. www.oursoil.org/who-we-are/about-soil/.

Solanes, M. 2007. Fifteen years of experience. *Circular of the Network for Cooperation in Integrated Water Resource Management for Sustainable Development in Latin America and the Caribbean*, No. 26. repositorio.cepal.org/handle/11362/39396.

Solón, P. 2007. Diversidad cultural y privatización del agua [Cultural diversity and water privatization]. R. Boelens, M. Chiba, D. Nakashima and V. Retana (eds.), *El agua y los pueblos indígenas* [Water and Indigenous Peoples]. Conocimientos de la Naturaleza 2. Paris, UNESCO. unesdoc.unesco.org/images/0014/001453/145353so.pdf. (in Spanish.)

Sosa, M. and Zwarteveen, M. 2016. Questioning the effectiveness of planned conflict resolution strategies in water disputes between rural communities and mining companies in Peru. *Water International*, Vol. 41, No. 3, pp. 483–500. doi.org/10.1080/02508060.2016.1141463.

Søreide, T. 2016. *Corruption and Criminal Justice. Bridging Economic and Legal Perspectives*. Cheltenham, UK/Northampton, Mass., Edward Elgar.

Stapleton, S. O., Nadin, R., Watson, C. and Kellett, J. 2017. *Climate Change, Migration and Displacement: The Need for a Risk-Informed nd Coherent Approach*. London/New York, Overseas Development Institute (ODI)/United Nations Development Programme (UNDP). www.odi.org/publications/10977-climate-change-migration-and-displacement-need-risk-informed-and-coherent-approach.

Subbaraman, R. and Murthy, S. L. 2015. The rights to water in the slums of Mumbai, India. *Bulletin of the World Health Organization*, Vol. 93, pp. 815–816. www.who.int/bulletin/volumes/93/11/15-155473/en/.

Sumpter, C. and Torondel, B. 2013. A systematic review of the health and social effects of menstrual hygiene management. *Plos One*, Vol. 8, No. 4. doi.org/10.1371/journal.pone.0062004.

Switzer, D. and Teodoro, M. P. 2017. Class, race, ethnicity, and justice in safe drinking water compliance. *Social Science Quarterly*, Vol. 99, No. 2, pp. 524–535. doi.org/10.1111/ssqu.12397.

Tallis, H., Kareiva, P., Marvier, M. and Chang, A. 2008. An ecosystem services framework to support both practical conservation and economic development. *Proceedings of the National Academy of Sciences of the United States of America (PNAS)*, Vol. 105, No. 28, pp. 9457–64. doi.org/10.1073/pnas.0705797105.

Thompson, K., O'Dell, K., Syed, S. and Kemp, H. 2017. Thirsty for change: The untapped potential of women in urban water management. *Deloitte Insights*, 23 January 2017. www2.deloitte.com/insights/us/en/deloitte-review/issue-20/women-in-water-management.html.

Tropp, H. 2007. Water governance: Trends and needs for new capacity development. *Water Policy*, Vol. 9 (Supplement 2), pp. 19–30.

Tsagarakis, K. P., Mara, D. D. and Angelakis, A. N. 2001. Wastewater management in Greece: Experience and lessons for developing countries. *Water Science and Technology*, Vol. 44, No. 6, pp. 163–172.

Turral, H., Burke, J. and Faurès, J. 2011. *Climate Change, Water and Food Security*. FAO Water Reports No. 36. Rome, Food and Agriculture Organization of the United Nations (FAO). www.fao.org/docrep/014/i2096e/i2096e.pdf.

Ulrich, A., Reuter, S. and Gutterer, B. (eds.). 2009. *Decentralised Wastewater Treatment Systems (DEWATS) and Sanitation in Developing Countries: A Practical Guide*. UK/Germany, Water, Engineering and Development Centre, Loughborough University/Bremen Overseas Research and Development Association (WEDC/BORDA).

UN (United Nations). 1951. *Convention relating to the Status of Refugees.* www.refworld.org/docid/3be01b964.html.

_____. 1967. *Protocol relating to the Status of Refugees.* www.refworld.org/docid/3ae6b3ae4.html.

_____. 1992. *United Nations Conference on Environment & Development: Agenda 21.* sustainabledevelopment.un.org/content/documents/Agenda21.pdf.

_____. 1997. *Convention of the Law of the Non-navigational Uses of International Watercourses.* legal.un.org/ilc/texts/instruments/english/conventions/8_3_1997.pdf.

_____. 2008. *United Nations Declaration on the Rights of Indigenous Peoples.* www.un.org/esa/socdev/unpfii/documents/DRIPS_en.pdf.

_____. 2011. *Report of the Secretary-General's Panel of Experts on Accountability in Sri Lanka.* www.un.org/News/dh/infocus/Sri_Lanka/POE_Report_Full.pdf.

_____. 2013. *Sustainable Development in Latin America and the Caribbean: Follow-up to the United Nations Development Agenda beyond 2015 and to Rio+20. Preliminary version.* United Nations. www.cepal.org/rio20/noticias/paginas/8/43798/2013-273_Rev.1_Sustainable_Development_in_Latin_America_and_the_Caribbean_WEB.pdf.

_____. 2017. *Sustainable Development Goals Report 2017.* New York, United Nations. www.un.org/development/desa/publications/sdg-report-2017.html.

_____. 2018a. *Sustainable Development Goal 6: Synthesis Report 2018 on Water and Sanitation.* New York, United Nations. www.unwater.org/app/uploads/2018/07/SDG6_SR2018_web_v5.pdf.

_____. 2018b. *The Sustainable Development Goals Report 2018.* New York, United Nations. unstats.un.org/sdgs/report/2018.

UNDESA (United Nations Department of Economic and Social Affairs). 2004. *A Gender Perspective on Water Resources and Sanitation.* Background Paper No. 2. New York, United Nations. www.unwater.org/publications/gender-perspective-water-resources-sanitation/.

_____. 2007. *Providing Water to the Urban Poor in Developing Countries: The Role of Tariffs and Subsidies.* Sustainable Development Innovation Briefs No. 4. United Nations. sustainabledevelopment.un.org/content/documents/no4.pdf.

_____. 2009. *State of the World's Indigenous Peoples.* New York, United Nations. www.un.org/esa/socdev/unpfii/documents/SOWIP/en/SOWIP_web.pdf.

_____. 2015. *The World's Women 2015: Trends and Statistics.* New York. United Nations. unstats.un.org/unsd/gender/worldswomen.html.

_____. 2017a. *World Population Prospects: The 2017 Revision, Key Findings and Advance Tables.* Working Paper No. ESA/P/WP/248. New York, United Nations. esa.un.org/unpd/wpp/publications/

_____. 2017b. *International Migration Report 2017: Highlights.* New York, United Nations. www.un.org/development/desa/publications/international-migration-report-2017.html.

_____. 2018. *World Urbanization Prospects 2018. Maps.* esa.un.org/unpd/wup/Maps/.

UNDG (United Nations Development Group). 2003. *The Human Rights Based Approach to Development Cooperation towards a Common Understanding among UN Agencies.* UNDG. undg.org/document/the-human-rights-based-approach-to-development-cooperation-towards-a-common-understanding-among-un-agencies/.

UNDP (United Nations Development Programme). 2006. *Human Development Report 2006. Beyond Scarcity: Power, Poverty and the Global Water Crisis.* New York, Palgrave Macmillan. hdr.undp.org/sites/default/files/reports/267/hdr06-complete.pdf.

_____. 2009. *Human Development Report 2009. Overcoming Barriers: Human Mobility and Development.* New York, UNDP. hdr.undp.org/sites/default/files/reports/269/hdr_2009_en_complete.pdf.

_____. 2011a. *Small-Scale Water Providers in Kenya: Pioneers or Predators?* New York, UNDP. www.undp.org/content/dam/undp/library/Poverty%20Reduction/Inclusive%20development/Kenya%20paper(web).pdf.

_____. 2011b. *Chemicals and Gender.* Energy & Environment Practice Gender Mainstreaming Guidance Series. Chemicals Management. www.undp.org/content/dam/aplaws/publication/en/publications/environment-energy/www-ee-library/chemicals-management/chemicals-and-gender/2011%20Chemical&Gender.pdf.

_____. 2016. *Overview. Human Development Report 2016: Human Development for Everyone.* New York, UNDP. hdr.undp.org/sites/default/files/HDR2016_EN_Overview_Web.pdf.

UNDP-SIWI WGF (United Nations Development Programme-Stockholm International Water Institute Water Governance Facility). 2017. *Women and Corruption in the Water Sector: Theories and Experiences from Johannesburg and Bogotá.* WGF Report No. 8. Stockholm, SIWI. watergovernance.org/resources/wgf-report-8-women-corruption-water-sector-theories-experiences-johannesburg-bogota/.

UNDP-SIWI WGF/UNICEF (United Nations Development Programme-Stockholm International Water Institute Water Governance Facility/United Nations International Children's Emergency Fund). 2015. *WASH and Accountability: Explaining the Concept.* Accountability for Sustainability Partnership. Stockholm/New York, UNDP-SIWI WGF/UNICEF. www.unicef.org/wash/files/Accountability_in_WASH_Explaining_the_Concept.pdf.

UNECE (United Nations Economic Commission for Europe). 1992. *Convention on the Protection and Use of Transboundary Watercourses and International Lakes.* Helsinki. www.unece.org/fileadmin/DAM/env/water/publications/WAT_Text/ECE_MP.WAT_41.pdf.

_____. n.d.a. *Countries are Committed to Address Inequities in Access to Water and Sanitation Services under the Protocol on Water and Health.* www.unece.org/info/media/news/environment/2018/countries-are-committed-to-address-inequities-in-access-to-water-and-sanitation-services-under-the-protocol-on-water-and-health/doc.html.

_____. n.d.b. *Equitable Access to Water and Sanitation.* www.unece.org/env/water/pwh_work/equitable_access.html.

UNECE/UNESCO (United Nations Economic Commission for Europe/United Nations Educational, Scientific and Cultural Organization). 2018. *Progress on Transboundary Water Cooperation: Global Baseline for SDG Indicator 6.5.2*. Paris, United Nations and UNESCO. www.unwater.org/app/uploads/2018/11/SDG6_Indicator_Report_652_High_Quality_2018.pdf.

UNECE/WHO Europe (United Nations Economic Commission for Europe/World Health Organization Regional Office for Europe). 1999. *Protocol on Water and Health to the 1992 Convention on the Protection and Use of Transboundary Watercourses and International Lakes*. United Nations. treaties.un.org/doc/source/RecentTexts/27-5a-eng.htm.

____. 2012. *No One Left Behind: Good Practices to ensure Equitable Access to Water and Sanitation in the Pan-European Region*. New York and Geneva, United Nations. www.unece.org/env/water/publications/ece_mp.wh_6.html.

____. 2013. *The Equitable Access Score-Card: Supporting Policy Processes to achieve the Human Right to Water and Sanitation*. United Nations. www.unece.org/index.php?id=34032.

____. 2016. *Guidance Note on the Development of Action Plans to ensure Equitable Access to Water and Sanitation*. New York and Geneva, United Nations. www.unece.org/index.php?id=44284.

UNECLAC (United Nations Economic Commission for Latin America and the Caribbean). 1985. *The Water Resources of Latin America and the Caribbean and their Utilization: A Report on Progress in the Application of the Mar del Plata Action Plan*. Santiago, United Nations. repositorio.cepal.org/bitstream/handle/11362/8494/S8500065_en.pdf.

____. 2010. Editorial remarks. *Circular of the Network for Cooperation in Integrated Water Resource Management for Sustainable Development in Latin America and the Caribbean*, No. 31. repositorio.cepal.org/handle/11362/39406.

____. 2018. *Social Panorama of Latin America 2017*. Santiago, United Nations. repositorio.cepal.org//handle/11362/42717.

UNESCAP (United Nations Economic and Social Commission for Asia and the Pacific). 2010. *Statistical Yearbook for Asia and the Pacific 2009*. Bangkok, UNESCAP. www.unisdr.org/files/13373_ESCAPSYB2009.pdf.

____. 2016. *Asia-Pacific Countries with Special Needs. Development Report 2016 on Adapting the 2030 Agenda for Sustainable Development at National Level*. Bangkok, UNESCAP. www.unescap.org/publications/asia-pacific-countries-special-needs-development-report-2016-adapting-2030-agenda.

____. 2017. *Statistical Yearbook for Asia and the Pacific 2016: SDG Baseline Report*. Bangkok, UNESCAP. www.unescap.org/sites/default/files/ESCAP_SYB2016_SDG_baseline_report.pdf.

____. 2018. *Leave No One Behind: Disaster Resilience for Sustainable Development. Asia-Pacific Disaster Report 2017*. Bangkok, UNESCAP. www.unescap.org/publications/asia-pacific-disaster-report-2017-leave-no-one-behind.

UNESCAP/UNESCO/ILO/UN Environment/FAO/UN-Water (United Nations Economic and Social Commission for Asia and the Pacific/United Nations Educational, Scientific and Cultural Organization/International Labour Organization/United Nations Environment/Food and Agricultural Organization of the United Nations/United Nations Water). 2018. *Clean Water and Sanitation: Ensure Availability and Sustainable Management of Water and Sanitation for All*. SDG 6 Goal Profile. www.unescap.org/resources/sdg6-goal-profile.

UNESCO (United Nations Educational, Scientific and Cultural Organization). 2016. *Global Education Monitoring Report 2016. Place: Inclusive and Sustainable Cities*. Paris, UNESCO. unesdoc.unesco.org/images/0024/002462/246230E.pdf.

____. 2017a. *Global Education Monitoring Report Summary 2017/8: Accountability in Education: Meeting our Commitments*. Paris, UNESCO. unesdoc.unesco.org/images/0025/002593/259338e.pdf.

____. 2017b. *Literacy Rates continue to rise from one Generation to the Next*. Fact Sheet No. 45. Paris, UNESCO. uis.unesco.org/sites/default/files/documents/fs45-literacy-rates-continue-rise-generation-to-next-en-2017_0.pdf.

____. 2017c. *Education for Sustainable Developments Goals: Learning Objectives*. Paris, UNESCO. unesdoc.unesco.org/images/0024/002474/247444e.pdf.

____. 2018a. *Culture for the 2030 Agenda*. Paris, UNESCO. unesdoc.unesco.org/images/0026/002646/264687e.pdf.

____. 2018b. *UNESCO Policy on engaging with Indigenous Peoples*. Paris, UNESCO. unesdoc.unesco.org/images/0026/002627/262748e.pdf.

____. n.d. *BIOsphere and Heritage of Lake Chad (BIOPALT) Project*. UNESCO website. en.unesco.org/biopalt?language=en.

UNESCO-IHP (United Nations Educational, Scientific and Cultural Organization-International Hydrological Programme). n.d. *Recovering the Ancestral Water System of Los Paltas with Ecohydrological Approach to supply Water to the City of Catacocha in Southern Ecuador*. Ecohydrology Web Platform. ecohydrology-ihp.org/demosites/view/1046.

UNESCO (United Nations Educational, Scientific and Cultural Organization) Living Heritage. n.d. *Traditional System of Corongo's Water Judges*. UNESCO website. ich.unesco.org/en/RL/traditional-system-of-corongos-water-judges-01155.

UNESCO (United Nations Educational, Scientific and Cultural Organization) World Heritage Centre. n.d. Cultural Landscape of Bali Province: The Subak System as a Manifestation of the Tri Hita Karana Philosophy. UNESCO website. whc.unesco.org/en/list/1194.

UNESCWA (United Nations Economic and Social Commission for Western Asia). 2011. *Water for Cities: Responding to the Urban Challenge in the ESCWA Region*. Technical Paper No. 1. Beirut, UNESCWA. www.unescwa.org/sites/www.unescwa.org/files/publications/files/e_escwa_sdpd_11_technical_paper-1_e.pdf.

____. 2013. *Population and Development Report Issue No. 6: Development Policy Implications of Age-Structural Transitions in Arab Countries*. New York, United Nations. www.unescwa.org/sites/www.unescwa.org/files/publications/files/e_escwa_sdd_13_2_e.pdf.

UNESCWA/IOM (United Nations Economic and Social Commission for Western Asia/International Organization for Migration). 2015. *2015 Situation Report on International Migration: Migration, Displacement and Development in a Changing Arab Region*. Beirut, UNESCWA. https://publications.iom.int/system/files/pdf/sit_rep_en.pdf.

_____. 2017. *2017 Situation Report on International Migration: Migration in the Arab Region and the 2030 Agenda for Sustainable Development*. Beirut, UNESCWA. www.unescwa.org/sites/www.unescwa.org/files/publications/files/2017-situation-report-international-migration-english.pdf.

UNFPA (United Nations Population Fund). 2014. *State of World Population 2014. The Power of 1.8 Billion: Adolescents, Youth and the Transformation of the Future*. New York, UNFPA. unfpa.org/swop-2014.

UNGA (United Nations General Assembly). 1948. *Universal Declaration of Human Rights*. Resolution adopted by the General Assembly, Third session, A/RES/3/217 A. www.un-documents.net/a3r217a.htm.

_____. 1986. *Declaration on the Right to Development*. Ninety-seventh plenary meeting. www.un.org/documents/ga/res/41/a41r128.htm.

_____. 2010. *The Human Right to Water and Sanitation*. Resolution adopted by the General Assembly on 28 July 2010, Sixty-fourth session, A/RES/64/292. www.un.org/ga/search/view_doc.asp?symbol=A/RES/64/292.

_____. 2013. *Human Right to Safe Drinking Water and Sanitation*. Note by the Secretary-General. Sixty-eight session, A/68/264. undocs.org/A/68/264.

_____. 2015a. *Transforming our World: The 2030 Agenda for Sustainable Development*. Resolution adopted by the General Assembly on 25 September 2015. Seventieth session, A/RES/70/1. www.un.org/en/development/desa/population/migration/generalassembly/docs/globalcompact/A_RES_70_1_E.pdf.

_____. 2015b. *The Human Rights to Safe Drinking Water and Sanitation*. Resolution adopted by the General Assembly on 17 December 2015, Seventieth session, A/RES/70/169. undocs.org/A/RES/70/169.

_____. 2016. *Human Rights to Safe Drinking Water and Sanitation*. Note by the Secretary-General. Seventy-first session. A/71/302. undocs.org/A/71/302.

_____. 2017. *Human Rights to Safe Drinking Water and Sanitation*. Note by the Secretary-General. Seventy-second session. A/72/127. undocs.org/A/72/127.

UN-Habitat (United Nations Human Settlements Programme). 2003. *The Challenge of Slums: Global Report on Human Settlements 2003*. London/Sterling, Va., Earthscan Publications.

_____. 2005. *Urbanization Challenges in Sub-Saharan Africa*. Nairobi, UN-Habitat. unhabitat.org/books/urbanization-challenges-in-sub-saharan-africa/.

_____. 2006. *Urban Inequities Survey*. Manual. UN-Habitat. mirror.unhabitat.org/downloads/docs/Urban-Inequities-Survey-Manual.pdf.

_____. 2011. *Enhanced Partnerships between the Development Banks and UN-Habitat*. Prepared as a background paper for GC 23 side-meeting on Investments in Sustainable Urban Development, 12th April 2011. Unpublished report.

_____. 2013. *State of the Worlds Cities Report 2012/2013: Prosperity of Cities*. Nairobi, UN-Habitat. sustainabledevelopment.un.org/content/documents/745habitat.pdf.

_____. 2014. *Kibera: Integrated Water Sanitation and Waste Management Project – Progress and Promise: Innovations in Slum Upgrading*. Post-Project Intervention Assessment Report. Nairobi, UN-Habitat. unhabitat.org/books/kibera-integrated-water-sanitation-and-waste-management-project/.

_____. n.d. World Urban Campaign. *Delegated Management Model for Improving Access to Water in Urban Informal Settlements in Kenya*. World Urban Campaign website. www.worldurbancampaign.org/delegated-management-model-improving-access-water-urban-informal-settlements-kenya.

UN-Habitat/IHS-Erasmus University Rotterdam (United Nations Human Settlements Programme/Institute for Housing and Urban Development Studies-Erasmus University Rotterdam). 2018. *The State of African Cities 2018 – The Geography of African Investment*. Nairobi, UN-Habitat. unhabitat.org/books/the-state-of-african-cities-2018-the-geography-of-african-investment/.

UNHCR (United Nations High Commissioner for Refugees). 2004. Protracted Refugee Situations. Thirtieth meeting of the Standing Committee. www.unhcr.org/excom/standcom/40c982172/protracted-refugee-situations.html.

_____. 2017. *ReHoPE – Refugee and Host Population Empowerment. Strategic Framework – Uganda*.

_____. 2018a. *Global Trends: Forced Displacement in 2017*. UNHCR website. www.unhcr.org/globaltrends2017/.

_____. 2018b. *ACNUR felicita al Gobierno de Colombia por haber registrado más de 440 mil venezolanos en dos meses* [UNHCR congratulates the Government of Colombia for having registered over 440,000 Venezuelans in Two Months Time]. UNHCR website. www.acnur.org/noticias/press/2018/6/5b27e1644/acnur-felicita-al-gobierno-de-colombia-por-haber-registrado-mas-de-440.html. (In Spanish.)

_____. 2018c. *Monitoring Reports*. UNHCR internal monitoring reports. Unpublished.

_____. 2018d. *Urban WASH Planning Guidance Note*. UNHCR. wash.unhcr.org/download/urban-wash-planning-guidance-and-case-studies/.

_____. 2018e. *UNHCR Turkey: Key Facts and Figures*. UNHCR. reliefweb.int/sites/reliefweb.int/files/resources/66218.pdf.

_____. 2018f. *The Global Compact on Refugees: UNHCR Quick Guide*. www.unhcr.org/5b6d574a7.

_____. n.d. High Alert List for Emergency Preparedness (HALEP). UNHCR website. emergency.unhcr.org/entry/190378/high-alert-list-for-emergency-preparedness-halep.

UNICEF (United Nations Children's Fund). 2014. *25 Years of The Convention on The Rights of the Child. Is the World a Better Place for Children? A Statistical Analysis of Progress since the Adoption of the Convention of the Rights of the Child*. New York, UNICEF. www.unicef.org/crc/files/02_CRC_25_Years_UNICEF.pdf.

_____. 2016. _UNICEF: Collecting Water is often a Colossal Waste of Time for Women and Girls_. Press release. www.unicef.org/media/media_92690.html.

_____. 2017. _Country Urbanization Profiles: A Review of National Health or Immunization Policies and Immunization Strategies_. New York, UNICEF. www.unicef.org/health/files/Urban_profile_discussion_paper_vJune28.pdf.

UNICEF/World Bank. 2016. _Ending Extreme Poverty: A Focus on Children_. Briefing Note. www.unicef.org/publications/index_92826.html.

UNISDR/UNECE (United Nations Office for Disaster Risk Reduction/United Nations Economic Commission for Europe). 2018. _Words into Action Guide: Implementation Guide for addressing Water-Related Disasters and Transboundary Cooperation. Integrating Disaster Risk Management with Water Management and Climate Change Adaptation_. New York/Geneva, United Nations.

United Nations Security Council. 2004. _The Rule of Law and Transitional Justice in Conflict and Post-Conflict Societies_. Report of the Secretary General. www.un.org/en/ga/search/view_doc.asp?symbol=S/2004/616.

UN News. 2016. _UN inaugurates Water Project in Haiti benefiting 60,000 People as Part of Fight against Cholera_. United Nations. news.un.org/en/story/2016/12/547652-un-inaugurates-water-project-haiti-benefiting-60000-people-part-fight-against.

UNOCHA (United Nations Office for the Coordination of Humanitarian Affairs). 2018. _Humanitarian Needs and Requirement Overview 2018: Lake Chad Basin Emergency_. UNOCHA. reliefweb.int/report/nigeria/lake-chad-basin-emergency-2018-humanitarian-needs-and-requirement-overview-february.

UNPFII (United Nations Permanent Forum on Indigenous Issues). 2016. _Substantive Inputs to the 2016 High Level Political Forum, Thematic Review of the 2030 Agenda for Sustainable Development_. United Nations. www.un.org/esa/socdev/unpfii/documents/2016/Docs-updates/INPUTS_2016_HLPF_eng.pdf.

_____. n.d. _Who are Indigenous Peoples? Indigenous Peoples, Indigenous Voices: Factsheet_. www.un.org/esa/socdev/unpfii/documents/5session_factsheet1.pdf.

UNSD (United Nations Statistic Division). n.d. _Goal 7: Ensure Access to Affordable, Reliable, Sustainable and Modern Energy for All - SDG Indicators_. UNSD website. unstats.un.org/sdgs/report/2016/goal-07/.

UNU-INWEH (United Nations University-Institute for Water Environment and Health). n.d. _Uncover Resources: Alleviating Global Water Scarcity through Unconventional Water Resources and Technologies_. Project Flyer. inweh.unu.edu/wp-content/uploads/2016/09/Unconventional-Water-Resources_Flyer.pdf.

UN-Water. 2015. _Eliminating Discrimination and Inequalities in Access to Water and Sanitation_. UN-Water. www.unwater.org/publications/eliminating-discrimination-inequalities-access-water-sanitation/.

UN-Water DPAC/WSSCC (UN-Water Decade Programme on Advocacy and Communications/Water Supply and Sanitation Collaborative Council). n.d. _The Human Right to Water and Sanitation_. Media brief. www.un.org/waterforlifedecade/pdf/human_right_to_water_and_sanitation_media_brief.pdf.

UN Women. 2017. _Making the SDGs count for Women and Girls with Disabilities_. Issue brief. UN Women. www.unwomen.org/en/digital-library/publications/2017/6/issue-brief-making-the-sdgs-count-for-women-and-girls-with-disabilities.

_____. 2018. _Turning Promises into Action: Gender Equality in the 2030 Agenda for Sustainable Development_. UN Women. www.unwomen.org/en/digital-library/publications/2018/2/gender-equality-in-the-2030-agenda-for-sustainable-development-2018.

Van Eeden, A., Mehta, L. and Van Koppen, B. 2016. Whose waters? Large-scale agricultural development and water grabbing in the Wami-Ruvu River Basin, Tanzania. _Water Alternatives_, Vol. 9, No. 3, pp. 608–626.

Van Koppen, B., Giordano, M. and Butterworth, J. A. 2007. _Community-Based Water Law and Water Resource Management Reform in Developing Countries_. Comprehensive Assessment of Water Management in Agriculture Series. Wallingford, UK, CABI International.

Van Koppen, B., Sokile, C. S., Hatibu, N., Lankford, B. A., Mahoo, H. and Yanda, P. Z. 2004. _Formal Water Rights in Rural Tanzania: Deepening the Dichotomy?_ Working Paper No. 71. Colombo, International Water Management Institute (IWMI).

Van Koppen, B., Van der Zaag, P., Manzungu, E. and Tapela, B. 2014. Roman water law in rural Africa: The unfinished business of colonial dispossession. _Water International_, Vol. 39, No. 1, pp. 49–62. doi.org/10.1080/02508060.2013.863636.

Vickers, A., 2006. New directions in lawn and landscape water conservation. _Journal of the American Water Works Association_, Vol. 98, No. 2, pp. 56–156. doi.org/10.1002/j.1551-8833.2006.tb07586.x.

Vilane, B. R. T. and Dlamini, T. L. 2016. An assessment of groundwater pollution from on-site sanitation in Malkerns, Swaziland. _Journal of Agricultural Science and Engineering_, Vol. 2, No. 2, pp. 11–17.

WaterAid. 2016. _Water at what Cost? The State of the World's Water 2016_. Briefing Report. https://washmatters.wateraid.org/sites/g/files/jkxoof256/files/Water%20At%20What%20Cost%20%20The%20State%20of%20the%20Worlds%20Water%202016.pdf.

Water Boards/WETUM (Water Employees Trade Union of Malawi). 2014. _Collective Bargaining Agreement between Water Boards and Water Employees Trade Union of Malawi_. mywage.com/labour-law/collective-agreements-database-malawi/collective-bargaining-agreement-between-water-boards-and-water-employees-trade-union-of-malawi---2014.

WaterCanada. 2017. _First Nations Water and Wastewater Under-Resourced in Federal Budget_. WaterCanada. www.watercanada.net/pbo-budget-sufficiency-first-nations-water-wastewater/.

WaterLex. 2014. _Integrating the Human Right to Water and Sanitation in Development Practice_. www.waterlex.org/waterlex-toolkit/how-to-articulate-the-human-right-to-water-and-sanitation-and-integrated-water-resources-management/.

WaterLex/WASH United. 2014. _The Human Rights to Water and Sanitation in Courts Worldwide: A Selection of National, Regional and International Case Law_. Geneva, WaterLex and WASH United. www.waterlex.org/new/wp-content/uploads/2015/01/Case-Law-Compilation.pdf.

Water.org. 2018. *Programmatic Impact Update: Second Quarter Report* (January 2018–March 2018).

We are Social and Hootsuite. 2018. *2018 Digital Yearbook - Internet, Social Media, And Mobile Data for 239 Countries Around the World.*

White, S., Kuper, H., Itimu-Phiri, A., Holm, R. and Biran, A. 2016. A qualitative study of barriers to accessing water, sanitation and hygiene for disabled people in Malawi. *Plos One*, Vol. 11, No. 5, pp. e0155043. doi.10.1371/journal.pone.0155043.

Whittington, D., Jeuland, M., Barker, K. and Yuen, Y. 2012. Setting priorities, targeting subsidies among water, sanitation, and preventive health interventions in developing countries. *World Development,* Vol. 40, No. 8, pp. 1546–1568. doi.org/10.1016/j.worlddev.2012.03.004.

WHO (World Health Organization). 2011. *World Report on Disability.* Geneva, Switzerland. www.who.int/disabilities/world_report/2011/report.pdf.

_____. 2012. *UN-Water Global Analysis and Assessment of Sanitation and Drinking-Water (GLAAS) 2012 Report: The Challenge of Extending and Sustaining Services.* Geneva, WHO. www.who.int/water_sanitation_health/publications/glaas_report_2012/en/.

_____. 2015. *WHO Global Disability Action Plan 2014–2021. Better Health for all People with Disability.* Geneva, WHO. www.who.int/disabilities/actionplan/en/.

_____. 2016a. *World Health Statistics 2016: Monitoring Health for the SDGs.* Geneva, WHO. www.who.int/gho/publications/world_health_statistics/2016/en/.

_____. 2016b. *Health Statistics and Information Services. Disease Burden and Mortality Estimates.* WHO website. www.who.int/healthinfo/global_burden_disease/estimates/en/index1.html.

_____. 2017a. *Guidelines for Drinking-Water Quality, Fourth Edition, incorporating the First Addendum.* Geneva, WHO. www.who.int/water_sanitation_health/publications/drinking-water-quality-guidelines-4-including-1st-addendum/en/.

_____. 2017b. *UN-Water Global Analysis and Assessment of Sanitation and Drinking-Water (GLAAS) 2017 Report: Financing Universal Water, Sanitation and Hygiene under the Sustainable Development Goals.* Geneva, WHO. www.who.int/water_sanitation_health/publications/glaas-report-2017/en/.

_____. 2018. *WHO Fact Sheet: Obesity and Overweight.* WHO website. www.who.int/news-room/fact-sheets/detail/obesity-and-overweight. (accessed July 27, 2018).

_____. n.d. *TrackFin: Tracking Financing to Sanitation, Hygiene and Drinking-Water.* WHO website. www.who.int/water_sanitation_health/monitoring/investments/trackfin/en/.

WHO/UNICEF (World Health Organization/United Nations Children's Fund). 2010. *Progress on Sanitation and Drinking Water: 2010 Update.* Geneva, WHO. www.who.int/water_sanitation_health/publications/9789241563956/en/.

_____. 2012. *Progress on Drinking Water and Sanitation: 2012 Update.* New York, UNICEF. www.unicef.org/publications/files/JMPreport2012(1).pdf.

_____. 2013. *Post-2015 WASH Targets and Indicators.* www.unicef.org/wash/files/4_WSSCC_JMP_Fact_Sheets_4_UK_LoRes.pdf.

_____. 2015a. *Water, Sanitation and Hygiene in Health Care Facilities: Status in Low- and Middle-Income Countries and a Way Forward. WASH in Health Care Facilities for Better Health Care Services.* Geneva, WHO. apps.who.int/iris/bitstream/handle/10665/154588/9789241508476_eng.pdf;jsessionid=58AC04B658866F927CD12D167D8A77AC?sequence=1.

_____. 2015b. *Progress on Drinking Water and Sanitation: 2015 Update and MDG Assessment.* Geneva, WHO. files.unicef.org/publications/files/Progress_on_Sanitation_and_Drinking_Water_2015_Update_.pdf.

_____. 2016. *Inequalities in Sanitation and Drinking Water in Latin America and the Caribbean: A Regional Perspective based on Data from the WHO/UNICEF Joint Monitoring Programme (JMP) for Water Supply and Sanitation and an Inequality Analysis using Recent National Household Surveys and Censuses.* washdata.org/file/410/download.

_____. 2017a. *Progress on Drinking Water, Sanitation and Hygiene: 2017 Update and SDG Baselines.* Geneva, WHO/UNICEF. washdata.org/sites/default/files/documents/reports/2018-01/JMP-2017-report-final.pdf.

_____. 2017b. *Safely Managed Drinking Water – Thematic Report on Drinking Water 2017.* Geneva, WHO. https://data.unicef.org/wp-content/uploads/2017/03/safely-managed-drinking-water-JMP-2017-1.pdf.

_____. 2018a. *Drinking Water, Sanitation and Hygiene in Schools: Global Baseline Report 2018.* New York, WHO/UNICEF. https://washdata.org/sites/default/files/documents/reports/2018-11/JMP%20WASH%20in%20Schools%20WEB%20final.pdf.

_____. 2018b. *A Snapshot of Drinking Water, Sanitation and Hygiene in the Arab Region: 2017 Update and SDG Baselines.* WHO/UNICEF Joint Monitoring Programme for Water Supply, Sanitation and Hygiene (JMP). www.unescwa.org/sites/www.unescwa.org/files/events/files/jmp_arab_region_snapshot_20march2018_0.pdf.

_____. n.d. *Data.* WHO/UNICEF Joint Monitoring Programme for Water Supply, Sanitation and Hygiene (JMP). washdata.org/data.

WHO/WEDC (World Health Organization/Water, Engineering and Development Centre). 2011. *Delivering Safe Water by Tanker.* Technical Notes on Drinking-Water, Sanitation and Hygiene in Emergencies. Geneva/Loughborough, UK, WHO/WEDC. www.unicef.org/cholera/Annexes/Supporting_Resources/Annex_9/WHO-tn12_safe_water_tanker_en.pdf.

Wilbur, J. 2010. *Principles and Practices for the Inclusion of Disabled People in Access to Safe Sanitation: A Case Study from Ethiopia.* WaterAid Briefing Note. UK, WaterAid. www.communityledtotalsanitation.org/sites/communityledtotalsanitation.org/files/media/principles_practices_inclusive_sanitation.pdf.

Wilder, M. and H. Ingram. 2018. Knowing equity when we see it: Water equity in contemporary global contexts. K. Conca and E. Weinthal (eds.). *The Oxford Handbook of Water Politics and Policy.* New York, Oxford University Press. doi.org/10.1093/oxfordhb/9780199335084.013.11.

Wong, S. and Guggenheim, S. 2018. *Community-Driven Development: Myths and Realities.* Policy Research Working Paper No. 8435. Washington, DC, World Bank. documents.worldbank.org/curated/en/677351525887961626/pdf/WPS8435.pdf.

World Bank. 2002. *Water Tariffs & Subsidies in South Asia: Understanding the Basics.* Working paper no. 1. Washington, DC, World Bank/Water and Sanitation Program. documents.worldbank.org/curated/en/466651468776100746/pdf/265380PAPER0WSP0Water0tariffs0no-01.pdf.

_____. 2003. *Implementation of Operational Directive 4.20 on Indigenous Peoples: An Independent Desk Review,* Washington, DC, World Bank. documents.worldbank.org/curated/en/570331468761746572/pdf/multi0page.pdf.

_____. 2011. *Economic Assessment of Sanitation Interventions in the Philippines.* Technical paper. Washington, DC, World Bank/Water and Sanitation Program (WSP). documents.worldbank.org/curated/en/511481468094767464/pdf/724180WSP0Box30sessment0Philippines.pdf.

_____. 2012. *World Development Report 2012: Gender Equality and Development.* Washington, DC, World Bank. https://siteresources.worldbank.org/INTWDR2012/Resources/7778105-1299699968583/7786210-1315936222006/Complete-Report.pdf.

_____. 2013. *Investment Project Financing: Economic Analysis Guidance Note.* siteresources.worldbank.org/PROJECTS/Resources/40940-1365611011935/Guidance_Note_Economic_Analysis.pdf.

_____. 2016a. *Poverty and Shared Prosperity 2016: Taking on Inequality.* Washington, DC, World Bank Group. https://openknowledge.worldbank.org/bitstream/handle/10986/25078/9781464809583.pdf.

_____. 2016b. *Science of Delivery for Quality Infrastructure and SDGs: Water Sector Experience of Output-Based Aid.* Working paper. Washington, DC, World Bank. documents.worldbank.org/curated/en/655991468143364878/pdf/Water-Sector-Study.pdf.

_____. 2016c. *5 Ways Public–Private Partnerships can promote Gender Equality.* Infrastructure & Public-Private Partnerships Blog, World Bank Group. https://blogs.worldbank.org/ppps/5-ways-public-private-partnerships-can-promote-gender-equality.

_____. 2017a. *Reducing Inequalities in Water Supply, Sanitation, and Hygiene in the Era of the Sustainable Development Goals: Synthesis Report of the WASH Poverty Diagnostic Initiative.* WASH Synthesis Report. Washington, DC, World Bank Group. openknowledge.worldbank.org/bitstream/handle/10986/27831/W17076ov.pdf?sequence=6.

_____. 2017b. *WASH Inequalities in the Era of the Sustainable Development Goals: Rising to the Challenge.* Global Synthesis Report of the Water Supply, Sanitation, and Hygiene (WASH) Poverty Diagnostic Initiative. Washington, DC, World Bank.

_____. 2018. *Kenya: Using Private Financing to Improve Water Services.* MFD briefs 05/2018. Washington, DC, World Bank. www.worldbank.org/en/about/partners/brief/kenya-using-private-financing-to-improve-water-services.

_____. n.d. *Harmonized List of Fragile Situations.* World Bank website. www.worldbank.org/en/topic/fragilityconflictviolence/brief/harmonized-list-of-fragile-situations.

World Bank/UNICEF (United Nations Children's Fund). 2017. *Sanitation and Water for All: How can the Financing Gap be Filled? A Discussion Paper.* Washington, DC, World Bank. https://openknowledge.worldbank.org/bitstream/handle/10986/26458/114545-WP-P157523-PUBLIC-SWA-Country-Preparatory-Process-Discussion-Paper-8-Mar-17.pdf?sequence=1&isAllowed=y.

WWAP (United Nations World Water Assessment Programme). 2006. *Water: A Shared Responsibility. The United Nations World Water Development Report 2.* Paris, UNESCO. unesdoc.unesco.org/images/0014/001454/145405E.pdf.

_____. 2012. *The United Nations World Water Development Report 4: Managing Water under Uncertainty and Risk.* Paris, UNESCO. www.unesco.org/new/fileadmin/MULTIMEDIA/HQ/SC/pdf/WWDR4%20Volume%201-Managing%20Water%20under%20Uncertainty%20and%20Risk.pdf.

_____. 2014. *The United Nations World Water Development Report 2014: Water and Energy.* Paris, UNESCO. unesdoc.unesco.org/images/0022/002257/225741E.pdf.

_____. 2015. *The WWAP Water and Gender Toolkit for Sex-Disaggregated Water Assessment, Monitoring and Reporting.* Gender and Water Series. UNESCO. www.unesco.org/new/en/natural-sciences/environment/water/wwap/water-and-gender/water-and-gender-toolkit/.

_____. 2016. *The United Nations World Water Development Report 2016: Water and Jobs.* Paris, UNESCO. unesdoc.unesco.org/images/0024/002439/243938e.pdf.

_____. 2017. *The United Nations World Water Development Report 2017: Wastewater – The Untapped Resource.* Paris, UNESCO. unesdoc.unesco.org/images/0024/002471/247153e.pdf.

WWAP/UN-Water (United Nations World Water Assessment Programme/United Nations Water). 2018. *The United Nations World Water Development Report 2018: Nature-Based Solutions for Water.* Paris, UNESCO. unesdoc.unesco.org/images/0026/002614/261424e.pdf.

Yeboah K. F. 2018. *Youth for Growth: Transforming Economies through Agriculture.* Chicago, Ill., The Chicago Council on Global Affairs. www.thechicagocouncil.org/publication/youth-growth-transforming-economies-through-agriculture.

Zahir, Y. 2009. *Water Balance Study for Kharaz Camp, Ras Al Aara and al-Madarba District, Lahj Governate, Yemen.* Research study prepared for UNHCR. Unpublished report.

Zarfl, C., Lumsdon, A. E., Berklekamp, J., Tydecks, L. and Tockner, K. 2015. A global boom in hydropower dam construction. *Aquatic Sciences,* Vol. 77, No. 1, pp. 161–170.

Zetter, R. and Ruaudel, H. 2016. *Refugees' Right to Work and Access to Labour Markets – An Assessment. Part 1: Synthesis.* Working Paper. Global Knowledge Platform on Migration and Development (KNOMAD). www.knomad.org/sites/default/files/2017-12/KNOMAD%20Study%201-%20Part%20II-%20Refugees%20Right%20to%20Work%20-%20An%20Assessment.pdf.

# 缩写和缩略词

| | |
|---|---|
| AECID | 西班牙国际合作与发展局 |
| AIDS | 获得性免疫缺陷综合征 |
| ANDA | 萨尔瓦多国家供水和污水管理局 |
| BIOPALT | 乍得湖生物圈和遗产 |
| BOT | 建造—运营—转让 |
| CDD | 社区驱动开发 |
| DALYs | 残伤调整寿命年 |
| DDT | 双对氯苯基三氯乙烷 |
| DEWATS | 分散式废水处理系统 |
| ECHO | 欧洲民事保护和人道主义援助行动 |
| Eco-DRR | 基于自然的减少灾害风险解决方案 |
| ESD | 可持续发展教育 |
| EWS | 早期预警系统 |
| FAO | 联合国粮食及农业组织 |
| FESPAD | 萨尔瓦多法律适用研究基金会 |
| GDP | 国内生产总值 |
| GEM | 全球教育监测 |
| GLAAS | 全球卫生设施和饮用水分析与评估 |
| GPOBA | 基于产出援助的全球伙伴关系 |
| HALEP | 应急准备高警戒清单 |
| HDI | 人类发展指数 |
| HICs | 高收入国家 |
| HIV | 人类免疫缺陷病毒 |
| HRBA | 基于人权的方法 |
| IBT | 跨流域调水（第2章） |
| IBT | 提高整体收费（第5章） |
| ICESCR | 经济、社会和文化权利国际公约 |
| ICRC | 国际红十字委员会 |
| ICT | 信息和通信技术 |
| IDPs | 境内流离失所者 |
| IFAD | 国际农业发展基金 |
| ILO | 国际劳工组织 |
| IPCC | 政府间气候变化专门委员会 |

| | |
|---|---|
| IWRM | 水资源综合管理 |
| JMP | 联合监测计划 |
| LDCs | 最不发达国家 |
| LMICs | 低收入和中等收入国家 |
| MAR | 管理含水层补给 |
| MDGs | 千年发展目标 |
| MHM | 月经健康管理 |
| MICS | 多指标聚类调查 |
| NGO | 非政府组织 |
| ODA | 官方发展援助 |
| OHCHR | 联合国人权事务高级专员办事处 |
| OECD | 经济合作与发展组织 |
| O&M | 运行和维护 |
| POE | 输入点系统 |
| POU | 用水点系统 |
| PPP | 购买力平价（序言、第7章和第9章） |
| PPP | 政府和社会资本合作（第5章和第10章） |
| PRESIBALT | 乍得湖流域系统恢复和韧性强化计划 |
| SDGs | 可持续发展目标 |
| SMEs | 中小企业 |
| SOIL | 可持续的有机综合生计 |
| SSS | 小规模系统 |
| SUEN | 土耳其水研究所 |
| UIS | 城市不平等调查 |
| UK | 英国 |
| UN | 联合国 |
| UNDESA | 联合国经济和社会事务部 |
| UNESCAP | 联合国亚洲及太平洋经济社会委员会 |
| UNESCO | 联合国教科文组织 |
| UNHCR | 联合国难民事务高级专员办事处 |
| UNICEF | 联合国儿童基金会 |
| USA | 美国 |
| USAID | 美国国际开发署 |
| UTI | 尿路感染 |
| WASH | 供水、卫生设施和个人卫生 |
| WETUM | 马拉维水务雇员工会 |
| WGF | 水治理设施 |
| WHO | 世界卫生组织 |
| WSSCC | 供水与卫生设施合作委员会 |

# 专栏、图和表目录

# 图

## 表

# 图片来源

**执行摘要**

第xiv页　© UNHCR/S.Phelps，www.fickr.com，根据知识共享许可协议(CC BY-NC-SA 2.0)使用

**内容提要**

第10页　© piyaset/iStock/Getty Images

**第1章**

第36页　© Vinaykumardudan/iStock/Getty Images

第43页　© Herianus/iStock/Getty Images

**第2章**

第48页　© repistu/iStock/Getty Images

第55页　© Hippo Roller，www.fickr.com，根据知识共享许可协议(CC BY-NC-SA 2.0)使用

第60页　© Lara_Uhryn/iStock/Getty Images

**第3章**

第64页　© redtea/iStock/Getty Images

第77页　© UNHCR，www.fickrs.com，根据知识共享许可协议(CC BY-NC-SA 2.0)使用

**第4章**

第78页　© Michailidis/Shutterstock.com

**第5章**

第92页　© John Wollwerth/Shutterstock.com

**第6章**

第106页　© Donatas Dabravolskas/Shutterstock.com

**第7章**

第116页　© Tanya Martineau, Prospect Arts, Food for the Hungry/USAID, www.fickr.com，
　　　　　根据知识共享许可协议(CC BY-NC 2.0) 使用

第124页　© Aksonsat Uanthoeng/iStock/Getty Images

**第8章**

第128页　© UNHCR/B.Sokol，www.fickr.com，根据知识共享许可协议(CC BY-NC-SA 2.0)使用

第137页　© UNHCR/B.Sokol，www.fickr.com，根据知识共享许可协议（CC BY-NC-SA 2.0）使用

**第9章**

第142页　© LesslieK/iStock/Getty Images

**第10章**

第160页　© ITU/R.Farrell，www.fickr.com，根据知识共享许可协议(CC BY 2.0)使用

第168页　© Rawpixel/iStock/Getty Images

**第11章**

第170页　© Gudkov Andrey/Shutterstock.com

第172页　© Art Babych/Shutterstock.com

# 译者后记

　　《世界水发展报告》（World Water Development Report）由联合国教科文组织（UNESCO）发布，是针对世界淡水资源状况的权威评估报告。2003年发布第一版"人类之水，生命之水"，之后每三年发布一版。2014年始调整为每年发布一版，报告与世界水日主题相互呼应，每年深入评估一个特定的水议题。报告密切关注全球日益严重的水问题和世界不同地区面临的水问题，探讨全球水资源的不同管理方式，以及对水资源产生影响的跨学科问题，如能源、气候变化、农业和城市发展等，并提出如何以更加可持续的方式管理淡水资源的相关建议。

　　2015年始，联合国教科文组织驻华代表处和中国水利水电出版社将报告引入中国，每年由中国水资源战略研究会（全球水伙伴中国委员会）组织编译出版中文版本，得到广泛关注和认可。

　　2019年《联合国世界水发展报告》主题为"不让任何人掉队"。报告指出，自20世纪80年代以来，由于人口增长、经济社会发展和消费模式变化等因素，全球用水量每年约增长1%，到2050年全球需水量相比目前用水量将增加20%~30%，水资源面临的压力将持续升高。报告分析了如何改进水资源管理，为所有人提供安全、可负担的饮用水和卫生设施，从而为实现2030年可持续发展目标作出贡献。

　　水是万物之母、生存之本、文明之源。我国人多水少、水资源时空分布严重不均，水安全问题事关我国经济社会稳定发展和人民健康福祉，一直是我国面临的严峻挑战。报告提出的相关经验和措施，可供借鉴和参考。

　　本报告由中国水资源战略研究会（全球水伙伴中国委员会）秘书处组织编译，中国水利水电科学研究院杨昆、俞茜、张晓蕾和马真臻等翻译，中国水资源战略研究会张代娣、马依琳、吴娟等校核，蒋云钟和杨昆负责统稿。

中国水资源战略研究会（全球水伙伴中国委员会）

2019年6月